XIAOFANG YAOJI
XIAONENG PINGGU YU YINGYONG

# 消防药剂
# 效能评估与应用

卢林刚
邵高耸 ● 等编著
孙楠楠

化学工业出版社
·北京·

阻燃剂、灭火剂和洗消剂是消防领域中重要的三类药剂，贯穿于防火、灭火和洗消处置全过程。《消防药剂效能评估与应用》主要介绍了阻燃剂、灭火剂和洗消剂的效能评估与应用，每一章中又重点介绍了药剂的效能评价方法和实际应用实例。通过对本书知识的学习，能增强对消防三类药剂的使用、分类、效能评价、应用及发展趋势的系统了解。

《消防药剂效能评估与应用》适合作为大中专院校的消防工程、安全工程、化学化工和材料等专业高年级的本科生和研究生教材和参考书，也可作为企业、研究院所科研人员、工程技术人员的参考读物。

**图书在版编目（CIP）数据**

消防药剂效能评估与应用/卢林刚，邵高耸，孙楠楠等编著. —北京：化学工业出版社，2017.6
ISBN 978-7-122-29270-4

Ⅰ.①消…　Ⅱ.①卢…②邵…③孙…　Ⅲ.①消防-药剂-研究　Ⅳ.①TU998.13

中国版本图书馆CIP数据核字（2017）第048164号

责任编辑：杜进祥　　文字编辑：孙凤英
责任校对：宋　夏　　装帧设计：韩　飞

出版发行：化学工业出版社（北京市东城区青年湖南街13号　邮政编码100011）
印　　装：三河市延风印装有限公司
787mm×1092mm　1/16　印张11½　字数282千字　　2017年6月北京第1版第1次印刷

购书咨询：010-64518888（传真：010-64519686）　售后服务：010-64518899
网　　址：http://www.cip.com.cn
凡购买本书，如有缺损质量问题，本社销售中心负责调换。

定　　价：69.00元

# 前 言

在现代消防技术中，阻燃剂、灭火剂和洗消剂等消防药剂在防火、灭火及洗消处置过程中发挥着重要作用。阻燃剂能够阻止材料燃烧和抑制火焰传播，降低材料的火灾危险性。灭火剂能够有效破坏燃烧条件，终止燃烧反应，快速高效灭火。洗消剂能够与毒物作用，降低或完全清除毒性，有效保护人员、设备及环境安全等。消防药剂效能的优劣直接关系防火、灭火与应急救援的处置效率。本书系统介绍了阻燃剂、灭火剂和洗消剂的种类、作用机制以及效能评估方法等，同时，结合其技术发展前沿和实际案例进行系统总结和分析，旨在增强三类药剂在实际应用中的科学性、针对性和高效性。

本书由卢林刚主持编写，参加编写的人员有：王会娅、朱晓利（1.1 节、1.2 节、1.3 节），钱小东、余厚珺（1.4 节）；冯海生、薛奕（2.1 节），卢林刚、孙楠楠（2.2 节、2.3 节），牛刚（2.4 节）；邵高耸（3.1 节、3.2 节），李秀娟（3.3 节、3.4 节），赵艳华（3.5 节）。编写人员中赵艳华工作单位为中国人民公安大学，余厚珺为合肥市消防支队，薛奕为天津市公安消防总队高新区支队，其他均为中国人民武装警察部队学院。

本书在编写过程中力求反映三大消防药剂在消防领域的效能评估和应用，但是由于编著者水平有限，书中可能会存在不足之处，谨请同行和读者指正。

**编著者**
**2017 年 1 月**

# 目 录

# 第1章

# 阻燃剂效能评估与应用

阻燃剂又称为难燃剂或防火剂，可用来提高材料的抗燃性，是阻止材料燃烧和抑制火焰传播的助剂。阻燃剂目前主要用于阻燃高聚物材料（主要包括塑料、纤维、橡胶、木材、涂料和纸张等）。与非阻燃高聚物材料相比，含有阻燃剂的高聚物材料不易被点燃，能够抑制材料的火焰传播，防止小火发展成为大火，从而降低材料的火灾危险性。

对于阻燃技术历史记载，最早可追溯到公元前83年，古希腊人为了提升木质材料的难燃性对其进行矾溶液处理；1735年英国人采用硼砂、明矾和硫酸铁的水溶液作为阻燃剂来提高纺织品的阻燃性能；1820年，Gay-Lussac研究了铵盐化合物（如硫酸铵、磷酸铵和氯化铵等）与硼砂混合可以对纤维织物阻燃；1913年，W. H. Perkin用锡酸盐与磷酸铵的混合液处理织物而使织物获得较好的耐久阻燃性；1930年，研究人员发现卤素与氧化锑存在协同阻燃作用。以上这三项阻燃领域的研究是阻燃技术领域三个划时代的里程碑，为现代阻燃科学的发展奠定了坚实的基础。从1986年起，卤系阻燃剂遇到了Dioxin问题困扰，基于保护生态和人类健康出发，阻燃剂的无卤化标准逐渐提高。最近几十年阻燃剂领域的最新成就是新型本质阻燃高聚物和高聚物/无机纳米复合材料。本质阻燃高聚物是指那些由于特有化学结构而本身具有较好阻燃效果的高聚物。高聚物/无机物纳米复合材料是20世纪80年代后期才出现的材料，这种材料最大的优势是热释放速率和质量损失速度都可大幅降低，但这种复合材料对极限氧指数和垂直燃烧的效果较小。当代社会阻燃剂在减少火灾发生和减少生命财产损失方面发挥了极其重要的作用，欧盟国家因使用阻燃材料而使得近十年火灾致死人数降低了近20%；美国因在电视机外壳上使用阻燃材料而使1983～1991年的电视机引发火灾数量减少约73%。由此可见阻燃剂对于火灾预防具有重要的意义。

通常情况下为了赋予高聚物材料一定的阻燃性能会向材料中加入一定量的阻燃剂，然而这些阻燃剂往往会降低高聚物材料的某些性能，如拉伸强度和韧性等。因此阻燃剂的应用过程中要根据高聚物材料的使用环境和需求，对高聚物材料实行适当程度的阻燃，不能因为只追求阻燃级别而使高聚物材料其他方面的性能过渡损耗。因此阻燃剂通常情况下需要在提升高聚物阻燃性能的同时尽量减少高聚物材料热分解有毒有害气体、腐蚀性气体和黑烟的释放，因为这些气体和黑烟是火灾中对人生命最具威胁的因素。所以抑烟、减毒和阻燃效率是评价阻燃剂优劣的重要标准。

## 1.1 阻燃剂的种类及改性方法

### 1.1.1 阻燃剂的阻燃机理及分类

随着高聚物制品的广泛应用，我国已成为阻燃剂的需求大国。阻燃剂有不同的分类方

法，按阻燃剂与高聚物材料的关系，阻燃剂分为添加型阻燃剂和反应型阻燃剂两大类。添加型阻燃剂以物理方式分散于高聚物基体中而赋予高聚物阻燃性能，且在加工过程中与高聚物基体不发生化学反应。添加型阻燃剂主要包括矿物填料、混合物或大分子有机化合物，多应用于热塑性高聚物。反应型阻燃剂或者作为制备高聚物的单体，或者作为辅助试剂而与高聚物基体发生化学反应并通过化学键连接，从而起到高效阻燃目的。反应型阻燃剂多应用于热固性高聚物。添加型阻燃剂阻燃高聚物的加工工艺简单，能够满足高聚物的日常使用要求，但添加型阻燃剂在使用过程中需要解决阻燃剂的分散性、界面性和相容性等一系列的问题；反应型阻燃剂阻燃高聚物具有耐久性高、毒性较低和对高聚物性能影响较小等优点，但其阻燃材料加工工艺复杂，在工业生产中不及添加型阻燃的方法普遍。按阻燃剂的属性分类，可将阻燃剂分为无机阻燃剂和有机阻燃剂两大类；按阻燃剂的元素种类分类，阻燃剂可分为卤系阻燃剂、磷系阻燃剂、氮系阻燃剂、膨胀型阻燃剂（酸源、气源和氮源）、卤-磷系阻燃剂、硅系阻燃剂、硼系阻燃剂、钼系阻燃剂、铝-镁系阻燃剂和硼系阻燃剂等。理想的阻燃剂应该具有下列特性：①阻燃效率高，获得高阻燃效率所需的阻燃剂用量少；②阻燃剂无毒或低毒，燃烧分解时无有害性气体产生和少量粉尘；③热稳定性高，能够与高聚物加工温度相匹配；④使用过程中不易析出、迁移且使用寿命长；⑤与高聚物基体具有良好的相容性；⑥使用后对高聚物材料的物理机械性能和电气性能降低少；⑦在加工温度范围内，阻燃剂不裂解、挥发性小、不腐蚀设备；⑧价格低廉。但是能够同时满足上述条件的阻燃剂现实中并不存在，因此选择阻燃剂时应该在保证高聚物基本性能的基础上尽可能考虑阻燃剂的综合性能。下文将分别介绍阻燃剂及其阻燃机理。

高聚物在空气中的燃烧过程是一个复杂的物理化学变化过程，为了有效指导高聚物的阻燃改性，需对高聚物的阻燃机理进行深入系统的研究，高聚物阻燃机理是基于高聚物燃烧过程的认识。1988 年意大利的 Camino 提出了自维持燃烧的循环过程，如图 1-1 所示。基于自维持燃烧循环过程理论，材料燃烧过程的本质是一个材料热氧化降解的过程，环境中的热导致高聚物直接热降解为可挥发性气体，可挥发性气体在氧气条件下点燃。在凝聚相热氧化降解过程中，发生自由基链反应（包括氢转移、脱氢等），在氧气中使高聚物的降解变得更加容易。高聚物的热氧化降解反应按自由基链式反应原理进行，反应过程包括链引发、链增长和链终止三种基元反应，其中歧化终止和耦合终止是链终止的主要方式。

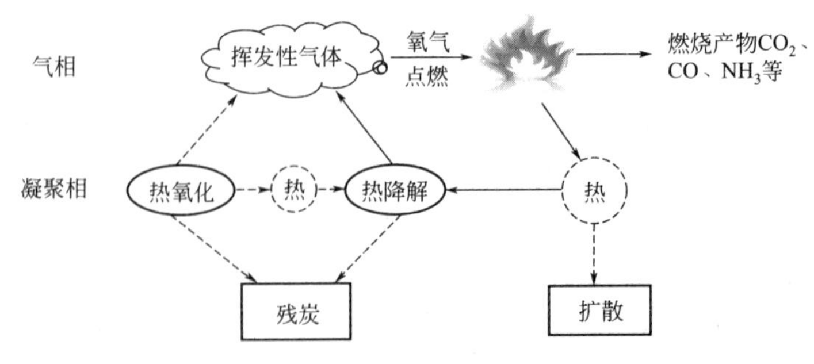


图 1-1　高聚物燃烧模型

基于自维持燃烧循环过程，高聚物材料的燃烧需要三要素：氧气、可燃性气体和达到着火点。基于此高聚物材料的燃烧分为三个阶段：①高聚物受热分解产生可燃性挥发物；②可燃性挥发物在空气中燃烧；③燃烧所产生的热量使高聚物基质继续热降解，从而使燃烧持续。基于此高聚物在空气中燃烧三个阶段中的一个中止就可使高聚物获得阻燃性，这些终止

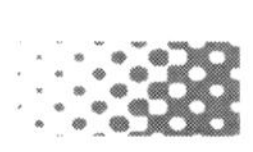

常通过气相阻燃、凝聚相阻燃或中断热交换机理实现。在高聚物中添加阻燃剂的作用是使高聚物在燃烧时抑制一种或一种以上要素的产生，从而达到阻止或减缓燃烧的目的。高聚物的阻燃过程的实质是阻燃剂能以物理或化学方式影响物质燃烧过程中的一个或者数个阶段，在这个过程中阻燃剂能够延缓物质燃烧并最终使燃烧熄灭。对于燃烧过程中的不同阶段，阻燃剂的作用不同。总体来说高聚物的阻燃过程分为三个阶段：①在燃烧过程的加热阶段，被阻燃高聚物材料周围形成不燃气态包覆层的阻燃剂是有效的，遇到能形成膨胀型包覆层的阻燃剂，适用于此阶段；②在第二阶段，可燃物开始降解，阻燃剂宜通过化学途径改变可燃物的热氧化降解模式，降低可燃气体的浓度，或者促进成炭、脱氢和脱水；③在第三阶段，可燃物分解产生的气体被点燃的阶段，任何增加的不燃气态分解产物浓度和降低可燃气体分解产物浓度的因素都可以在此阶段产生阻燃效果，此外阻燃剂自身分解或阻燃剂与被阻燃基体的相互作用，可对生成的气态自由基起到捕获作用，从而降低燃烧速度。当可燃物引燃后，能降低向可燃物表面的热传递速度，对降低燃烧过程生成自由基的速度起到减缓作用。总体来说每一种阻燃剂的阻燃机理分为物理效应和化学效应。高聚物的阻燃过程主要通过冷却、稀释、形成隔热层和终止自由基链反应实现，其中冷却、稀释、形成隔热层为物理作用过程，碳化作用、消除自由基作用和磷酰化作用为化学过程，因此将一种阻燃体系的阻燃机理严格归结为某一种机理是很难的。高聚物的阻燃机理是一个复杂的物理和化学过程，从阻燃方式来说高聚物的阻燃机理不仅包括凝聚相阻燃机理和气相阻燃机理，还包括中断热交换阻燃机理和吸热阻燃机理等。下面将对几种机理分别进行介绍。

## 1.1.2 阻燃剂的阻燃机理

### 1.1.2.1 凝聚相阻燃机理

凝聚相阻燃机理指在凝聚相中延缓或中断高聚物产生可燃气体的分解反应而阻止燃烧的继续进行。如在高聚物燃烧过程中产生的致密炭层覆盖于可燃物表面，此炭层具有难燃、隔氧、隔热、阻止可燃气进入燃烧气相和阻断燃烧继续的作用，这些作用可实现高聚物阻燃的目的。通常情况下阻燃剂在燃烧过程中形成炭层的途径是利用阻燃剂的热降解产物促使高聚物表面迅速脱水碳化形成碳化层，由于单质碳不进行产生火焰的蒸发分解的燃烧反应，因而阻燃剂能很好地发挥阻燃作用。此外阻燃过程中无机填料不挥发且填充量大，在一定程度上可起到稀释凝聚相中可燃性物质的浓度和提升高聚物难燃性的作用。总体来说凝聚相阻燃作用主要包括以下几方面：①阻燃剂在固相中延缓或阻止高聚物的热分解，这种热分解可产生可燃性气体和维持链式反应的自由基；②比热容较大的无机填料可通过蓄热和导热使高聚物不易达到热分解温度，因此在高聚物中加入的某些填充剂可抑制高聚物基体燃烧，但过多的填充剂会损害高分子其他方面的使用性能；③当高聚物燃烧时阻燃剂能够促进高聚物表面形成一层保护膜，这种保护膜可隔绝可燃性气体与氧气的扩散，同时也可以阻止火焰对固相的热辐射作用而抑制燃烧，膨胀型阻燃剂就是按此机理阻燃；④阻燃剂受热分解吸热，在凝聚相中延缓或阻止可燃气体的产生和自由基的热分解，从而达到凝聚相阻燃的目的，如工业上大量使用的氢氧化铝和氢氧化镁均属于此类阻燃剂。

为了在高聚物材料表面形成炭层，在材料燃烧过程中炭层前体如硅化合物必须要到达材料的表面，即需从材料的内部迁移到材料的表面。因此为了达到高效阻燃的目的，就要求材料前体必须是易迁移的，这个迁移难易程度与两个因素有关：①熔融态塑料与其表面的自由能之差必须大于富炭前体与塑料表面的自由能之差；②必须有推动力施加于炭层前体，这种推动力可以是温度梯度以及阻燃剂中发泡剂分解所产生的气体提供。上述阻燃剂还未有人研究。已有人研究硅阻燃剂在受热过程中向高聚物表面迁移而形成致密保护膜的阻燃作用机制。

#### 1.1.2.2 气相阻燃机理

阻燃作用主要在气相中中断或延缓链式燃烧反应。大多数基于气相阻燃机理的阻燃剂在燃烧过程中都能释放出大量难燃性气体和高密度的难燃性蒸气，阻燃过程中所产生的难燃性气体和高密度的难燃性蒸气可稀释空气中的氧和高聚物分解生成的气态可燃性产物，并降低此可燃气体的温度，从而致使燃烧的中止；高密度的蒸气通常情况下覆盖于可燃气体上方，能够隔绝它与空气中氧气的接触而实现燃烧的窒息作用。如今为人们普遍接受的气相阻燃机理是燃烧链式反应的中断机理。一般认为卤系阻燃剂的阻燃作用主要在于它所释放出的卤化氢与燃烧中形成的自由基反应，从而中止燃烧。但这个结论并未得到实验的证实。高聚物燃烧过程中在气相中的反应大多是复杂的链式自由基反应，阻燃剂受热产生能够捕捉促进燃烧反应链增长的自由基和能促使自由基结合以终止链或燃烧反应的细微粒子，从而起到阻燃的作用。如含卤化物的高聚物燃烧过程降解产生卤化氢而参与气相自由基反应，产生不具燃烧活性的卤素自由基。

#### 1.1.2.3 中断热交换阻燃机理

中断热交换机理是指高聚物燃烧过程中产生的部分热量被带走而降低高聚物的吸热量，致使高聚物基体的温度维持热分解温度以下而不能持续产生可燃气体，实现高聚物材料的燃烧自熄。液态氯化石蜡或氯化石蜡与氧化锑组成的协同体系来阻燃高聚物时，由于这类阻燃剂能促进高聚物解聚或分解，促进高聚物的熔融滴落，高聚物的熔融滴落过程导致大部分热量被熔滴带走，从而减少了反馈至本体高聚物的热量，最后可起到中止高聚物燃烧的目的。因此易于熔融的材料一般情况下可燃性都较低，但是滴落的灼热液滴可引燃其他物质，这存在着更大的火灾危险性。

#### 1.1.2.4 吸热阻燃机理

一些无机阻燃剂如 $Al(OH)_3$、$Mg(OH)_2$ 和硼酸类物质的阻燃作用多因释水吸热而起到阻燃的作用。如 $Al(OH)_3$ 和 $Mg(OH)_2$ 利用其热分解时的吸热反应和热分解生成的不燃性物质的气化来冷却高聚物基料。这些水蒸气可起到两个方面的阻燃作用：一方面气化过程中吸收了体系的大量热量，从而降低体系温度，防止体系的热分解，减少可燃性气体的挥发量；另一方面挥发性气体可稀释可燃物的浓度，这类阻燃剂本身的高热容和碳化作用都会导致高聚物持续燃烧的中断。

#### 1.1.2.5 终止连锁反应机理

阻燃剂的热解产物能够捕获促进燃烧连锁氧化反应的活性自由基 HO·，这些热解产物可实现抑制燃烧，终止连锁反应的机理被认为是高聚物阻燃中最重要的机理。卤系阻燃剂在燃烧温度下可分解成卤化氢，捕捉 HO·自由基并使之转化成为低能量的 X·自由基和水，X·自由基可与高聚物反应生成 HX，如此循环而实现终止连锁反应的作用。

### 1.1.3 阻燃剂的分类

阻燃机理使人们对高聚物材料的燃烧和阻燃有了深入的了解，但高聚物燃烧与阻燃都是十分复杂的物理化学过程，实际燃烧和阻燃过程发生的理化反应是十分复杂的，涉及很多因素的影响制约，因此将一种阻燃体系的阻燃机理严格界定为某一种机理是很困难的，总是很

多阻燃体系以几种阻燃机理同时发挥阻燃作用。下面介绍几种典型的阻燃剂。

#### 1.1.3.1　卤系阻燃剂

卤素阻燃剂因阻燃效率高、性价比高、价格适中、品种多和适用范围广等优点一直占据着高聚物阻燃剂的主导地位，并在某些产品中具有不可替代性。卤素阻燃剂是目前世界上产量最大的阻燃剂之一。目前应用范围较广的卤系阻燃体系是20世纪70年代发展起来的卤素-氧化锑阻燃体系。理论上随着原子量的增加（F＜Cl＜Br＜I）卤系阻燃剂的阻燃效率越高，但实际应用中只有氯系和溴系阻燃剂具有较好的应用价值。在氯系阻燃剂的应用中，因为碳-氯键作用力较弱，氯系阻燃剂存在高温情况下热稳定性差的问题；而含氟化合物因热稳定性太高而在一般阻燃高聚物热降解温度下不会释放出氟自由基；碘类化合物在多数高聚物的加工温度下结构不稳定。因此溴系和氯系两大类阻燃剂为卤素阻燃剂的代表。溴系阻燃剂和氯系阻燃剂的阻燃机理基本相同，但溴系阻燃剂的阻燃效率比氯系阻燃剂的阻燃效率高，然而氯系阻燃剂的耐热性和耐光性都要优于溴系阻燃剂。

氯系阻燃剂主要包括氯化石蜡、氯化聚乙烯、四氯双酚A和全氯戊环癸烷等。相比氯系阻燃剂的种类，溴系阻燃剂的种类繁多，常用的溴系阻燃剂包括多溴二苯醚类（十溴二苯醚、十四溴二苯氧基苯和八溴二苯醚等）、溴代双酚A类（包括四溴双酚A和四溴双酚A-双烯丙基醚等）和溴代高聚物类（聚2,6-二溴苯醚）、溴化聚苯乙烯、聚丙烯酸五溴苄酯和溴代邻苯二甲酸酐等）。在工业化的溴系阻燃剂中，四溴双酚A（TBBPA）、五溴二苯醚（penta-BDE）、八溴二苯醚（octa-BDE）、六溴环十二烷（HBCD）和十溴二苯醚（deca-BDE）（如图1-2所示）因其性能出色的综合性能而被广泛应用于高聚物阻燃中。通常情况下任何一个多溴二苯醚品种都由几个多溴二苯醚混合组成，以一个多溴二苯醚为主要含量，并含有少量的其他多溴二苯醚化合物，例如十溴二苯醚阻燃剂中大约含97%的十溴二苯醚；八溴二苯醚阻燃剂中含10%～12%的六溴二苯醚、43%～44%的七溴二苯醚和31%～35%的八溴二苯醚；五溴二苯醚阻燃剂含50%～62%五溴二苯醚和24%～38%的四溴二苯醚。

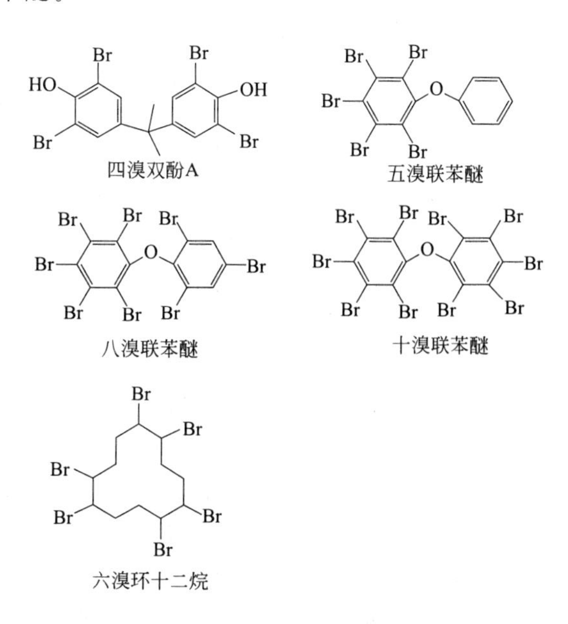


图1-2　五种典型溴系阻燃剂的结构示意

溴系阻燃剂的C—Br键因键能较低而在较低温度分解（200～300℃）。该温度范围与大多数高聚物热分解温度相重叠，因此在高聚物发生燃烧时，溴系阻燃剂热分解产生的Br·可以捕捉高聚物裂解释放出的自由基，生成难燃的HBr气体，进而起到延缓或中断高聚物燃烧中的链反应的作用。同时由于HBr的密度较大而覆盖在高聚物基体表面，并起到隔绝可燃气体的作用，因此HBr可进一步抑制燃烧反应的进行。卤素阻燃剂通常通过捕捉自由基来实现高效阻燃目的。高聚物在空气中的高温热降解一般是生成大分子自由基（R·）和活泼的氢氧自由基（OH·），这两种自由基决定着燃烧的速度。即：

$$RH \longrightarrow R\cdot + OH\cdot$$

$$R\cdot + O_2 \longrightarrow RO_2\cdot$$

这些大分子自由基R·和$RO_2$·将引发高聚物的自动催化氧化链反应，但当卤系阻燃剂加入高聚物基体中时，含卤阻燃剂受热分解产生卤素自由基X·，自由基X·与高聚物分子发生反应生成R·和 XH，XH和活泼的OH·反应，从而消耗掉OH·活性自由基。与此同时，也会发生反应$R\cdot + X\cdot \longrightarrow RX$，使燃烧的链反应终止，从而使燃烧火焰熄灭。

为了提升卤系阻燃剂的阻燃效率，卤素阻燃剂通常与氧化锑并用而形成卤-锑协同阻燃体系。卤-锑协同阻燃作用最早应用在纤维素的阻燃中，是采用氯化石蜡和$Sb_2O_3$的配方。该体系已广泛应用于聚酯、聚酰胺、聚烯烃、聚氨酯、聚丙烯腈和聚苯乙烯等高聚物的阻燃过程。卤-锑协同阻燃体系的作用涉及固相阻燃机理和气相阻燃机理。当卤-锑阻燃剂阻燃高聚物热裂解时，首先是由于含卤阻燃剂自身分解或卤阻燃剂与$Sb_2O_3$或高聚物作用释出卤化氢（HX），卤化氢又可与$Sb_2O_3$反应生成SbOX。虽然在卤系阻燃剂阻燃过程热裂解的第一阶段生成部分$SbX_3$，但阻燃高聚物的质量损失情况说明阻燃高聚物在燃烧过程中形成挥发性较低的含锑化合物，它可能是因$Sb_2O_3$的卤化得到的。生成的SbOX又可在高聚物降解过程中很宽的温度范围内吸热分解，如在245～280℃温度范围时，SbOX分解为$Sb_4O_5X_2$；在410～475℃温度范围时，$Sb_4O_5X_2$分解为$Sb_3O_4X$；当温度进一步升温到685℃时，固体$Sb_2O_3$被气化。在此过程中，气态$SbX_3$逸至气相中，而SbOX作为Lewis酸则保留在凝聚相中，从而进一步促进C—X链的断裂。在用氯化物处理的纤维素织物中加入$Sb_2O_3$，可降低材料的成炭温度。

含卤素阻燃剂虽然价格适中、阻燃效率高，但其阻燃过程生成较多的有毒气体、黑烟和腐蚀性气体。卤素阻燃剂一般与氧化锑并用可提升阻燃体系的阻燃效率，然而这种阻燃方式使高聚物的生烟量更高。卤素阻燃剂的应用过程会产生毒性更持久或腐蚀性的有机污染物（三环芳香族衍生物），同时生产污水的排放使得自然界中有约20%的有机氯来源于阻燃剂工业；一些溴系阻燃剂的使用也因环保问题而受到限制，如八溴二苯醚和五溴二苯醚，这些溴系阻燃剂在使用过程中有可能生成剧毒的二噁英和多溴二苯呋喃。而此类毒性物质会干扰人体的内分泌系统，具有很强的致癌作用；同时由于在环境中的滞留时间长，对生态环境的危害也极大；同时溴系阻燃剂燃烧过程中会释放大量的腐蚀性气体，这些腐蚀性气体能够腐蚀金属部件且对敏感的电子器件造成损害，在一些密闭的空间内（如飞机机身或船体舱室），腐蚀性气体将会带来灾难性后果。近些年来随着卤系阻燃剂十溴二苯醚在《斯德哥尔摩公约》中被列入具有持久性有机污染物质名单，关于卤系阻燃剂导致的环境问题引起了工业界和研究人员的广泛关注，然而卤系阻燃剂的市场受到了极大的影响。在全球阻燃剂市场中，溴系阻燃剂目前仍旧是世界上产量最大的有机阻燃剂，是全球销售额最高的阻燃剂种类之一，但寻找溴系阻燃剂的替代品以逐步实现阻燃剂的无卤化不仅在工业界被谨慎认真对待，

而且在学术界也正引起研究人员的浓厚兴趣，因此发展无卤低烟低毒的阻燃高聚物成为业内同行的共识。

### 1.1.3.2　磷系阻燃剂

磷系阻燃剂已经使用了150多年，被认为是卤系阻燃剂的合适替代品。磷系阻燃剂有诸多优点，如原材料资源丰富、成本低廉、阻燃和增塑等优点。随着卤系在日常应用上受到限制，磷系阻燃剂在阻燃剂领域中的重要地位日益显露，磷系阻燃剂已成为市场销售最广、实用性最好的非卤系阻燃剂。通常情况下磷系阻燃剂可以同时在凝聚相和气相发挥阻燃作用。在凝聚相中含磷阻燃剂通常情况下在材料燃烧过程中生成具有强脱水性的聚磷酸，从而使含氧有机物脱水碳化，进一步生成致密不易燃烧的碳化结构；聚磷酸本身又是一种不易挥发的稳定黏稠化合物，在燃烧过程中聚磷酸覆盖于高聚物表面并形成一层良好的薄膜状物质，从而起到了隔绝效应。在气相中，含磷阻燃剂热降解过程中释放出难燃气体，这些难燃性气体可稀释燃气体的浓度。此外含磷阻燃剂燃烧时释放的P·和PO·自由基可以捕捉高聚物热分解产生的高活性链式自由基，从而使燃烧的连锁反应中断而实现阻燃的目的。

根据磷系阻燃剂的结构可将磷系阻燃剂分为三大类。第一类是无机磷系阻燃剂，主要包括常用的红磷和多磷酸铵；第二类是由有机磷系阻燃剂组成，包括以下三种不同的常见结构的磷系阻燃剂：有机磷酸酯、膦酸酯和亚磷酸酯（如图1-3所示），其中磷酸酯类品种包括三烃基衍生物（如磷酸三乙酯和磷酸三辛酯）、三芳基衍生物（如磷酸三苯酯）和芳基烷基衍生物（如2-乙基己基二苯基磷酸酯）等；第三类就是含卤磷系阻燃剂，结合了卤系阻燃剂和磷系阻燃剂的阻燃特性。含卤磷系阻燃剂中比较有代表性的就是磷酸三（氯丙基）酯（TCPP）和磷酸三（2-氯乙基）酯（TCEP）（如图1-4所示）。在无机磷系阻燃剂、有机磷系阻燃剂和含卤磷系阻燃剂中，根据在制备阻燃高聚物过程中使用方法的不同，可将阻燃剂再分为两种基本类型。一类是反应型阻燃剂，通过化学反应将阻燃剂整合到高聚物分子结构中。由于是通过化学反应整合到高聚物分子结构中，因而此种阻燃剂在使用过程中损失很少。另一类为通过添加方式进入高聚物基体中的添加型阻燃剂。添加型阻燃剂在阻燃材料的使用过程中可能会出现流失现象，因而阻燃高聚物的阻燃性能会随着使用时间而逐渐下降。

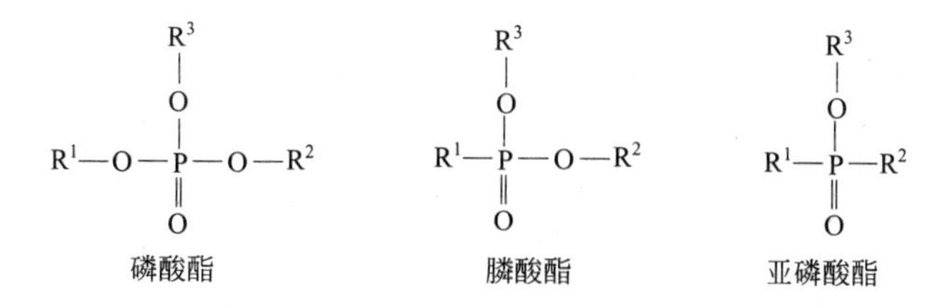


图1-3　有机磷系阻燃剂的一般结构

（1）无机磷系阻燃剂

无机磷系阻燃剂主要有红磷、聚磷酸盐、磷腈和磷酸盐等。这些无机阻燃剂被广泛应用于工业化产品中。下面将分别介绍红磷、聚磷酸盐、磷腈和磷酸盐。

① 红磷　红磷位于元素周期表第15位，是一种阻燃性能优良的阻燃剂。红磷具有抑烟、高效和低毒等特点。但普通红磷易吸潮，与高聚物基体相容性差，特别容易引起自燃，且因能够与空气中的水分反应生成有毒性产物磷化氢，因此工业化产品中经常对红磷做稳定

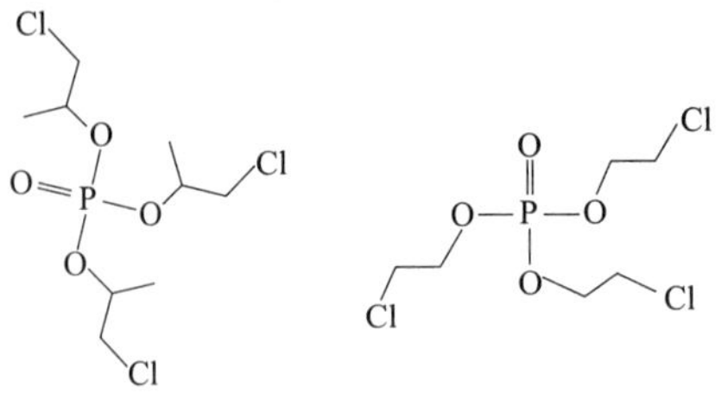

TCPP　　TCEP

图 1-4　磷酸三（氯丙基）酯（TCPP）和磷酸三（2-氯乙基）酯（TCEP）的结构

化处理和包覆。在红磷的表面包覆一层或几层保护膜，一方面可以防止红磷粒子与空气中氧及水接触而产生毒性物质磷化氢，另一方面避免红磷由于冲击和热而被引燃。微胶囊化红磷阻燃剂可降低红磷活性和解决红磷与高聚物基体的相容性问题。红磷及其微胶囊化阻燃剂因其高含磷量具有高阻燃效率，红磷可认为是一种无机高聚物，对含氧或氮的高聚物具有比较好的阻燃效果。红磷或微胶囊化红磷作为尼龙部件的阻燃剂在欧洲有较广泛的应用。微胶囊化红磷被认为是一种相当安全的阻燃剂且在许多国家都已商品化。

红磷的阻燃机理与有机磷系阻燃剂的阻燃机理相似：红磷在 400～500℃下解聚形成白磷，白磷在水汽存在的情况下被氧化为具有高黏度磷的含氧酸，这些黏稠的磷酸覆盖在高聚物的表面并加速高聚物脱水碳化，形成的炭层可起到隔绝外部的氧、挥发可燃物、热与内部高聚物的作用，这些作用使高聚物燃烧中断。尽管单独使用红磷用于高聚物的阻燃效果不理想，但当红磷与 $Al(OH)_3$ 或 $Mg(OH)_2$ 并用时，两者在高聚物体系内可发挥显著的协同阻燃效应，红磷与 $Al(OH)_3$ 或 $Mg(OH)_2$ 作用机理如下：高聚物燃烧时，红磷具有强烈的脱水作用，促使 $Al(OH)_3$ 或 $Mg(OH)_2$ 脱水吸热，从而增大阻燃体系的阻燃效果。

② 磷酸盐类　在磷酸盐类阻燃剂中磷酸一铵（MAP）、磷酸二铵（DAP）是纤维与织物、纸张、无纺布和木材等多种纤维素材料的有效阻燃剂。磷酸一铵（MAP）和磷酸二铵（DAP）能形成磷酸，而纤维素羟基酯化进一步生成的纤维素酯，从而改变高聚物热降解过程而达到阻燃目的。但由于磷酸盐易溶于水，所以磷酸盐的阻燃效果不能持久。在磷酸盐类阻燃剂中聚磷酸铵通常简称为 APP（其结构如图 1-5 所示），聚磷酸铵是目前磷系阻燃剂最常用的一种，其磷、氮元素含量较高，具有热稳定性好、毒性低和阻燃性久等优点。目前聚磷酸铵分为Ⅰ型和Ⅱ型，Ⅰ型 APP 为线型分子链，晶体表面不平整，多孔，分解温度低，水溶性较大，仅适用于阻燃涂料、纸张和织物等；Ⅱ型 AAP 分子链间存在一定量的 P—O—P 交联结构，聚合度比Ⅰ型 APP 大，属斜方对称晶系，表面规则，起始分解温度为 300℃，室温下水溶性约 0.5g/100mL，该种阻燃剂适用于阻燃塑料、橡胶和纤维等高聚物。聚磷酸铵在阻燃过程中作为酸源，可与碳源及气源并用而组成膨胀型阻燃体系。聚磷酸铵及其相应的膨胀型阻燃剂是目前磷系阻燃剂比较活跃的研究领域，其前景十分广阔。但解决聚磷酸铵热稳定性、耐水性和加工性等不足问题仍是未来值得研究的课题。

③ 磷腈　磷腈是一类分子中含有—P═N—结构的化合物，骨架由磷原子和氮原子交替排列、由双键连接而成，分为环磷腈［图 1-6(a)、(b)］和线磷腈（聚磷腈）［图 1-6(c)］两大类。近年来，磷腈化合物由于其特殊的结构特性而得到人们广泛重视，一方面是由于磷腈化合物既可直接添加到高聚物基体中，又可以通过化学反应的方式连接到高聚物主链或侧链

中，促进高聚物炭层结构的产生，炭层可以阻止氧气和热量的传递，赋予了高聚物良好的热稳定性和阻燃性；另一方面由于环三磷腈具有特殊的分子结构，六氯环三磷腈上的六个氯原子很容易被不同的官能团取代，可以很方便地对磷腈化合物进行分子设计，以便得到含有不同功能官能团的化合物。

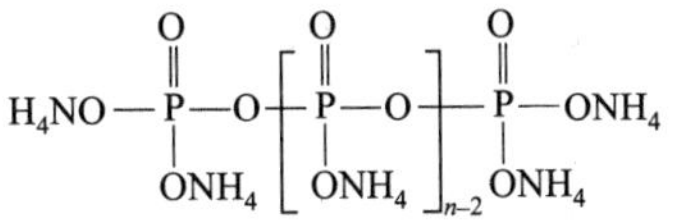

图 1-5 聚磷酸铵的分子结构

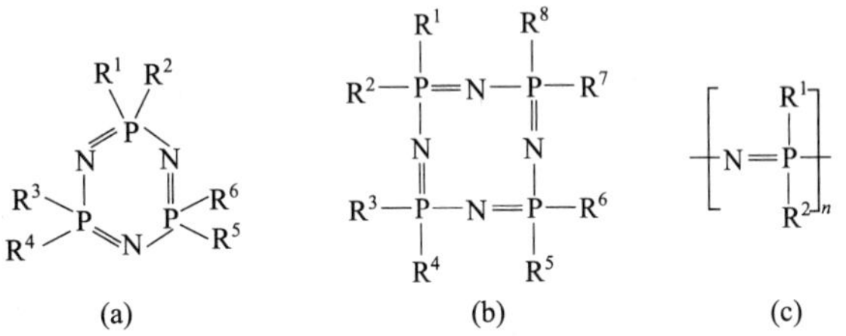

(a) (b) (c)

图 1-6 磷腈化合物的结构

人类早在两百年以前就开始对磷腈化合物进行研究，六氯环三磷腈是人类最早制得的磷腈化合物，同时也是其中最具代表性的磷腈化合物。1895 年，H. N. Stokes 首次报道了利用 $PCl_5$ 和 $NH_4Cl$ 制备氯环磷腈的方法，磷腈主要是以环状三聚体形式存在。而后 H. N. Stokes 又在 1897 年首次通过磷腈的环状三聚体高温聚合制备聚二氯磷腈（俗称“无机橡胶”）。但这种聚磷腈在水中的化学性质不稳定且不易加工，因此在当时并未引起更多注意；1924 年 Schenk 和 Romer 以 $PCl_5$ 和 $NH_4Cl$ 为原料，以四氯乙烷为溶剂反应制备出六氯环三磷腈和八氯环四磷腈，这种合成路线至今还被广泛应用；1968 年，Rose 在实验室合成了一种含氟聚磷腈，这种磷腈因具有良好的抗溶剂性和抗氧化性而在应用上优于烃类和硅橡胶。1970 年，Firestone 轮船公司首次合成聚磷腈弹性体；此后 1985 年该公司将聚磷腈树脂应用于工业生产；同时 1987 年与帝人公司合作，共同开发了聚磷腈纤维；1982 年美国 NASA 武器研究中心的研究人员制备含磷腈环的马来酰亚胺，并将磷腈环的马来酰亚胺与石墨结合压层成复合材料，此复合材料在高温绝氧条件下有很高的残炭量，其 LOI 值高达 100。我国对磷腈化合物的研究始于 20 世纪 90 年代，虽然取得一定成绩，但和国外工业化产品相比仍然有很大差距，我国目前针对磷腈化合物的阻燃研究与应用还处于实验室探索阶段，科学研究还仅限于对磷腈化合物进行简单的改性。如表 1-1 所示，为近期国内外合成的基于磷腈的阻燃剂或有可能应用于阻燃剂的新型基于磷腈的结构。

**表 1-1 新型磷腈结构**

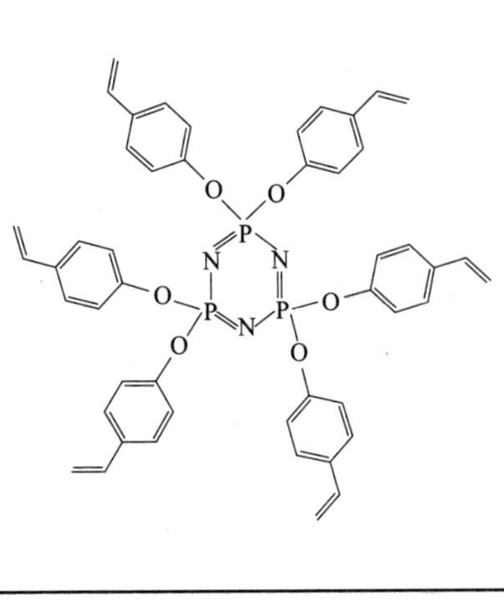

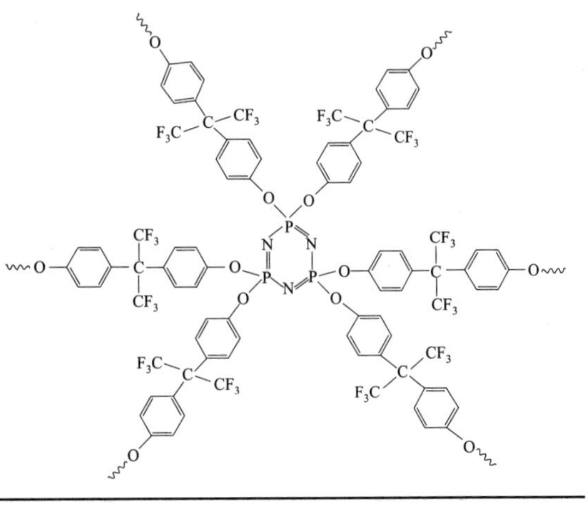

续表

| | |
|---|---|
| 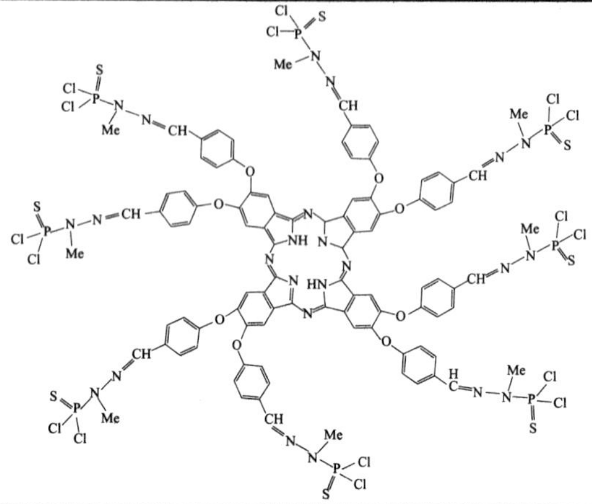 | 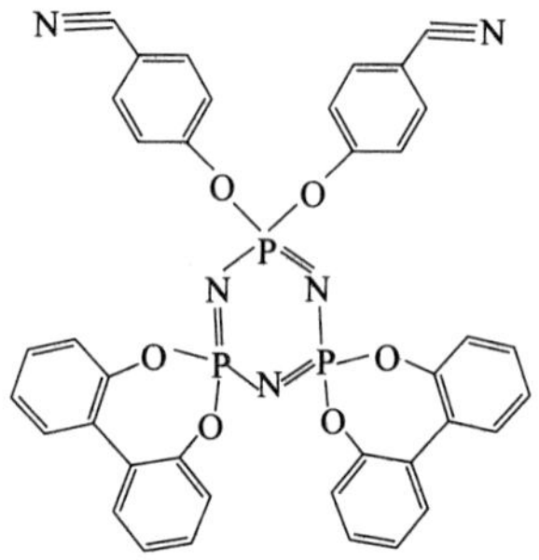 |
| 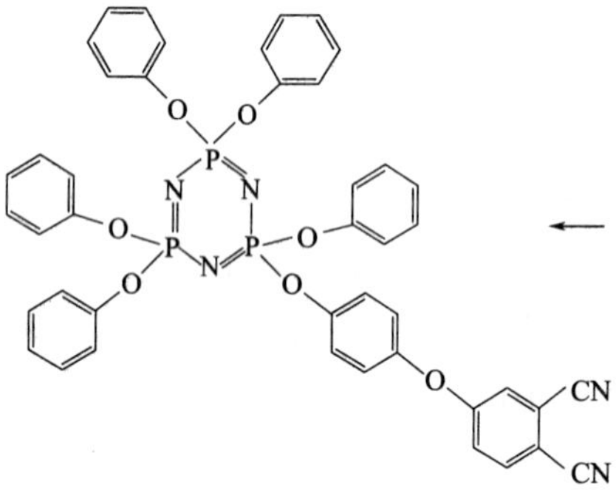 ← | 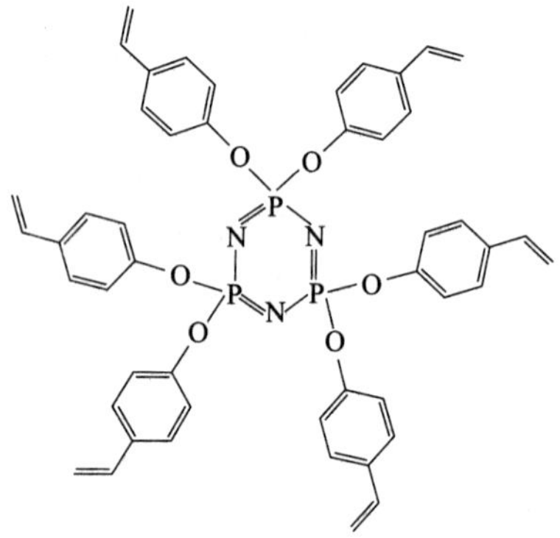 |
| 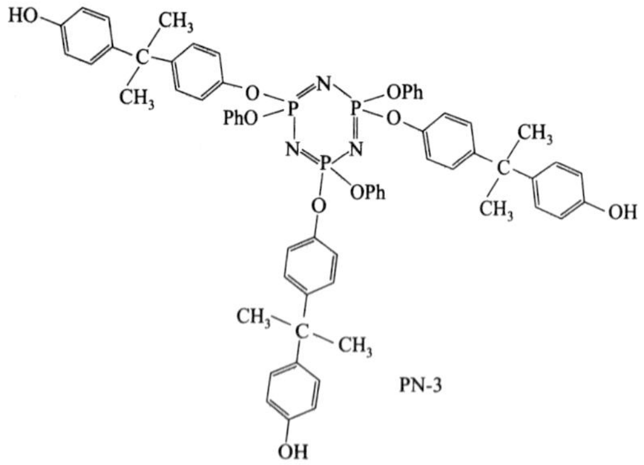 PN-3 | 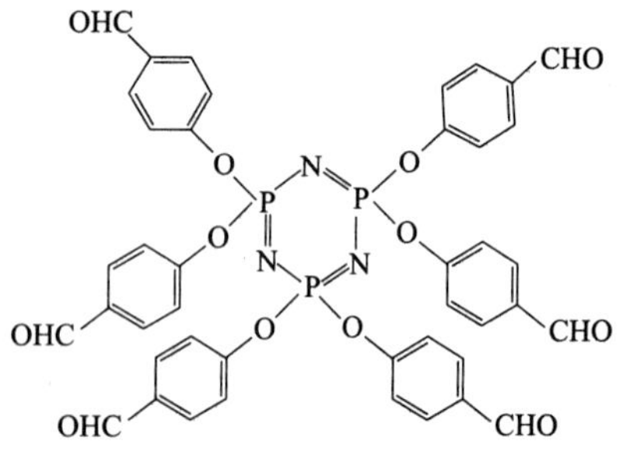 |
| 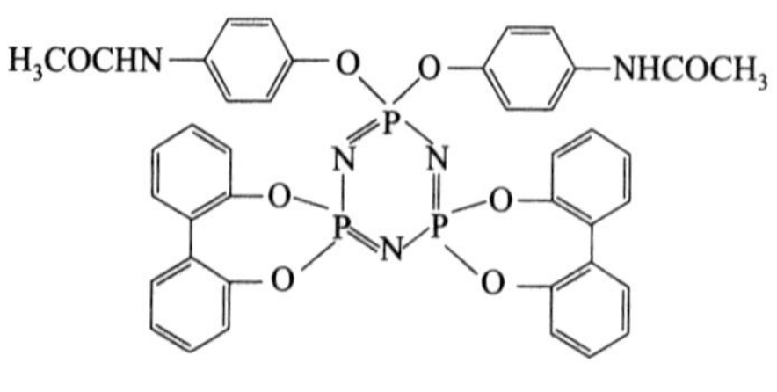 | 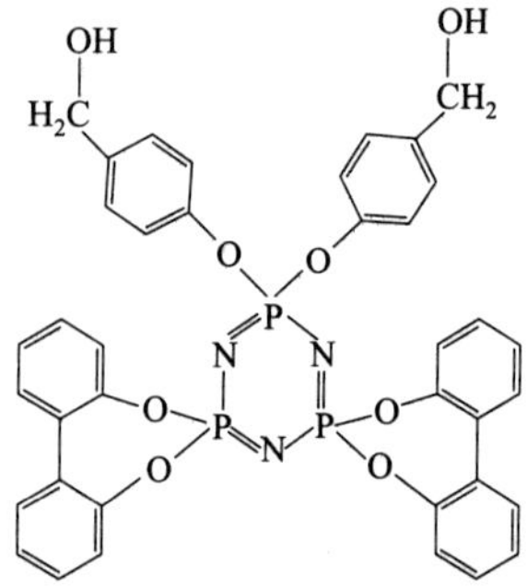 |

续表

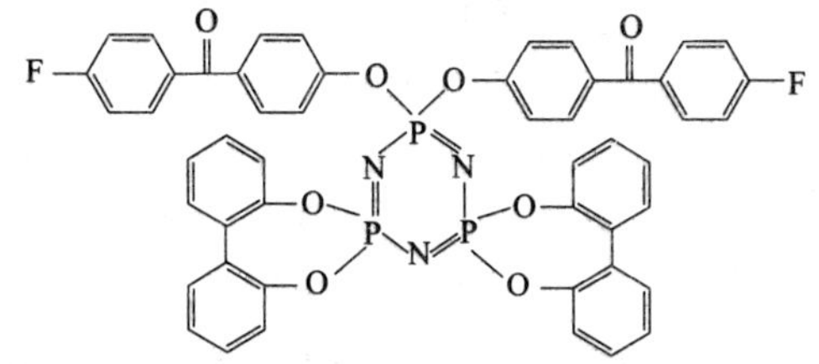

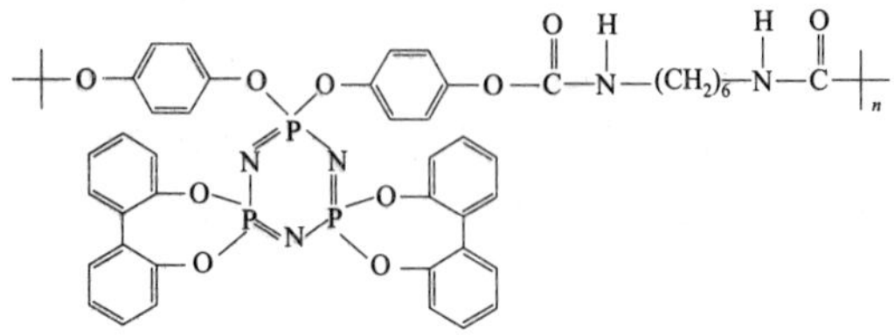

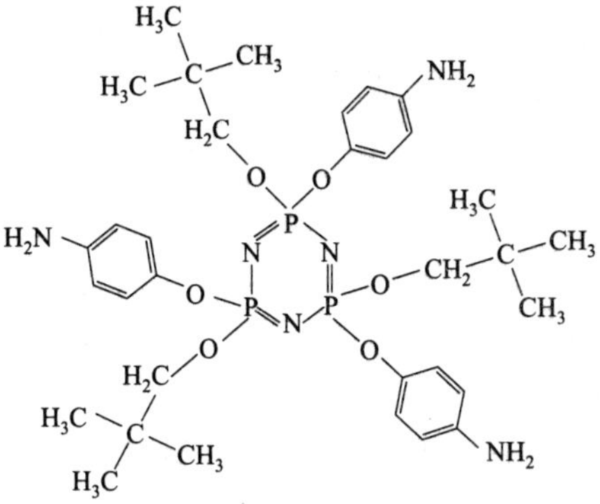

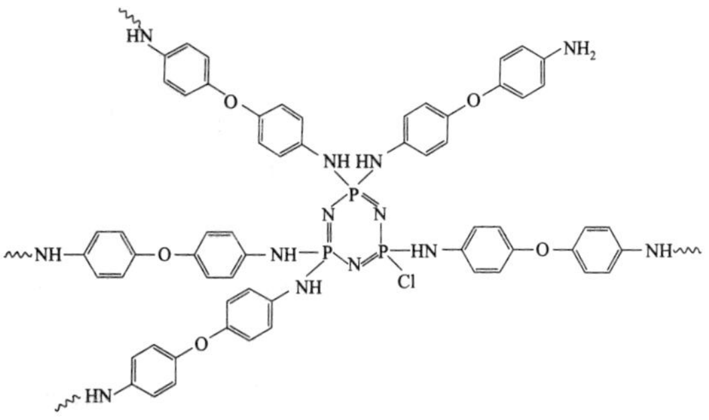

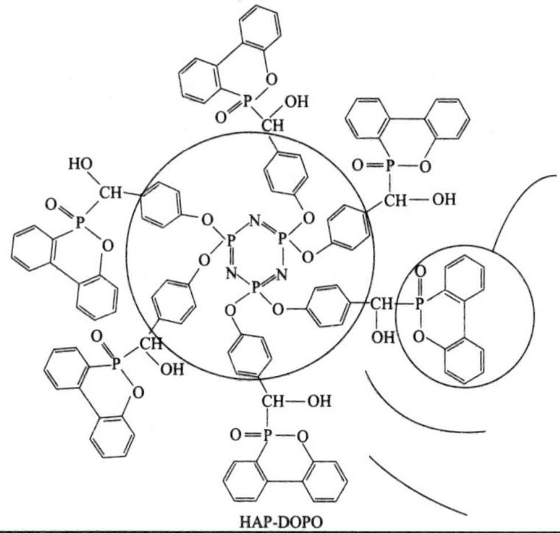

HAP-DOPO

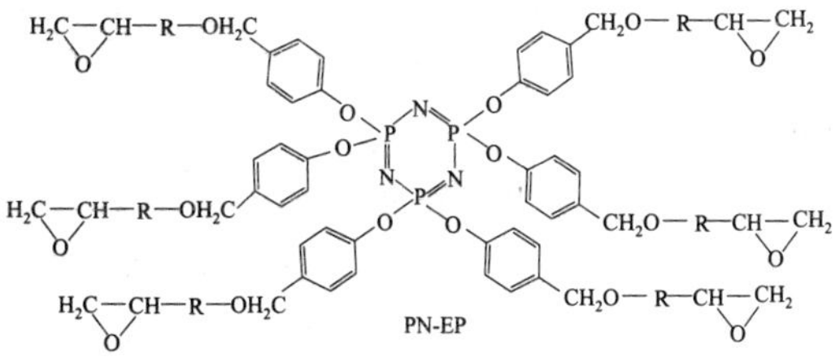

PN-EP

(2) 有机磷系阻燃剂

有机磷系阻燃剂是一类重要的无卤阻燃剂，具有品种繁多、低毒低烟、应用范围广并与多数高聚物相容性好的优点，因此有机磷阻燃剂已成为阻燃领域的研究热点。有机磷系阻燃剂主要包括磷酸酯类、膦氧化合物类、含磷二元醇和多元醇类等。在磷系阻燃剂中磷酸三苯基酯是最早应用于工业化生产的有机磷酸酯，最初被用作硝酸纤维素的增塑剂和阻燃剂，然后被用作为乙酸纤维素和乙烯基类的增塑剂和阻燃剂。膦氧化合物的水解稳定性优于磷酸酯，含二元醇或羧酸的膦氧化合物可通过共聚法应用于聚酯、聚碳酸酯、环氧树脂和聚氨酯等高聚物阻燃。同时氧化膦阻燃剂分为添加型和反应型两种。当磷化合物加入氮之后可以形成磷-氮协同阻燃体系，由于氮化合物受热后放出 $N_2$、$CO_2$、$H_2O$ 和 $NH_3$ 等不燃性气体，这些气体阻断了空气中氧的供应，通过磷的凝聚相阻燃和氮化合物的气相阻燃可实现阻燃增效目的。因此开发复配型 P-N 系列阻燃剂具有重要的应用价值。

有机磷系阻燃剂的阻燃作用主要从气相和凝聚相两方面对高聚物进行阻燃。有机磷系阻燃剂同高聚物材料燃烧时，有机磷阻燃剂受热分解生成能够催化高聚物脱水、成炭的物质，如磷酸、偏磷酸和聚偏磷酸等，这些含氧酸在火灾过程中能够有效地催化羟基化合物的脱水形成致密的炭层；此外含氧酸本身为黏稠状熔融态性质且覆盖于高聚物表面可起到隔绝空气、阻止自由基逸出、降低可燃物的生成量和减小材料的热失重率的作用。含氧酸的这些作用实现了有机磷系阻燃剂在高聚物中的高效阻燃。此外含磷化合物在燃烧时都会有 PO· 自由基形成，该自由基能够猝灭高聚物燃烧时产生的 H· 和 HO· 自由基，从而实现阻断 H· 和 HO· 自由基产生的燃烧反应。在高聚物燃烧的火焰中，一些含磷有机物裂解生成的小分子如 $P_2$、HPO 和 PO 等可挥发到燃烧火焰上方，这些含磷小分子稀释燃烧区氢自由基浓度，从而抑制火焰的继续燃烧。具体过程可以表示如下：

$$R_3PO\cdot \longrightarrow PO\cdot + P\cdot + P_2$$

$$H + PO + M \longrightarrow HPO + M$$

$$HO + PO\cdot \longrightarrow HPO + O\cdot$$

$$HPO + H \longrightarrow H_2 + PO\cdot$$

$$P_2 + \cdot O\cdot \longrightarrow P\cdot + PO\cdot$$

$$P\cdot + OH \longrightarrow PO\cdot + H$$

有机磷系阻燃剂除了自身具有高效阻燃的作用，研究表明磷与卤、氮或硅之一或者多种元素并用可以在减少阻燃剂的总用量情况下而实现目标阻燃效果，这种效应称为协同阻燃效应，其作用机理称为协同阻燃作用机理。有机磷系阻燃剂的协同阻燃作用包括以下几方面。

① 卤素与磷　有机磷系阻燃剂主要作用于高聚物燃烧过程中的固相，隔绝可燃气体与热的传递，而卤系主要作用于燃烧高聚物的气相阻燃。另外，当有机磷和卤素共存的情况下，有机磷会与卤素反应生成 $PX_3$、$PX_5$、$POX_3$（X 为卤素）等相对密度大的不燃性气体，如此便可有效阻隔氧气，达到较好的阻燃效果。

② 磷与氮　当有机磷阻燃剂添加氮系阻燃剂时通常可减少所需的磷含量而达到相应的阻燃效果，因为氮系阻燃剂产生不燃性气体而实现磷-氮协同阻燃作用。

③ 磷与硅　硅元素具有较高的热稳定性且在高温时会产生更加稳定的硅氧化合物，而磷系阻燃剂则是以固相阻燃为主，含磷高聚物高温分解产生的炭会因为氧气的存在而在高温进一步氧化降解，而产生硅氧化合物增加了炭层的热稳定性，同时残炭率和阻燃性都会相应提升。

迄今为止开发并被市场应用的磷酸酯类阻燃剂包括磷酸三乙酯、磷酸三(2,3-二溴丙基)酯、磷酸三（二甲苯）酯、磷酸三苯酯、磷酸三辛酯、甲苯基二苯基膦酸酯、磷酸三异丙苯酯和三（$\beta$-氯乙基）酯等。虽然这些磷酸酯阻燃剂熔点低且多为液态，而且具有耐热性差、容易迁出和挥发性大等缺点，但这些阻燃剂不仅具有容易与材料混合均匀的优点，而且部分可作为增塑剂。因此研究开发具有耐热性能好、挥发性低和阻燃持久的环境友好型有机磷系阻燃剂逐渐成为科研人员和工业界的热点。目前已经工业化或引起兴趣的阻燃剂如表 1-2 所示。

**表 1-2　常用的有机磷系阻燃剂的名称和结构**

| 有机磷阻燃剂名称 | 有机磷阻燃剂结构 |
| --- | --- |
| 间亚苯基四苯基双磷酸酯 RDP | 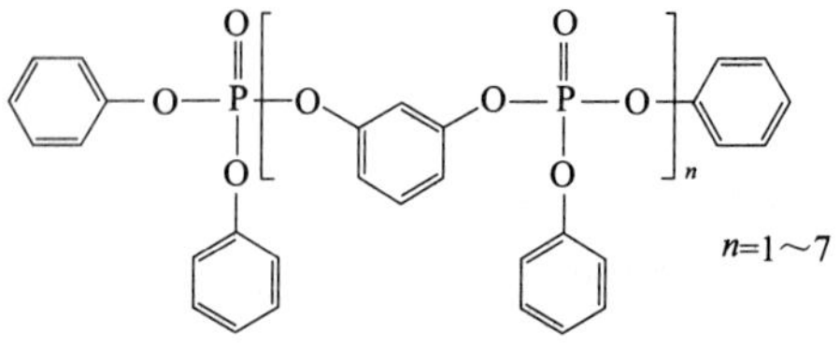 $n$=1～7 |

续表

| 有机磷阻燃剂名称 | 有机磷阻燃剂结构 |
| --- | --- |
| 双酚 A 双(二苯基磷酸酯)BDP | O　O<br>O—P—O—O—P—O<br>O　O<br>$n$=1～2<br>BDP |
| 间亚苯基(二甲苯基)双磷酸酯 RXDP | O　O<br>O—P—O　O—P—O |
| 磷酸三苯酯 TPP | O<br>O—P—O<br>O |
| 磷酸二苯甲苯酯 DPTP | O<br>O—P—O—$CH_3$<br>O |
| 磷酸二苯(二甲苯)酯 DPXP | O<br>$H_3C$—O—P—O—$CH_3$<br>O |
| 磷酸二苯异丙苯酯 DPPP | OP(O—)$_2$O—<br>$C_3H_7$<br>TPPP |
| 磷酸二苯异辛酯 DPOP | OP(O—)$_2$$OCH_2CH(CH_2)_3CH_3$<br>$C_2H_5$ |
| 磷酸二苯异癸酯 DPDP | OP(O—)$_2$$O(CH_3)_2C(CH_2)_6CH_3$ |
| 磷酸三(甲苯)酯 TTP | O<br>$H_3C$—O—P—O—$CH_3$<br>O<br>$CH_3$ |

续表

| 有机磷阻燃剂名称 | 有机磷阻燃剂结构 |
| --- | --- |
| 磷酸(二甲苯)酯 TXP | $OP\left(O-C_6H_3(CH_3)_2\right)_2$ |
| 磷酸苯基叔丁苯基酯 TBPPP | $[C_6H_5]_n-O-P(=O)-O-[C_6H_4-C(CH_3)_3]_{3-n}$ |
| *N*,*N*-双(2-羟乙基)氨甲基膦酸二乙酯 | $(HOH_2CH_2C)_2N-CH_2-P(=O)(OCH_2CH_3)_2$ |
| 甲基膦酸二甲酯 | $H_3C-P(=O)(OCH_3)-OCH_3$ |
| 乙基磷酸二乙酯 | $H_3CH_2C-P(=O)(OCH_2CH_3)-OCH_2CH_3$ |
| 苯基膦酸二甲酯 | $H_3CO-P(=O)(C_3H_7)-OCH_3$ |
| DOPO | $O=P(H)-O$（二苯并环结构） |
| 双(4-羟苯基)二苯基氧化膦 | $HO-C_6H_4-P(\rightarrow O)(C_6H_5)-C_6H_4-OH$ |
| 4-羟苯基二苯基氧化膦 | $C_6H_5-P(\rightarrow O)(C_6H_5)-C_6H_4-OH$ |

### 1.1.3.3 氮系阻燃剂

含氮阻燃剂主要包括三大类：双氰胺、蜜胺及其盐、胍盐（磷酸胍、缩合磷酸胍、碳酸胍和氨基磺酸胍），氮系阻燃剂的共同特点如下：①毒性低，如聚磷酸氨、双氰胺、蜜胺和胍本身毒性就很小，这些氮系阻燃剂燃烧时释放出气体的毒性也较小；②氮系阻燃剂燃烧时发烟率较低，且火灾前期的烟密度小，给被困人员逃生时间，同时也便于火灾前期扑救工作的进行；③氮系阻燃剂在加工或燃烧过程中释放出低腐蚀性的气体；④氮系阻燃剂的阻燃效果较佳而且价格低廉，基于含氮阻燃剂的废弃物可回收利用且对环境友好。但氮系阻燃剂单独使用时阻燃效率低下，需要较大添加量，往往导致高聚物加工性能和力学性能方面出现问题。氮系阻燃剂在高聚物中使用时，一般与磷系阻燃剂或卤系阻燃剂结合使用的阻燃效果更好。氮系阻燃剂的阻燃机理主要通过燃烧过程中化合物分解吸热而降低高聚物表面的温度，

同时氮化合物释放出氨气和氮气等难燃气体而稀释可燃气体的浓度，可最终达到阻燃目的。此外氮系阻燃剂在高温分解温度下迅速释放的气体具有发泡功能，当这些气体与一些能促进碳化的含磷阻燃剂结合使用时，可形成膨胀型炭层，因此氮系阻燃剂广泛应用于膨胀阻燃体系中的发泡剂。

在氮系阻燃剂中，三聚氰胺及其盐类化合物如三聚氰胺氰脲酸盐、三聚氰胺磷酸盐、三聚氰胺焦磷酸盐和三聚氰胺聚磷酸盐广泛应用于高聚物阻燃中。三聚氰胺（MA）也称为蜜胺，分子式为 $C_3H_6N_6$，结构如下所示：

三聚氰胺是一种性质稳定的结晶化合物，理论氮含量为66.64%。三聚氰胺为无色单斜晶体，无臭，无味，熔点为354℃，在强热（250～350℃）下分解并吸收大量的热，同时释放 $NH_3$、$N_2$ 及 $CN^-$ 等有毒烟雾。三聚氰胺有助于高聚物的成炭，并影响高聚物的熔化行为。不同于其他一些阻燃剂，三聚氰胺以及它的盐类加入高聚物基体中可促使高聚物的滴落，基于三聚氰胺的盐类阻燃剂如表1-3所示；而三嗪及其衍生物可单独或作为碳化剂或发泡剂与磷系阻燃剂结合，因磷氮协同阻燃作用而更具阻燃效率。通常情况下氮系阻燃剂的阻燃机理基本是按气相阻燃机理进行的。氮系阻燃剂在高温时分解成 $N_2$、NO 和 $NO_2$ 等不燃性气体，一方面不燃性气体可稀释空气中的氧气和可燃物的浓度，同时氮系阻燃剂在热分解过程中会吸收热量，且会降低燃烧高聚物基体的表面温度；另一方面氮系阻燃剂分解产生氮的氧化物能够捕捉自由基，抑制高聚物的连锁反应，从而达到阻燃的目的，氮系阻燃剂主要由含氮的阻燃多元醇组成。

**表1-3　基于三聚氰胺的盐类阻燃剂**

| 阻燃剂的化学名称 | 阻燃剂的结构式 |
| --- | --- |
| 氰尿酸三聚氰胺 |  |
| 正磷酸三聚氰胺 | MMP |
| 聚焦磷酸三聚氰胺 | MPP |

续表

| 阻燃剂的化学名称 | 阻燃剂的结构式 |
| --- | --- |
| 硼酸三聚氰胺 | (三聚氰胺环结构，取代基 $NH_2$、$H_2N$、$NH_2 \cdot H_3BO_3$) MB |
| 焦磷酸三聚氰胺 | (三聚氰胺环结构，取代基 $NH_2$、$H_2N$、$NH_2 \cdot H_4P_2O_7$) DMP |

### 1.1.3.4 金属氢氧化物阻燃剂

金属氢氧化物阻燃剂是目前市场份额和产销量最大的阻燃剂之一。金属氢氧化物阻燃剂以氢氧化铝和氢氧化镁应用最为广泛，且使用量占全球阻燃剂用量的比例很大。氢氧化铝与氢氧化镁具有以下特点：①具有填充和阻燃作用；②氢氧化物本身无毒性，燃烧时不产生有毒或腐蚀性气体，具有抑烟效果好的特点；③具有不挥发、不吸潮和价格低廉等优点。因此在环保观念日益深入人心的今天，氢氧化铝和氢氧化镁阻燃剂作为环境友好型阻燃剂，拥有广阔的发展前景。氢氧化铝和氢氧化镁阻燃剂的作用机理相同，即通过吸热分解产生水蒸气和氧化物。氢氧化铝和氢氧化镁在阻燃过程中的吸热分解过程如下：

$$2Al(OH)_{3(s)} \xrightarrow{180\sim200℃} Al_2O_{3(s)} + 3H_2O_{(g)}$$

$$Mg(OH)_{2(s)} \xrightarrow{300\sim330℃} MgO_{(s)} + H_2O_{(g)}$$

上述氢氧化物热降解过程决定了氢氧化铝/氢氧化镁的阻燃作用主要发生在凝聚相，具体过程如下：①较高的氢氧化物填充量能够起到凝聚相稀释的作用；②氢氧化铝/氢氧化镁受热时发生热分解，吸收部分的燃烧热并生成大量水蒸气［氢氧化铝为 35%（质量分数），氢氧化镁为 31%（质量分数）］和氧化物，可起到降低高聚物降解区的温度并延缓高聚物的热降解作用；③阻燃剂热降解释放出的水蒸气扩散到气相中，可起到稀释可燃性气体浓度的作用；④阻燃剂分解产生的氧化物作为残留炭层可以起到隔离层的作用，进一步促进高聚物的碳化；⑤由于阻燃纳米片层的阻隔作用，能够大幅度地提升高聚物复合材料的热降解活化能和热稳定性，使得复合材料更难燃烧。

通常情况下金属氢氧化物作为阻燃剂需要有两个必要条件：①氢氧化物阻燃剂的分解温度要高于高聚物基材的加工温度；②氢氧化物的热分解温度要略低于高聚物的分解温度。因此可根据高聚物在燃烧过程中的热分解温度来选择合适的高聚物种类。例如氢氧化铝在 180～220℃之间发生脱水吸热反应，如果将氢氧化铝用在加工温度更高的高聚物中（如聚酰胺），就会导致聚酰胺阻燃性能的降低。对于聚酰胺高聚物体系，氢氧化镁（热分解温度大于 300℃）是较合适的。金属氢氧化物有一个很明显的缺点，实际阻燃过程中为了达到所需要的阻燃效果往往需要向高聚物中添加比较大的填充量（质量分数一般大于 40%），然而过大的添加量往往导致高聚物加工困难和高聚物的关键性能指标下降。工业上最主要的两种金属氢氧化物阻燃剂为氢氧化铝（ATH）和氢氧化镁（MH），一般情况下认为氢氧化镁的阻燃效果要比氢氧化铝的好，因为氢氧化镁分解吸热为 1300J/g，比氢氧化铝的 1050J/g 高约

30%。此外氢氧化镁在热分解温度（350～400℃）范围内可以用于大多数热塑性塑料的加工，而氢氧化铝的分解温度仅为180～200℃，远远低于很多工程塑料的加工温度。

与氢氧化铝和氢氧化镁相比，层状双金属氢氧化物（LDH）却很少应用于高聚物的阻燃中。层状双金属氢氧化物最早在1842年由瑞典的Circa发现，是一种具有类似蒙脱土结构的无机阴离子型纳米层状材料，但蒙脱土的骨架是阴离子，层间是阳离子，而层状双金属氢氧化物的骨架是阳离子，层间是阴离子。图1-7给出了典型的镁铝双金属氢氧化物的结构示意图，$Mg^{2+}/Al^{3+}$ LDH主要由氢氧化镁和氢氧化物组成，拥有水镁石层状结构，板层上多余的正电荷被层间抗衡阴离子所补偿，通过调节$Mg^{2+}/Al^{3+}$比例即可改变其层间距及热稳定性，因此$Mg^{2+}/Al^{3+}$ LDH可作为阻燃剂。水滑石就是一种代表性的层状双金属氢氧化物，其组成为$Mg_6Al_2(OH)_{16}CO_3 \cdot 4H_2O$。LDH是六方晶系，由八面体共用棱形成单元层，位于层上的$Mg^{2+}$与半径相似的$Al^{3+}$使层带正电荷，同时在层间存在一些—OH基团。与层状硅酸盐相比，LDH片层的电荷密度更高，片层上的OH—导致LDH层与层之间的相互作用很强，致使无机LDH的层间空隙很小，使高分子链很难插入到LDH片层。此外LDH片层表面有很强的亲水性，与亲油性的高聚物基体相容差。因此在制备高聚物/LDH复合材料之前，通常将LDH进行有机改性，有机改性分子可扩大LDH的层间隙，使LDH的表面具有亲油性。同时LDH具有层间离子的可交换性，常用阴离子表面活性剂对其进行预插层或有机化处理后制备性能优良的纳米复合材料。通常情况下制备LDH/高聚物复合材料的制备方法主要包括直接插层法、原位聚合法和原位制备法等。

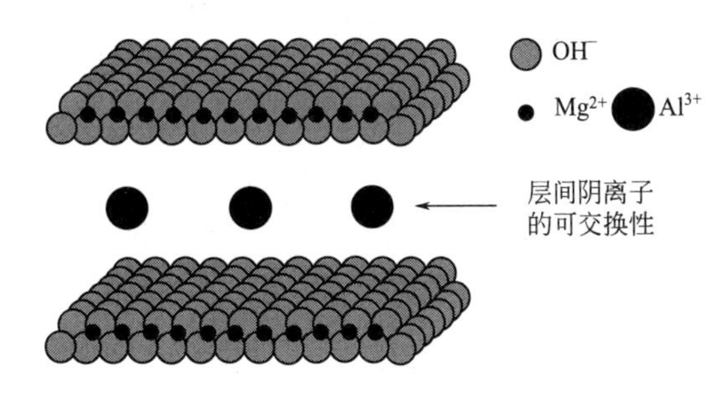


图1-7 $Mg^{2+}/Al^{3+}$ LDH结构示意

#### 1.1.3.5 硅系阻燃剂

目前硅系阻燃剂受到极大的关注。硅系阻燃剂由于燃烧时产热低、低毒、抗溶滴、生烟少和高效阻燃等优点而广泛应用于高聚物的无卤阻燃。添加少量的含硅化合物可以提高材料的阻燃性，硅系阻燃剂的作用机理单纯从元素角度来讲，硅系阻燃剂最重要的阻燃途径是通过增强炭层的阻隔性能来实现阻燃，即通过形成覆盖于高聚物表面的炭层，增加炭层的致密度或厚度，使燃烧过程中的热量反馈受到抑制，增加可燃性气体溢出难度。虽然硅系阻燃的应用起步较晚，但却得到了阻燃剂领域广泛关注，新型硅系阻燃剂成为了阻燃剂开发和研究的重要方向。硅系阻燃剂主要有：硅酸盐和蒙脱土阻燃剂、硅胶/碳酸钾复合体系、线性聚硅氧烷、硅酮类物质以及POSS和其衍生物等，可分为两大类：无机硅系阻燃剂和有机硅系阻燃剂。下面将分别介绍这两大类阻燃剂及其阻燃作用。

（1）有机硅阻燃剂

有机硅系阻燃剂具有电气绝缘性佳、防潮性好、耐高低温和化学稳定性高等优点，其用做阻燃剂在赋予高聚物优异的阻燃性能的同时，还能改善基材的其他方面性能，如力学性能、加工性能和耐热性能等。有机硅阻燃剂是目前含硅阻燃剂最主要的品种，已经有大量的工业化产品面世，特别是聚硅氧烷在聚碳酸酯材料中具有良好的阻燃效果。有机硅阻燃剂主要包括聚硅氧烷、硅油、硅橡胶和聚有机倍半硅氧烷等品种，其阻燃机理一般认为是凝聚相阻燃机理。在有机硅阻燃复合材料的加工方式中，有机硅系阻燃剂与高聚物结合大多是通过互穿高聚物网络（IPN）的交联机理，这在一定程度上可限制阻燃剂粒子在高聚物基体中的迁移。但在阻燃过程中当有机硅材料受热分解时，熔融阻燃剂迁移到高聚物表面，从而形成比常规炭层更致密的含硅焦化炭层，其结构与组成因阻燃体系的不同而有所差异。形成的基于硅的炭层结构一方面加强了隔热和隔氧，另一方面可抑制高聚物热解释放出的低分子量可燃气体，实现高效阻燃。因此有机硅阻燃剂的阻燃效果主要基于三个因素：①通常情况下有机硅阻燃剂能够在高聚物中具有良好的分散性；②在阻燃过程中有机硅向高聚物炭层表面迁移，汇集在炭层表面起到交联增强作用；③通常情况下含硅残炭层的热稳定性和阻隔性能优于一般的常规炭层。

制备有机硅阻燃剂的前驱体一般为硅烷偶联剂。硅烷偶联剂可认为是有机相和无机相之间的桥梁，在溶胶-凝胶法制备有机无机杂化材料的过程中扮演着极其重要的角色。一方面，硅烷可以参与溶胶-凝胶过程的水解与缩聚反应，可与无机组分的前驱体共同水解缩聚，从而提高与无机相的结合力；另一方面，硅烷偶联剂结构上的双键、环氧基和氨基等活性基团能够与有机相发生化学反应而连接，从而进一步改善有机相与无机相的相容性。硅烷偶联剂愈来愈多地参与到阻燃材料的制备过程中。利用硅烷改性无机阻燃剂来改善无机阻燃剂的表面界面特性，经有机硅烷表面改姓的无机阻燃剂，与高聚物基体的相容性得到显著提高，同时在高聚物基材中的分散性也得到了明显增强。因此有机硅既是一种表面改性剂又一种很好的阻燃剂。

基于硅烷的阻燃剂通常情况下是通过溶胶-凝胶法制备的。溶胶-凝胶过程主要包括水解过程、缩聚过程、凝胶过程和干燥过程等。通常情况下针对不同的固化体系，溶胶中溶剂的处理方式不尽相同。在溶胶应用过程中，如何去除溶剂又不破坏溶胶的结构和稳定性是其中最重要的环节之一。溶胶-凝胶法制备有机无机杂化材料的实施办法主要包括以下几方面：①无机溶胶与有机高聚物共混。由于该法制备的高聚物材料只是简单包覆，常需借助溶剂来解决相分离问题；②有机高聚物存在形成无机相，采用该法时通常需要合适的溶剂（如四氢呋喃、醇类和丙酮等）的参与，而两相间可以是弱键作用，也可以是强键作用；③无机相存在条件下的单体聚合，通常情况下溶胶-凝胶法先用无机溶胶前驱体水解缩聚后形成溶胶，然后再引发聚合反应，使有机网络在已形成的无机网络中形成杂化材料；④有机相与无机相形成同步互穿网络，该法使单体聚合反应和溶胶前驱体的水解和缩聚过程同步进行而制成均一性好、无相分离的杂化材料；⑤有机/无机杂化材料的制备，该法通常通过选择合适结构的溶胶前驱物，使水解过程生成的溶胶能在合适的催化剂下聚合，避免了大规模的收缩。因此溶胶-凝胶法为制备阻燃有机硅/高聚物复合材料提供了重要途径。

（2）无机硅阻燃剂

无机硅化合物中二氧化硅粉末、微孔玻璃、蒙脱土、二氧化硅凝胶和硅酸盐等作为无机填料在高聚物中使用，其阻燃作用主要来自稀释凝聚相中可燃物的浓度，但单独使用的无机硅阻燃效果并不明显。高聚物/层状硅酸盐复合材料实现了高聚物基体与无机粒子在纳米尺度上的结合，克服了传统填料填充高聚物的许多缺点，能赋予高聚物优异的力学性能、热性能和气体阻隔性能。无论是以二氧化硅、硅酸盐为典型的无机硅阻燃剂还是以聚硅氧烷为代

表的有机硅阻燃剂，它们都有自身的显著优点和缺点。在无机硅阻燃剂中以蒙脱土的阻燃研究较为深入。孔庆红用熔融共混法制得 HIPS/Fe-OMT 纳米复合材料，通过对复合材料的热稳定性和燃烧性能的深入研究，探讨基于 Fe-OMT 复合材料的阻燃机理，锥形量热测量详细表征了 HIPS/Fe-OMT 纳米复合材料的阻燃性能，特别是材料热释放速率峰值（pHRR）明显降低。当复合材料中 Fe-OMT 的含量为 5%（质量分数）时，复合材料的 pHRR 降低幅度高达 52%。火灾性能指数 FPI 可评价材料潜在的火灾危险性，HIPS/Fe-OMT 复合材料的 $T_{ig}$和 FPI 相对于纯 HIPS 明显增加，而 FGI 明显小于纯 HIPS，这说明 HIPS/Fe-OMT 纳米复合材料比纯 HIPS 阻燃性能提高，这显然降低了材料的潜在火灾危险性。蒙脱土的优点是无毒、无污染和环境友好，但缺点是单独使用时往往阻燃效率不高，而蒙脱土与其他阻燃剂同时使用时可提升高聚物的阻燃效率。唐勇研究了膨胀型阻燃剂与黏土在阻燃聚丙烯纳米中的协同阻燃效应，发现这种协同阻燃效应与黏土的含量有关，研究表明膨胀型阻燃剂与黏土的阻燃机理即 MMT 的片层对阻燃聚丙烯在燃烧中形成膨胀的多孔炭层有影响，当 MMT 的含量较低时，蒙脱土可以促进成炭且增强炭层的强度和致密性；当 MMT 含量较高时，其层状结构对气源的阻隔作用不利于 IFR 的膨胀发泡成炭过程而影响炭层的致密性和强度，从而使得高聚物的阻燃性能下降。

通常情况下硅系阻燃剂能够促进高聚物在高温条件下的成炭，从而有助于形成连续的硅酸盐保护层，这种硅酸盐保护层能够覆盖在高聚物的表面，具有抗氧化性、减少可燃性气体的产生和氧气进入的作用。通过硅酸盐保护层的作用可显著提升复合材料的氧指数、降低热释放峰值和热释放量。因此含硅氧基化合物的阻燃机理不是按气相机理进行的而是按凝聚相阻燃机理实现的，即通过生成裂解炭层、提高炭层的抗氧化性来实现的。此外硅系阻燃剂还与其他阻燃元素存在协同阻燃作用，如硅-磷协同阻燃、硅-磷-氮协同阻燃和硅-硼协同阻燃，下面将分别做介绍。

① 硅-磷协同阻燃体系　硅-磷协同阻燃体系中，磷元素的主要作用是促进高聚物成炭，硅元素在高聚物热降解时会生成二氧化硅，加固所形成的炭层，从而实现硅-磷协同的作用。王鑫研究了乙烯基 POSS（OVPOSS）和含磷阻燃剂间的协同阻燃作用。热重结果（TGA）表明磷和 POSS 间存在协同作用：磷能够提升高聚物的残炭量，而硅能够起到加固炭层的作用。此外在热氧化降解过程中 OVPOSS 向复合材料表面迁移，而 OVPOSS 的乙烯基氧化降解形成具有自由基捕获作用的无机硅，从而达到高效阻燃的目的。

② 硅-磷-氮协同阻燃体系　在此协同阻燃体系中，磷元素的主要作用是促进高聚物成炭，炭层可以起到隔热阻燃的功能。同时氮元素在燃烧过程中会产生二氧化氮、氮气和氨气等不易燃性气体，这些气体可稀释可燃气体的浓度，在一定程度上阻止了高聚物的进一步燃烧，对高聚物材料等起到阻燃作用。而硅元素大多起到加固炭层，进一步阻止燃烧的作用。钱小东采用溶胶-凝胶法制备了一种新型含磷氮硅的有机无机杂化阻燃剂，通过热固化法将这种阻燃剂加入环氧树脂中并形成膨胀型阻燃体系并研究了复合材料的阻燃性能。微型燃烧量热仪（MCC）结果表明 10%（质量分数）的阻燃剂添加量能够明显降低材料燃烧的热释放峰值（pHRR）和总热释放量（THR），且当含磷阻燃剂 DOPO-VTS 和含氮阻燃剂 TGIC-KH 的比例为 4∶1 时，阻燃复合材料的总热释放量最低，这说明不同比例的磷氮含量直接影响复合材料的总热释放量，也就是通常我们所说的磷氮协同阻燃作用。此外极限氧指数、垂直燃烧试验和热重分析试验也证明了总热释放量的结果。在这种含磷氮硅的杂化阻燃剂阻燃环氧树脂体系中，由于磷氮硅的协同阻燃作用而展现出优异的阻燃效果。

③ 硅-硼阻燃协同体系　硼元素本身是一种很好的阻燃元素，很多基于硼化合物的阻燃剂都表现出高阻燃性。在硼化合物中加入硅元素，能进一步地改善其阻燃效率，硅-硼协同阻燃体系中，硼能够起到促进成炭的作用，同时硅能增加炭层的耐热性。这类阻燃剂不仅能够解决硅系阻燃剂单独使用时效果一般、价格偏高的缺点，而且还可以提高整个阻燃体系的耐水性。Mehmet 研究了磷酸硼、硼酸锌、硼酸镧和硅酸硼与 IFR 在一起对 PP 的协同阻燃作用，如图 1-8 所示，结果表明由于硅-硼-膨胀型阻燃剂的协同作用，复合材料展现出较好的阻燃级别和较低的热释放峰值（表 1-4）。

**表 1-4　复合材料的组成和阻燃性能**

| 样品 | PP | IFR | ZnB | $BPO_4$ | BSi | LaB | UL94 |
|---|---|---|---|---|---|---|---|
| P0 | 100 | — | — | — | — | — | BC |
| P1 | 80 | 20 | — | — | — | — | BC |
| P2 | 80 | 19 | 1 | — | — | — | V0 |
| P3 | 80 | 17 | 3 | — | — | — | V2 |
| P4 | 80 | 19 | — | 1 | — | — | V0 |
| P5 | 80 | 17 | — | 3 | — | — | V2 |
| P6 | 80 | 19 | — | — | — | — | V0 |
| P7 | 80 | 17 | — | — | 1 | — | V2 |
| P8 | 80 | 19 | — | — | 3 | 1 | V0 |
| P9 | 80 | 17 | — | — | — | 3 | V2 |

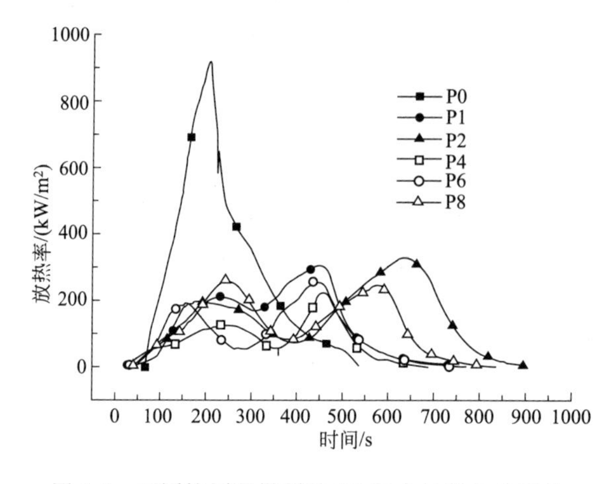


图 1-8　不同协同阻燃剂的 PP 复合材料的热释放

### 1.1.3.6　膨胀型阻燃剂

膨胀型阻燃剂因其较高的阻燃效率而被广泛应用于高聚物的阻燃中。被膨胀型阻燃剂阻燃的高聚物在接触火源或热源时，会膨胀形成多孔泡沫层，这种泡沫层可以抑制热量、氧气和其他热分解产物的传递。膨胀型阻燃剂种类繁多且性能各异，大体可分为两类：第一类是单组分膨胀型阻燃剂，此类阻燃剂本身就集碳源、酸源和气源为一体。按照分子结构的不同，单组分膨胀型阻燃剂可分为环状、笼状、非环非笼状三类。如季戊四醇双膦酸酯蜜胺盐（PDM）属于环状单组分膨胀型阻燃剂，本身具有良好的阻燃性、耐老化和热稳定性；笼状单组分阻燃剂，如最早被应用于阻燃聚烯烃的 PEPA 膦酸酯；非环非笼单组分膨胀型阻燃剂的热稳定性较差，难以达到一般高聚物的加工温度，故相关报道较少。第二类是混合型膨胀型阻燃剂，即通过复配及调节碳源、酸源和气源比例，从而形成混合型膨胀型阻燃剂。酸

源是含磷阻燃剂，如磷酸锌、磷酸铵和磷酸镁等；气源为含氮阻燃剂，如三聚氰胺、聚磷酸铵、双氰胺、硼酸铵和双氰胺甲醛树脂等。

膨胀型阻燃剂是一种以磷元素、氮元素和碳元素为核心元素，组成了酸源（脱水剂）、碳源（成炭剂）和气源（发泡剂）。膨胀型阻燃体系燃烧时的产烟量小，会形成膨胀型炭层，能够有效防止高聚物的熔融滴落，这属于典型的凝聚相阻燃机理。通常情况下阻燃高聚物复合材料在燃烧过程中磷系阻燃剂燃烧分解生成的焦磷酸保护膜，同时在氮系阻燃剂分解产生的气体作用下形成一层磷-炭泡沫隔热层，同时磷的氧化物、氮的氧化物与焦化炭又形成一种糊浆状覆盖物，能有效中断燃烧热连锁反应，达到协同阻燃的作用。总之膨胀型阻燃剂以磷元素和氮元素为主要核心成分，主要由酸源、碳源和气源三个部分组成。选择膨胀型阻燃剂时，必须使其与高分子材料降解过程相匹配，才能更好地发挥阻燃作用。下面将分别介绍酸源、碳源及气源。

① 酸源　酸源又叫脱水剂或成炭催化剂，主要通过改变高聚物的热降解过程促进泡沫炭层的形成，以减少基体热降解过程中所产生的可燃性气体。酸源一般是含磷化合物，如无卤双磷酸酯、多聚磷酸铵和聚磷酸三聚氰胺等。

② 碳源　也叫成炭剂，在膨胀体系的热降解过程中由于酸源的催化作用而脱水碳化，脱水碳化形成的炭层是形成泡沫炭层的基础，可对炭层起到骨架作用。碳源一般是高碳元素含量的多羟基化合物，其碳元素含量影响其碳化速度，而羟基数量主要影响其碳源的脱水和发泡速度。

③ 气源　气源在降解过程中分解产生大量不燃性气体，不仅能稀释氧浓度和抑制火势蔓延，还能促进膨胀型泡沫结构炭层的形成。当选择气源时，气源的热降解温度必须与成炭剂和脱水剂发生作用的温度相适应，分解温度低于成炭温度的气源则起不到膨胀作用，分解温度高于成炭温度则容易破坏已形成的炭层。

典型的膨胀型阻燃体系为 APP 和 PER 体系，下面以此为例介绍膨胀型阻燃体系的作用机理。膨胀型阻燃剂在受热时，成炭剂在酸源作用下脱水成炭，碳化物在热解的气体作用下形成膨胀结构的炭层。该炭层为无定形炭结构，其实质是炭的微晶，一旦形成，其本身不燃，并可阻止高聚物与热源之间的热传导，降低高聚物的热解温度。多孔炭层可以阻止可燃气体的扩散，同时阻止外部氧气扩散到未裂解高聚物表面。但当燃烧得不到足够的氧气和热能时，燃烧的高聚物便会自熄。关于成炭反应，主要是基于酸源如聚磷酸铵受热分解生成具有强脱水性的磷酸和焦磷酸，磷酸和焦磷酸与碳源中的羟基或氨基发生脱水或脱氨反应生成磷酸酯，所生成的酯受热分解生成不饱和烯烃并进一步环化形成聚芳香结构炭层。而非芳香结构中的烷基支链则断裂为小分子并燃烧。

$$\mathrm{O{=}\overset{|}{\underset{\underset{OH}{|}}{P}}{-}} + \mathrm{RCH_2OH} \longrightarrow \mathrm{RCH_2{-}O{-}\overset{|}{\underset{|}{P}}{=}O + H_2O}$$

$$\mathrm{O{=}\overset{|}{\underset{\underset{OH}{|}}{P}}{-}} + \mathrm{RCH_2NH_2} \longrightarrow \mathrm{RCH_2{-}O{-}\overset{|}{\underset{|}{P}}{=}O + NH_3}$$

$$\mathrm{{-}CH_2CH_2{-}O{-}\overset{|}{\underset{|}{P}}{=}O} \longrightarrow \mathrm{CH_2{=}CH_2 + HO{-}\overset{|}{\underset{|}{P}}{=}O}$$

常见的聚磷酸铵（APP）和季戊四醇（PER）体系反应是，首先在 210℃时 APP 长链断裂生成磷酸酯键：

$$-O-\overset{\overset{O}{\|}}{\underset{\underset{ONH_4}{|}}{P}}-O-\overset{\overset{O}{\|}}{\underset{\underset{ONH_4}{|}}{P}}-O-\overset{\overset{O}{\|}}{\underset{\underset{ONH_4}{|}}{P}}-O-\ +\ \begin{matrix}HO-CH_2 & & CH_2-OH\\ & C & \\ HO-CH_2 & & CH_2-OH\end{matrix}$$

$$\longrightarrow\ -O-\overset{\overset{O}{\|}}{\underset{\underset{ONH_4}{|}}{P}}-OH\ +\ \begin{matrix}HO-CH_2 & & CH_2-OH\\ & C & \\ HO-CH_2 & & CH_2-O\end{matrix}-\overset{\overset{O}{\|}}{\underset{\underset{ONH_4}{|}}{P}}-O-\overset{\overset{O}{\|}}{\underset{\underset{ONH_4}{|}}{P}}-$$

进一步 PER 与 APP 的反应也可能发生分子内脱水生成醚键。若温度继续升高，通过碳化反应磷酸酯键几乎完全断裂而生成不饱和富炭结构，同时环烯烃、芳烃及稠烃结构进入焦炭结构。膨胀型阻燃剂阻燃效果的好坏与阻燃过程中形成的炭层结构直接有关。而炭层结构和膨胀隔热效果取决于 IFR 体系的组成、各组分配比以及 IFR 和高聚物的匹配情况。当含有 IFR 的高聚物燃烧时，各组分发生反应生成膨胀炭层如下所示。

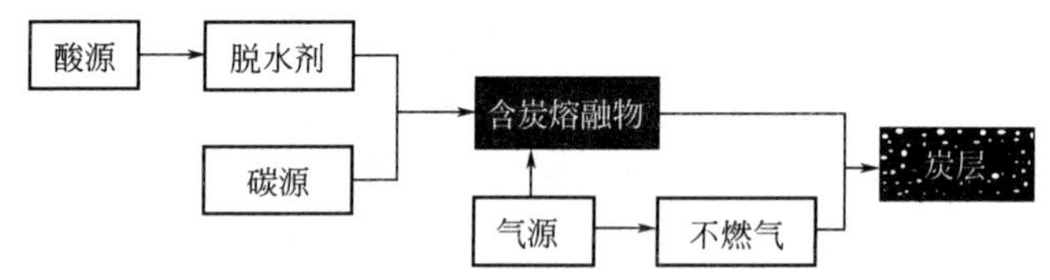


对于某些高聚物所选用的膨胀型阻燃剂，有时并不需要三个组分同时存在，被阻燃高聚物本身可以充当其中某一组分。但是膨胀型阻燃剂添加到高聚物中必须具备以下几个条件：①阻燃剂的热稳定性好，能经受 200℃以上的高聚物加工温度；②由于热降解而形成的炭渣过程，不能对膨胀发泡过程产生不良的影响；③膨胀型阻燃剂能够均匀地分散于高聚物基体中，阻燃高聚物燃烧时能够形成一层完整的覆盖在被阻燃表面的膨胀型炭层；④膨胀型阻燃剂与被阻燃高聚物有良好的相容性，且不与其他添加剂产生不良的化学反应；⑤IFR 不能损害高聚物材料的物理性能。

由于工业生产对膨胀型阻燃剂的要求越来越高：既要达到规定的阻燃级别，又要具有良好的力学性能、热/光稳定性和耐老化性等。通常情况下通过以下几种方式改善膨胀型阻燃剂的性能：①阻燃剂的表面处理，常用硅烷偶联剂和钛酸酯偶联剂等对阻燃剂进行表面处理，用微胶囊技术对膨胀型阻燃剂进行包裹改性可提高阻燃剂的防潮性，改进阻燃剂与高聚物基体的相容性，进而实现提升高聚物阻燃效率的目的；②阻燃剂的微细化处理，因阻燃剂的颗粒过大而易应力集中而损害高聚物的物理性能；③阻燃剂之间的协同效应可降低阻燃剂用量，提高阻燃剂的阻燃效率；④将阻燃剂单体与高聚物接枝共聚，可解决阻燃剂与高聚物之间相容性差的问题。

#### 1.1.3.7 纳米阻燃剂

纳米材料技术从 20 世纪 80 年代开始逐步兴起，纳米材料是指在三维空间中至少有一维处于纳米尺度范围（1～100nm）的材料。当纳米材料的颗粒尺寸进入纳米量级后，其结构将发生很大的变化，从而展现出纳米材料具备的许多特殊性质：表面效应、量子尺寸效应、体积效应、宏观量子隧道效应和介电限域效应。这些特性赋予纳米材料强氧化性、高表面活性、超顺磁性和微波吸收等性能。在基于纳米粒子的高聚物复合材料中，由于纳米粒子的表面效应、体积效应和量子尺寸效应，纳米粒子与高聚物形成的复合材料克服了传统高聚物复合材料的诸多缺点，符合当前发展高性能、功能化新材料的方向要求，能够使高聚物的强度、韧性、刚性、透光性、耐热性、阻隔性和抗老化性得到显著提高。

伴随着纳米材料的产生，纳米材料在高聚物中的应用同时也在20世纪80年代末初步兴起，由于纳米复合材料种类繁多以及独特的性能而得到世界各国科研工作者的广泛关注，被认为开辟了复合材料的新时代。国际标准化组织对复合材料的定义如下：有两种或两种以上物理和化学性质不同的物质以一定的工艺组合到一起，形成的一种多固相材料。近些年的研究还表明有些高聚物纳米复合材料具有阻燃的特性，这为研究新一代阻燃高聚物复合材料开拓了新的途径。对于纳米复合材料，通常只需添加少量的无机纳米粒子［小于5%(质量分数)］就可显著提升材料的阻燃性能，同时纳米粒子的引入还可使得复合材料的力学性能得到提高，而普通阻燃剂的加入通常会损害高聚物的力学性能。纳米材料在阻燃本质上说仍旧属无机阻燃剂范畴，但是纳米材料阻燃剂的性价比和毒理学性能等都有待商榷。纳米阻燃剂通常情况下按维度分类可分为以下三类（如图1-9所示）。

① 零维纳米粒子：主要为纳米粒子和纳米团簇等，包括纳米二氧化硅、富勒烯（$C_{60}$）和聚倍半硅氧烷（POSS）等；

② 一维纳米粒子：包括纳米线、纳米棒和纳米管等，如碳纳米管（carbon nanotubes）和各种晶须（镁盐和硫酸钙晶须）等；

③ 二维纳米粒子：包括超薄膜和超晶格等，如高岭土、黏土、膨胀石墨、α-磷酸锆和层状双氢氧化物（LDH）等。目前有关高聚物纳米阻燃体系的研究依然存在很多问题需要解决或改进。

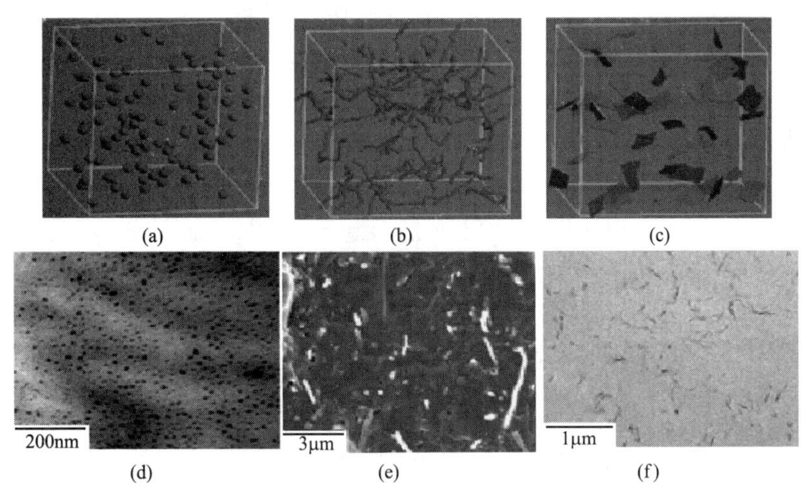


图1-9　高聚物纳米复合材料按维度分类

高聚物/纳米阻燃剂复合材料因很多独特的优点而成为一种应用前景非常广阔的潜在新型复合材料。目前高聚物/纳米阻燃剂复合材料的阻燃性能研究依然十分热门，研究领域主要包括高聚物/黏土纳米阻燃复合材料、高聚物/碳纳米管阻燃纳米复合材料、高聚物/氧化石墨阻燃纳米复合材料、高聚物/磷酸盐阻燃纳米复合材料和高聚物/双氢氧化物阻燃纳米复合材料等。下面主要介绍这几种无机纳米粒子的复合材料。

（1）碳纳米管阻燃剂

自1991年碳纳米管（CNTs）被日本科学家发现以来，由于其高强度、高硬度、高导电率和比表面积大等一系列特性而备受科学研究者的关注。碳纳米管结构具有一层或多层石墨卷绕而成的中空筒形结构，其结构中大部分碳原子以$sp^2$杂化，并且其中混有少量的$sp^3$杂化。但通常情况下制备出的碳纳米管含有杂质，如无定形炭、炭纳米颗粒、催化剂和石墨片等。碳纳米管的表面结构和内部结构的范德瓦尔斯力使得其易发生团簇现象且不易溶于任何溶剂中。因此碳纳米管在高聚物中的应用受到了限制，为了更好地发挥碳纳米管的优越性能，人们通常对碳纳米管进行纯化和改性等研究以提升其在高聚物中的分散性。通过改良后的碳纳米管在高聚物中具有良好的相容性和分散性，从而得到一系列高聚物/碳纳米管复合材料。

高聚物/碳纳米管复合材料制备过程中所遇到的挑战主要集中在如何提高碳纳米管的分散性，因为无机纳米粒子的良好分散能够提升高聚物性能的基本条件。目前可通过拉曼光谱、光学显微镜、扫描电镜和透射电镜等方法对碳纳米管在高聚物中的分散性进行表征。原位聚合法、溶液混合法和熔融混合法通常被普遍用来制备高聚物/碳纳米管复合材料。碳纳米管在阻燃方面的应用已有大量的研究工作，最具代表的是 T. Kashiwagi 最早报道了碳纳米管（CNTs）阻燃改性 PP 的研究。研究发现碳纳米管在 PP 中能够显著降低复合材料的热释放曲线（如图 1-10 所示），此外质量分数为 1%的碳纳米管对热释放峰值的降低比质量分数为 0.5%、2%和 4%的效果都要好。总体上讲，碳纳米管的阻燃效率与其在高聚物基体中分散状态之间有直接的联系，碳纳米管的分散性越好，其阻燃效果越显著。目前高聚物/碳纳米管阻燃纳米复合材料还处于研发阶段，还没有工业产品。但复合材料的力学性能、导电性能、导热性能和热稳定性等方面的优秀表现显示了碳纳米管巨大的应用潜力。碳纳米管在高聚物中的应用研究在很长时间仍将是研发热点。

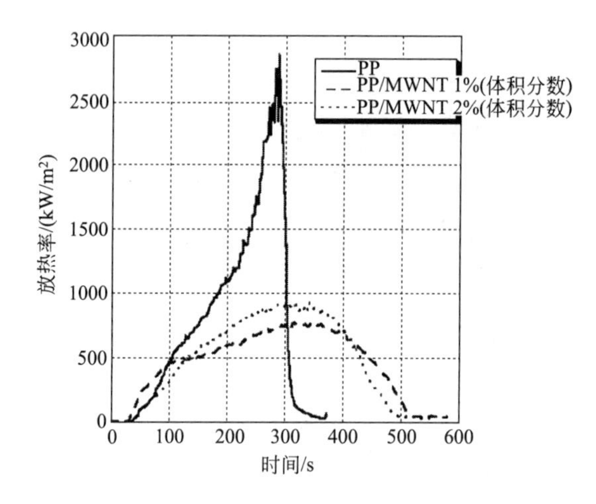


图 1-10　不同碳纳米管含量的聚丙烯复合材料的热释放曲线

（2）氧化石墨阻燃剂

氧化石墨作为一种具有特殊结构的层状化合物，其层状的结构中大量极性官能团赋予了氧化石墨在高聚物中的应用潜力。氧化石墨是石墨氧化后的产物，具有与石墨烯相近的结构，如图 1-11 所示。通常情况下氧化石墨可以被视作石墨烯的衍生物、氧化物和前驱体。通过还原氧化石墨，可以制备石墨烯，这也是实现石墨烯大规模、低成本制备的最有希望的方法。氧化石墨相比于石墨烯的主要不同点是氧化石墨含有大量的结构缺陷和含氧官能团，如羟基、羧基、羰基和环氧基等，这些结构缺陷以及含氧官能团是在石墨氧化的过程中形成的。氧化石墨中的结构缺陷导致其物理性能尤其是力学性能、导电性和导热性均明显差于结构规整的石墨烯。氧化石墨的表面含有大量的含氧官能团，因此氧化石墨的化学活性较高，科研人员可通过与其表面官能团的物理作用或化学反应，引入特定的客体，从而实现氧化石墨的结构与性能改变。

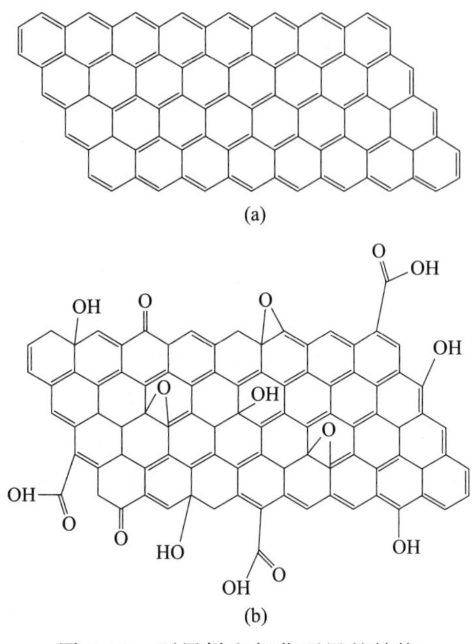


图 1-11 石墨烯和氧化石墨的结构

胡源通过分子设计合成含磷、氮元素的聚磷酰胺，并将其接枝到石墨烯上并得到聚磷酰胺改性石墨烯，将改性石墨烯以不同比例加入到环氧树脂中。研究了聚磷酰胺接枝石墨对体系的极限氧指数、热释放速率和炭层结构的影响。聚磷酰胺改性石墨能够显著提高环氧树脂的极限氧指数（LOI）和拉伸强度，并降低热释放速率峰值（pHRR，图 1-12）。添加 2%（质量分数）改性石墨烯的环氧复合材料的 pHRR 分别下降至 1154kW/$m^2$ 和 1120kW/$m^2$；8%的改性石墨烯使环氧树脂复合材料的 pHRR 相比纯环氧树脂降低了近 42%，这归因于聚磷酰胺改性石墨可以催化环氧树脂降解，形成的多孔炭层覆盖在高聚物的表面，阻止了气相和固相之间的热量与质量的交换，延迟内部高聚物材料的进一步降解，从而实现阻燃的目的。

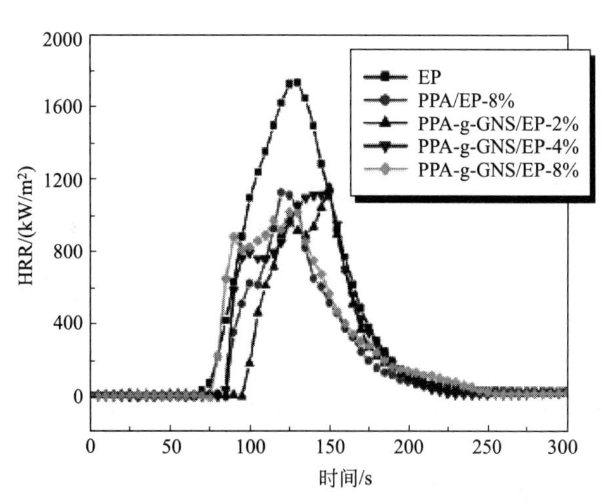


图 1-12 改性氧化石墨阻燃环氧树脂的热释放曲线

张蕤等在国际上首次制备了聚苯乙烯/氧化石墨复合材料，研究了此聚苯乙烯/氧化石墨复合材的阻燃性能并提出了氧化石墨的阻燃机理：氧化石墨在纳米复合材料中既有增强碳化层的阻隔作用又有因活化能提高的能量阻隔作用。此外张蕤还研究了基于氧化石墨的复合材料的燃烧性能、氧化石墨与膨胀型阻燃剂的协同阻燃作用，研究表明氧化石墨除了本身具有层状化合物的阻隔作用，因其层间含有丰富的羟基，与膨胀型阻燃剂仪器使用具有协同阻燃作用，从而起到促进成炭的作用；同时以纳米层次均匀分散于高聚物中的氧化石墨本身就是高含碳化合物，燃烧后形成石墨结构或无定形炭与阻燃剂炭层构成增强的双炭层结构，能够更有效地起到阻隔作用。

（3）磷酸盐阻燃剂

在磷酸盐纳米复合材料中，α-磷酸锆被广泛应用于高聚物的纳米复合和协同阻燃。α-磷酸锆是一种阳离子层状磷酸盐，其分子式为 $Zr(HPO_4)_2 \cdot H_2O$，具有高热稳定性和耐酸碱性的特征。此外α-磷酸锆作为一种合成的结构规整的层状无机物，其粒子交换容量(600mmol/100mg)，是黏土的6倍，且具有长直比可控和粒子尺寸分布较窄等优点。层状α-磷酸锆不仅具有层状化合物的共性，而且还具备其他层状化合物所不具备的特性：①容易制备且晶形好；②不溶于水和有机溶剂，能耐强酸度和一定碱度，热稳定性和力学强度好；③层状结构稳定，在客体引入层间后仍然可保持层状结构；④有较大的比表面积，表面电荷密度较大，可发生离子交换反应；⑤表面的羟基可以被其他基团（—OR或—R）置换，从而将磷酸锆有机修饰，可引入各种功能基团（如烷基、芳香基、羧基等），因而可根据改性需要选择合适的基团，可调整基团的排布和取向，这样不仅可以改变层间表面的亲水疏水等性质，而且可以改变主体材料的物理特性；⑥在一定条件下，可发生剥层反应。因此α-磷酸锆是制备高聚物/层状无机物纳米复合材料的良好无机添加剂。

过去对α-磷酸锆的研究工作只集中于金属氧化物/α-磷酸锆层柱材料和聚电解质膜两类复合材料。近些年对α-磷酸锆高聚物纳米复合材料的研究方面有了一定的进展。张蕤采用单体插层-原位聚合法制备了丙烯酰胺/α-磷酸锆纳米复合材料，获得了具有部分插层结构的层离型丙烯酰胺/α-磷酸锆纳米复合材料，发现纳米复合材料的热稳定性获得提高。进一步利用 $C_{16}$ 改性α-磷酸锆，通过溶剂热合成方法制备了聚苯乙烯/α-磷酸锆和PMMA/α-磷酸锆插层纳米复合材料，对复合材料的热性能进行研究，结果表明复合材料中的α-磷酸锆片层对聚苯乙烯的热降解起到一定的阻碍作用，从而使聚苯乙烯的热降解速率降低；此外α-磷酸锆对聚苯乙烯热解成炭也有一定的促进作用。

杨丹丹制备了层离或插层的ABS/α-磷酸锆纳米复合材料，热稳定性研究表明ABS/α-磷酸锆纳米复合材料的热稳定性比纯ABS树脂稍有提高，成炭量随着α-磷酸锆在基体树脂中的含量增加而增大。ABS/α-磷酸锆纳米复合材料碳化研究表明，在360℃的温度下炭层中有晶化程度较高的炭材料生成：存在缺陷的多壁碳纳米管（如图1-13所示），当温度提高到500～800℃时会有多种结构与形貌的具有更高晶化程度的炭材料生成。α-磷酸锆对ABS树脂基体的催化碳化作用机理可能有如下两个方面：①磷酸锆层间大量的催化活性中心有利于催化ABS在燃烧过程中裂解产生的小分子物质发生环化和芳构化；②磷酸锆片层起到阻隔作用，阻隔作用使ABS裂解产生的小分子拘束在层间，使其与催化活性点充分接触，进而促进成炭。

#### 1.1.3.8 其他一些无机阻燃剂和消烟剂

硼类化合物本身都具有一定的阻燃作用。硼系阻燃剂主要包括氧化硼（$B_2O_3$）、硼酸（$H_3BO_3$）、硼砂和硼酸锌等硼酸盐。其中硼酸钠和硼酸主要用于木材和纸张等纤维素材料的阻燃。有机硼阻燃剂的合成与应用最早报道的是Posoner于1942年制得有机硼阻燃剂并

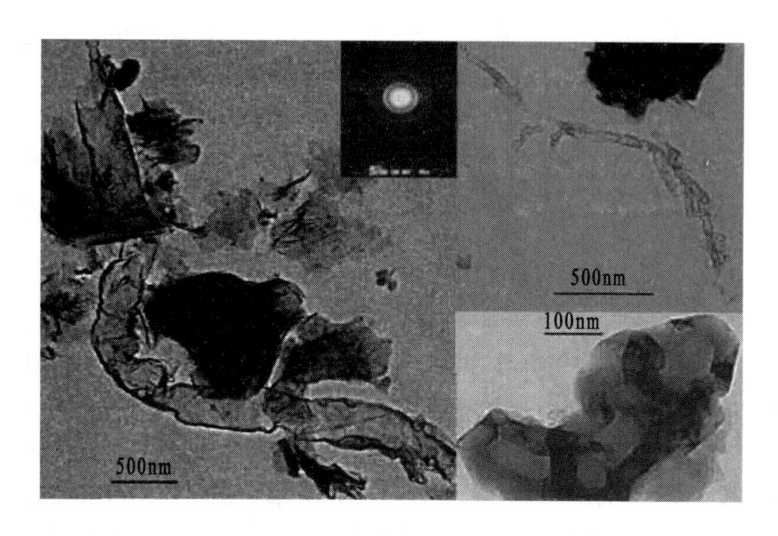


图 1-13　ABS/α-磷酸锆纳米复合材料残炭的透射电镜

用作纺织品的阻燃整理剂，该阻燃剂是由硼酸与三乙醇胺反应制备，反应式如下：

$$H_3BO_3 + 3NH_2CH_2CH_2OH \longrightarrow B(OCH_2CH_2NH_2)_3 + 3H_2O$$

在硼系阻燃剂中，最具代表性的产品是硼酸锌。硼酸锌作为最重要的无机硼系阻燃剂具有阻燃、抑烟、成炭等功能，此外硼酸锌还具有无毒、无刺激、价格低廉的特点，且对高聚物的强度、伸长率以及热老化性能没有不利影响。硼酸锌的分子式为 $2ZnO \cdot 3B_2O_3 \cdot 3.5H_2O$ 或 $2ZnO \cdot 3B_2O_3 \cdot 7H_2O$。硼酸锌作为阻燃剂使用时可在气相和凝聚相同时起到作用。硼酸锌可与含卤高聚物反应而产生自由基终止剂氯化锌和氯氧化锌；此外在凝聚相中硼酸锌还可以起到促进高聚物材料燃烧成炭和抑制烟生成的作用，高聚物燃烧时吸热分解并产生玻璃质硼酸盐隔离层，这些硼酸盐隔离层使高聚物燃烧过程中与外界隔热隔氧。硼酸锌不仅可以作为阻燃剂，还可以作为协效剂和抑烟剂与其他阻燃剂合用应用于环氧树脂、聚乙烯、聚酰胺、乙烯-乙酸乙烯共聚物、聚对苯二甲酸丁二酯、不饱和聚酯、聚苯醚和丙烯酸酯等高聚物阻燃。

通常情况下硼酸锌在 290～450℃之间热分解（焓值为 503kJ/kg）而生成水、硼酸和三氧化二硼（$B_2O_3$）。在高聚物基体燃烧过程中，氧化硼在约 350℃时软化，但当温度高于 500℃时氧化硼完全融化而形成一层玻璃状的保护层。在高聚物燃烧过程中由于 $Zn^{2+}$ 能够与卤素自由基相互作用，所以硼酸锌能在含卤素阻燃体系起到增效作用。如聚氯乙烯（PVC）分解产生的氯化氢可与硼酸锌发生化学反应而形成非挥发性的氯化锌（$ZnCl_2$）和挥发性的三氯化硼和硼酸：

$$2ZnO \cdot 3B_2O_3 + 12HCl \longrightarrow Zn(OH)Cl + ZnCl_2 + BCl_3 + 3HBO_2 + 4H_2O$$

氯化锌是一种典型的路易斯酸，能促进高聚物材料的交联和导致炭的形成。此外阻燃体系热解时硼酸锌与 PVC 反应生成含氯的碳正离子，这种碳正离子分解成烯烃、盐酸和氯化锌。碳正离子与 PVC 中的不饱和基团通过一系列交联反应形成碳层，从而减少烟雾的产生。此外，硼系阻燃剂还与其他阻燃剂具有协同阻燃作用。硼-硅阻燃剂具有低毒、高效、低烟和无滴落等优点。在硼-硅协同阻燃体系中，由于硼和硅的协同作用而解决了单独使用硅时阻燃效果不明显和价格贵的问题。

三氧化二锑（ATO）的分子式为 $Sb_2O_3$，分子量为 291.6，分子中理论含锑量为

83.5%。通常情况下 $Sb_2O_3$ 为白色晶体，受热时呈黄色。在自然界中三氧化二锑以锑矿或锑华形式存在，有立方晶型和斜方晶型。干法制得的 $Sb_2O_3$ 主要是立方晶体，但也含有一些斜方晶体。用于阻燃各类高聚物的普通 $Sb_2O_3$ 的平均粒径一般为 $1\sim2\mu m$，可以用于阻燃纤维的超细化氧化锑的平均粒径约为 $0.3\mu m$，而超微细 $Sb_2O_3$ 的平均粒径可小至 $0.03\mu m$。三氧化二锑与卤素阻燃剂并用以增强卤素的阻燃效率，一般情况下卤素/锑的摩尔比应该在 (3～2)∶1 范围。

钼、锡阻燃剂主要是在高聚物燃烧过程中作为抑烟剂使用的。迄今为止人们做出大量努力来研制出新型抑烟剂，但是远未成功。有些抑烟剂对聚氯乙烯、交联不饱和聚酯和聚氨酯比较有效，因为抑烟剂可在这些高聚物燃烧过程中作为催化剂改变高聚物热降级机理。但是对有些高聚物的抑烟，目前的研究还不充分，同时缺乏有效而可实用的抑烟剂。目前可用的抑烟剂主要包括硼酸锌、钼化合物（三氧化二钼、钼酸铵、八钼酸三聚氰胺）、锡化合物、镁-锌复合物和二茂铁等。钼化合物可作为 PVC、PS、HIPS、ABS 和聚烯烃等高聚物的抑烟剂。目前为止已经商品化的钼化合物抑烟剂主要是三氧化二钼和八钼酸铵。同时三氧化二钼与氧化铜、氧化铁或氧化铬的混合物结合实用，抑烟作用比单一的三氧化二钼抑烟效果更好。有机胺的钼酸盐（如三聚氰胺八钼酸盐）与几种金属氧化物的混合物是高效抑烟剂。用作抑烟剂的锡化合物主要包括锡酸锌和水合锡酸锌。锡酸锌和水合锡酸锌在 PVC 及卤代不饱和聚酯中的阻燃效率与 $Sb_2O_3$ 相当，但可以减少高聚物材料燃烧时的烟和 CO 生成量。

## 1.2 阻燃剂的改性方法

阻燃剂的表面改性是指利用化学、物理和机械等方法对阻燃剂的表面进行处理，满足不同的应用环境对阻燃剂表面特定物理化学性能的需求。常用的阻燃剂改性方法包括阻燃剂的表面接枝改性、阻燃剂的微胶囊化改性、阻燃剂的超细化法改性和阻燃剂的插层法改性，前两者是化学改性法，后两者则是物理改性法。改性的具体操作过程也包括湿法和干法两种，不同种类的改性剂和改性方法都会对高聚物复合材料的阻燃性能和力学性能产生影响。下面分别对这四种改性方法进行介绍。

### 1.2.1 阻燃剂的表面接枝改性

阻燃剂的表面改性作用机理大体可分为两种类型：一种是表面物理作用，包括表面裹覆和表面吸附；二是表面的化学作用，包括阻燃剂表面取代、水解、缩合、氢键和接枝等。表面裹覆和表面吸附的阻燃剂与处理剂的结合主要作用力是分子间的范德华力，这种物理力的作用强度不强，阻燃剂在使用过程中容易与处理剂出现分子分离现象；表面取代、水解、缩合、氢键和接枝的阻燃剂表面则是通过化学作用与改性剂相结合，其相互作用力主要是化学键力，这种化学键的结合力要牢固得多，改性剂分子成为填料分子结构的一部分，阻燃剂表面主要以处理剂分子官能团为特征。阻燃剂的表面处理剂品种和处理方法很多，归纳起来主要有如下几类：偶联剂、表面活性剂和有机高分子等。

#### 1.2.1.1 硅烷偶联剂

硅烷偶联剂已广泛应用于橡胶、塑料、涂料和黏结剂等方面，用其表面改性填料和颜料，对塑料填充改性和高聚物复合材料的发展起到重要的促进作用。目前市场上应用最广泛的偶联剂主要有如下几种：①有机硅系列偶联剂。这类偶联剂其主要特点是可以明显改善高聚物材料的强度和耐热性，如用经硅烷偶联剂改性的硅质填料填充橡胶硫化体系能够使橡胶

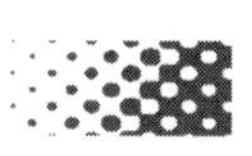

硫化体系的耐热性和力学性能都得到显著改善。硅烷偶联剂的分子结构特点是含两类不同性质的化学基团，一类是极性较强的亲无机基团，另一类是非极性的有机功能基团。用硅烷偶联剂对阻燃剂进行表面改性，这两类基团通过化学反应或物化作用，亲无机一端基团与阻燃剂的表面相结合，而亲有机一端的基团与高聚物发生作用，由此使阻燃剂表面被硅烷偶联剂分子功能化，从而使阻燃剂表现出明显的亲油性。硅烷偶联剂的改性可实现表面性质悬殊的阻燃剂与高聚物基体两相较好地相容。②钛酸酯偶联剂。显著特点在于能够有效降低填充体系黏度，进而改善阻燃剂在树脂基中的分散性。钛酸酯偶联剂对于提升复合材料抗冲击强度、耐老化性和低温柔性亦具有较好的作用。钛酸酯偶联剂实际应用主要有四个类型：单烷氧基焦磷酯基型、单烷氧基型、螯合型和配位型，目前使用较多的钛酸酯偶联剂是单烷氧基型。偶联剂中除了硅烷偶联剂和钛酸酯偶联剂外，还有有机铬偶联剂、铝酸酯偶联剂和有机磷酸酯等。

#### 1.2.1.2　表面活性剂

表面活性剂分子中主要包含两部分：一个是较长的非极性烃基，为疏水亲油基；另一个是极性基团，称为亲水疏油基。从阻燃剂表面处理角度看，表面活性剂所包含的三个方面性质尤其重要：一是表面活性剂的表面界面性质；二是表面活性剂的亲水亲油性（HLB值），表面活性剂分子的两亲结构对表面张力、表面吸附作用和润湿作用有影响；三是表面活性剂溶液中的胶团化作用，如硬脂酸和硬脂酸盐等。例如在水滑石实际应用中通常要预先对其进行表面处理，以降低其表面极性，使其表面亲油疏水，避免片层的二次团聚，从而改善水滑石与高聚物基体的相容性，提高其在高聚物基体中的分散性，从而避免高聚物复合材料力学性能的恶化。

#### 1.2.1.3　有机高分子处理剂

在某些高填充量的情形下，小分子偶联剂表面处理阻燃剂表面无法满足性能要求，有机高聚物处理剂替代小分子处理剂对阻燃剂进行表面处理就显示其优越性。可用作填料表面处理剂的高分子物质主要有液态或低熔点的高聚物、液态或低熔点的线型缩合预聚物和带有极性基接枝高聚物等。

### 1.2.2　阻燃剂的微胶囊化改性

微胶囊技术是指利用天然的或合成的高聚物材料，将固体的、液体的甚至气体的微小物质包覆，形成直径为1～1000nm的具有半透性或封闭性膜的微型胶囊的技术。微胶囊化壳层是多样化的，可以是球状的也可以是不规则形状；微胶囊化的胶囊可以是光滑的也可以是褶皱的；微胶囊的囊膜既可以是单层，也可以是双层或多层的；壳层所包覆的囊核心物质既可以是单核也可是多核。微胶囊化技术的优势在于形成与外界隔离的环境，囊芯物质毫无影响地被保留下来，而在适当条件下壳层壁破裂时又能将囊芯释放，给使用过程带来许多便利。微胶囊化壳层由囊芯和囊壁组成，囊壁由天然的或合成的高聚物材料以及无机材料组成。天然囊壁材料包括明胶、琼胶、琼脂糖、海藻酸钠、虫蜡和石蜡等；合成高分子包括聚氨酯、聚丙烯酸酯、聚脲、聚醚、聚酰胺、聚乙烯醇、环氧树脂、酚醛树脂和蜜胺树脂等；可作为壳层的无机材料包括石墨、硫酸钙、硅酸盐、矾土、玻璃和黏土等。同时微胶囊壳层按用途可分为缓释型、热敏型、压敏型、光敏型和膨胀型。因而微胶囊技术在食品、医药、涂料、化妆品、洗涤剂、感光材料和纺织等行业得到了广泛应用。

随着高聚物防火安全标准的日益严格和塑料产量的迅速增长，人们对高聚物阻燃材料的力学性能和阻燃效率等方面要求日趋严格，因此利用微胶囊技术的优越性可不断改进当前阻燃体系的缺点。由于微胶囊的应用范围广泛且目标产物多种多样，基于此发展出很多制备方法。依据囊壁形成的机制和成囊条件，微胶囊化阻燃剂的制备方法大致可分为三类：化学法、机械法和物理化学法。其中物理化学法主要包括水相分离法和油相分离法；机械法包括空气悬浮成膜法、喷雾干燥法和静电结合法等；化学法包括原位聚合法、界面聚合法和锐孔-凝固浴法。

微胶囊技术应用于阻燃剂体系的优越性可分为以下几点：①可降低阻燃剂的水溶性。阻燃剂在潮湿的气候和环境中易出现吸潮和溶解析出材料表面等现象，因此阻燃剂在很多使用场合中要求难溶于水，而微胶囊化可延长储存期，减少潮解和析出等现象。②增加阻燃剂与高聚物的相容性。由于阻燃剂和高聚物基体存在极性差异，阻燃剂与高聚物的相容性差而很难在高聚物基体中分散均匀。根据所需添加阻燃剂材料的种类选择适当的囊材，可提升阻燃剂与高聚物的相容性，从而减少或消除阻燃剂对高聚物制品物理力学性能的损耗。③改变阻燃剂的外观及状态，液态阻燃剂经微胶囊化后可变成干燥的“固态”，从而可直接与高聚物材料共混加工，减少液态阻燃剂的诸多弊端。④提高阻燃剂的热降解温度，当使用热稳定高的壳层来微胶囊化阻燃剂时，可以提高阻燃剂的热稳定性，从而扩大阻燃剂的使用范围。⑤掩盖阻燃剂的不良性质，阻燃剂经微胶囊化后，可屏蔽阻燃剂的刺激性气味，从而减少阻燃剂中有毒成分在高聚物加工过程中的释放，避免环境污染和身体伤害。

### 1.2.3 阻燃剂的超细化法改性

阻燃剂的超级细化是指将其物理粉碎，或采用化学的方法获得粒径范围再细化的阻燃剂。一般来说随着阻燃剂粉体随着粒径的缩小，阻燃剂的比表面积不断增大，从而能够增加阻燃剂与高聚物基体的接触面积。如果细化的阻燃剂达到纳米尺寸，纳米阻燃剂就可发挥纳米尺寸效应，改善高聚物与阻燃剂之间的相容性，减缓复合材料的力学性能损失，提高复合材料的加工性能。研究表明原本不相容的物质在纳米尺度能发挥纳米效应时可具备一定的相容性。例如不同粒径的氢氧化物阻燃高聚物，由于阻燃剂主要是依靠分解吸热而降低高聚物降解区温度进行阻燃，因此粒径越小、比表面积越大就越有利于阻燃剂快速均匀地热分解，在一定程度上可提高阻燃剂的阻燃效率。Masini 等模拟了水滑石的脱水反应过程，通过比较其内部和表面脱水反应所需的能量，发现在一定的热降解温度下水镁石的吸热脱水过程会优先在表层进行。此外纳米化后的氧氧化镁/水镁石阻燃剂会使得填充高聚物的黏度急剧上升，从一定程度上来说这更有利于高聚物复合材料极限氧指数的提高。

### 1.2.4 阻燃剂的插层法改性

在层状无机材料中，通过客体分子插层进入层形宿主中从而产生新的物理和化学性质，因此有机单体或高聚物作为客体以液体、熔体或溶液形式进入无机层状材料中间而使层状材料的物理化学性质发生变化而引起了人们的广泛关注。各种层形阻燃剂如石墨、黏土矿物、膦酸盐、过渡金属二硫化物和金属磷酸盐等都可以作为宿主材料，实际上它们已经被作为催化剂、选择性吸附剂和纳米尺度反应的宿主。插层反应能够大大地改变宿主晶格的电子、化学、磁性质和光学；此外插层反应能被用作低温方法制备其他技术方法不能达到的新材料。典型的层状阻燃剂包括氢氧化物和蒙脱土，下面以蒙脱土为例介绍层状材料的两种改性方法。

(1) 无机改性

蒙脱土的无机改性是通过加入无机大分子改性剂使分散的蒙脱土单晶片形成柱层状缔合

结构，在缔合颗粒之间形成较大的空间，从而能够容纳有机大分子，提高了其对有机物的吸附和离子交换能力。无机改性主要包括酸改性和无机盐改性。对蒙脱土进行酸化处理的目的是使蒙脱土的物化性能发生改变，增强其活性，使用的酸主要为盐酸、硫酸、磷酸或其混合酸。当用酸处理蒙脱土时，蒙脱土层间的 $K^+$、$Na^+$、$Ca^{2+}$ 和 $Mg^{2+}$ 等阳离子转变为酸的可溶盐类而溶出，原来层间的结合力被削弱，从而使层间晶格裂开、层间距扩大，因此改性后蒙脱土的比表面积和吸附能力都显著提高。蒙脱土的无机盐改性主要是通过加无机盐改性剂，使分散的蒙脱土单晶片形成柱层状缔合结构，在缔合颗粒之间形成较大空间，改变蒙脱土在水中的分散状态和性能，可提高蒙脱土的吸附能力和离子交换能力。用于蒙脱土改性的盐主要包括镁盐、铝盐、锌盐和铜盐等。这些改性盐中的离子可平衡硅氧四面体上的负电荷，片层在层间溶剂作用下可以剥离，进而分散成更薄的单晶片，使蒙脱土具有较大的表面积。

(2) 有机改性

由于蒙脱土表面的亲水性不利于其在高聚物中分散以及对有机物吸附，因此当蒙脱土用于高聚物中时往往需要对其进行有机改性，并且对蒙脱土表面进行疏水化处理。一般蒙脱土改性剂的选择必须符合以下几个条件：①改性有机分子容易进入片层间，并且能够显著增大蒙脱土的片层间距；②改性有机分子应与高聚物分子链或聚合单体具有较强的物理或化学作用，从而利于高聚物插层反应的进行，进一步增强蒙脱土片层与高聚物之间的界面黏结，从而有助于提升复合材料的性能；③改性剂必须价廉易得且已工业化。常用的蒙脱土有机改性剂包括烷基铵盐、氨基酸、高聚物单体和偶联剂等。下面将做具体介绍。

① 烷基铵盐　烷基铵盐能够通过离子交换反应进入蒙脱土的片层，片层表面被烷基长碳链覆盖从而使蒙脱土片层的表面由亲水性变为亲油性，增加了有机蒙脱土与有机相的亲和性。长碳链烷基季铵盐如十八或十六烷基三甲基氯化铵等是使用最多的蒙脱土有机改性剂。

② 氨基酸　氨基酸分子中含有一个氨基和一个羧酸基。在酸性介质的条件下，氨基酸分子中的羧酸基内的一个质子转移到氨基的基团内，使之形成一个氨基离子，这种新形成的氨基离子使得氨基酸具备与蒙脱土片层间进行阳离子交换的能力。当氨基酸内的铵离子完成与蒙脱土片层之间的阳离子交换后就可以得到氨基酸有机化的有机蒙脱土。

③ 高聚物单体　将高聚物单体作为改性剂直接插层到蒙脱土片层之中，再通过原位聚合得到纳米复合材料。这种方法在改性的过程中制备了复合材料，有较好的发展前景。目前这种高聚物制备过程中改性蒙脱土的方法研究较多的是苯胺，苯胺单体很容易通过离子交换反应引入蒙脱土片层间，单体与蒙脱土片层形成结合键，苯胺单体很难被其他阳离子交换，基于此不会从层间分离。聚苯胺进入蒙脱土片层中后由于其分子链的强相互作用力被蒙脱土主体阻隔，这是通常的苯胺化学聚合方法做不到的。

④ 偶联剂　利用偶联剂的有机官能团等与蒙脱土片层表面进行化学吸附或反应，从而使表面活性剂（包括硅烷、钛酸酯类偶联剂、硬脂酸和有机硅等）覆盖于粒子表面，达到改性的目的。

## 1.3 阻燃剂的结构表征与性能要求

### 1.3.1 阻燃剂的表征技术

阻燃剂的不同结构需要不同的仪器进行分析，通常情况下阻燃剂的表征技术主要包括显微分析法、分子光谱法、核磁共振谱技术、质谱技术、X 射线衍射分析法、X 射线电子能谱法和热分析技术等，下面将分别做介绍。

#### 1.3.1.1 显微分析法

阻燃剂的粒径分布范围大至微米级别，小至纳米级别。因此必须对阻燃剂微观进行放大观察才能进一步研究阻燃剂的结构。对阻燃剂进行放大的仪器主要包括透射电子显微镜和扫描电子显微镜。透射电子显微镜是观察阻燃剂形态和内部结构最常用的表征技术手段，通过透射电子显微镜可以清晰地观察到阻燃剂的表面形态与内部结构。透射电子显微镜的分辨率可以满足观察小到纳米级别尺寸阻燃剂的要求，与图像处理技术结合可以确定阻燃剂粒子的形状、尺寸和分布。通过透射电子显微镜可以得到阻燃剂微晶粒子的晶型以及粒子的形貌尺寸，从而进一步确定阻燃剂的晶格结构、表明和界面情形。透射电子显微镜的优点是对阻燃剂的结构具有较好的直观性，但是又有视野范围较小而对测量结果缺乏统计性的缺点。

扫描电子显微镜主要是利用二次电子信号成像来观察样品的表面形态，即用极狭窄的电子束去扫描样品，通过电子束与样品的相互作用产生各种效应，其中主要是样品的二次电子发射。二次电子能够产生样品表面放大形貌，即使用逐点成像的方法获得放大像。在阻燃剂的观察过程中，扫描电子显微镜测试中电子从阻燃剂的表面投射，从而得到阻燃剂粒子的投影分布。阻燃剂的扫描电镜只能观察阻燃剂的表面形貌和粒径等，不能对阻燃剂的内部结构进行观察。

#### 1.3.1.2 分子光谱法

傅里叶变换红外光谱仪（Fourier transform infrared spectrometer，FTIR spectrometer）不同于色散型红外分光的原理，是基于对干涉后的红外光进行傅里叶变换原理而开发的红外光谱仪，主要由红外光源、光阑、干涉仪（包括分束器、动镜和定镜）、样品室、检测器以及各种红外反射镜、激光器、控制电路板和电源等组成。通过傅里叶变换红外光谱仪可对阻燃剂进行定性和定量分析。对于阻燃剂结构的鉴定，通过傅里叶红外光谱的谱图可以观察到阻燃剂的特征峰，从而可以确定阻燃剂中特定的化学键的存在，进而进一步确定阻燃剂的结构。也可以通过傅里叶红外光谱对阻燃剂进行定量分析，进一步确定阻燃剂的含量。

#### 1.3.1.3 核磁共振谱技术

核磁共振波谱法（nuclear magnetic resonance spectroscopy，NMR）是研究原子核对射频辐射的吸收作用，核磁共振波谱法是对各种有机的成分、结构进行定性分析的有效工具，此外核磁共振有时还可以对阻燃剂进行定量分析。核磁共振光谱的基本原理为在强磁场中原子核发生能级分裂（当吸收外来电磁辐射时，将发生核能级的跃迁而产生 NMR 现象。射频辐射-原子核在强磁场下，能级分裂）-吸收-能级跃迁-NMR，NMR 也属于吸收光谱，但研究的对象是处于强磁场中的原子核对射频辐射的吸收。核磁共振谱技术是鉴定有机结构的一个重要手段，一般根据化学位移鉴定特征基团；通过分析耦合分裂峰数、偶合常数确定基团连接关系；根据各 H 峰积分面积定出各基团质子比。H 谱和 C 谱是应用量广泛的核磁共振谱（见质子磁共振谱），较常用的还有 F、P 和 N 等核磁共振谱。因此可通过核磁共振技术分析有机阻燃剂的特征峰，从而进一步确定有机阻燃剂的化学结构。

#### 1.3.1.4 质谱技术

质谱分析是一种测量离子质荷比（质量-电荷比）的分析方法，其基本原理是使试样中各组分在离子源中发生电离而生成不同荷质比的带电荷的离子，带电荷的离子经加速电场的

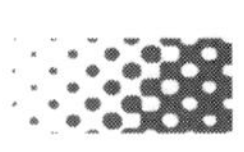

作用形成离子束而进入质量分析器。在质量分析器中，再利用电场和磁场使发生相反的速度色散，分别聚焦而得到质谱图，从而确定带电荷的离子质量。质谱技术能快速而极为准确地测定生物大分子的分子量。质谱分析法对样品有一定的要求。在 GC-MS 测试中，极性太强的有些化合物在加热过程中易分解，例如有机酸类化合物，可以通过酯化处理将酸变为酯再进行 GC-MS 分析，从而推测有机分子结构。如果测试样品不能汽化也不能酯化，只能进行 LC-MS 分析。进行 LC-MS 分析的样品测试环境最好是水溶液或甲醇溶液，LC 流动相中不应含有不挥发盐。因此通过质谱测试，可通过阻燃剂电离产生的碎片而确定阻燃剂的化学结构。

### 1.3.1.5 X 射线衍射分析法

在无机化学中，X 射线衍射被广泛应用于测定无机物结构的测试方法。其基本原理为当一束单色 X 射线入射到无机物的晶体时，由于晶体是由原子规则排列成的晶胞组成，这些规则排列的原子间距离与入射 X 射线波长有相同数量级，不同原子散射的 X 射线相互干涉，从而在某些特殊方向上产生强 X 射线衍射，衍射线在空间分布的方位和强度，每种晶体所产生的衍射花样都反映无机晶体内部的原子分配规律。物相分析是 X 射线衍射在应用中用得最多的方面，包括定性分析和定量分析。定性分析把对材料测得的点阵平面间距及衍射强度与标准物相的衍射数据相比较，确定材料中存在的物相；定量分析则根据衍射花样的强度，确定材料中各相的含量。双氢氧化物（LDH）、蒙脱土、石墨和磷酸盐等阻燃剂属于无机物，因此可通过 X 射线衍射确定阻燃剂结构。X 射线衍射分析法主要用于无机阻燃剂结构的测定。

### 1.3.1.6 X 射线电子能谱法

X 射线光电子能谱技术（XPS）是分析材料组成的一种先进分析技术。X 射线电子能谱可准确地测量原子的内层电子束缚能和化学位移。此外 X 射线光电子能谱技术不仅能为化学研究提供分子结构及原子价态方面的信息，还能为材料研究提供各种化合物的元素组成和含量、化学状态、分子结构和化学键方面的信息。XPS 的基本原理是用 X 射线去辐射样品，使原子或分子的内层电子或价电子受激发而发射出来。实验过程中被光子激发出来的电子称为光电子。可以测量光电子的能量，以光电子的动能/束缚能［$E_b=h\nu$（光能量）$-E_k$（动能）$-w$（功函数）］为横坐标，相对强度（脉冲/s）为纵坐标，从而得到 X 射线电子能谱图。在测试过程中因入射到样品表面的 X 射线束是一种光子束，所以对样品的破坏性非常小。在阻燃剂的结构分析过程中，XPS 主要用于阻燃无机粒子的改性过程。通过对阻燃剂表面的元素百分含量和特征化学键的表征，进而确定阻燃剂的化学结构以及阻燃剂的改性是否成功。

### 1.3.1.7 热分析技术

热分析方法是高聚物材料热稳定性研究中早已应用并且比较成熟的方法。由于高聚物材料热分解过程是高聚物产生可燃性挥发物的第一个基本过程，热失重法（TGA）和差示扫描量热法（DSC）是材料火灾燃烧过程中最主要的热分析方法。热失重法所得结果具有直观和简便的特点，通过热失重数据可分析和判断材料产生可燃性物质挥发的速率、加热速率、温度和环境条件对材料热解过程的影响，因此热失重法对材料热解和燃烧特性研究有一定帮助。更重要的是可以帮助理解材料热解的微观过程和机理。与热重分析法相似，差示扫描量热法也可用于研究材料燃烧过程的热解动力学，不过差示扫描量热法主要是研究在等温或一定加热速率下加热时样品的热效应变化，从而分析样品在受热过程中与热效应相关联的热解行为机理，如分解吸热或放热过程。虽然热失重法和差示扫描量热法常常用来研究材料的热解和燃烧过程，但热失重法（TGA）和差示扫描量热法（DSC）等传统热分析方法不能提供材料火灾燃烧过程的真实条件，往往与真实火灾的条件相差较远，因此热失重法（TGA）和差示扫描量热法（DSC）的结果不可直接用于材料燃烧与火灾过程分析，只可作为材料燃烧与材料热稳定性的一种辅助实验分析方法。对于阻燃剂的改性来说，通过阻燃剂在不同温度下的热失重法（TGA）可以确定有机分子是否对阻燃剂改性成功；可以通过差示扫描量热法（DSC）来研究阻燃剂的热稳定性和热解动力学，从而对阻燃剂的结构进行分析。

## 1.3.2 阻燃剂的性能要求

### 1.3.2.1 阻燃剂的热稳定性

阻燃剂通常是赋予易燃高聚物难燃性的功能性助剂，主要是针对高聚物材料的设计时赋予高聚物阻燃性能。在设计阻燃制品时，阻燃剂的初始分解温度对阻燃制品的物理性能及阻燃剂的使用范围有着重要影响。阻燃剂的热稳定性直接影响其所阻燃材料的阻燃性能的热稳定性。一般情况下对阻燃剂的热稳定性要求有如下两方面：①阻燃剂的分解温度要高于高聚物基材的加工温度；②阻燃剂的热分解温度要略低于高聚物基材的分解温度。因此可根据高聚物在燃烧过程中的热分解温度来选择合适的高聚物种类。基于此高热稳定性的高聚物对阻燃剂的热稳定性能要求较高。例如环氧树脂的热稳定性较高，其热分解温度高达400℃，因此环氧树脂所需阻燃剂基本要求是需要不低于环氧树脂热稳定性或降低较少的阻燃剂，而DOPO结构的阻燃剂由于其热分解温度较高而引起科研工作者的广泛关注，在高温条件下DOPO和环氧树脂的热分解温度部分契合，所以DOPO结构的阻燃剂通常对环氧树脂具有较好的阻燃作用。而一些热分解温度较低的磷酸酯类阻燃剂，如RDP等，对环氧树脂的阻燃效率较低。次磷酸盐（次磷酸铝、次磷酸镧等）具有较高的热稳定性，因此次磷酸盐对高热稳定性的聚酯如苯二甲酸乙二酯（PET）和聚对苯二甲酸丁二酯（PBT）具有较高的阻燃效率。季戊四醇（PER）的热分解温度较低，但季戊四醇能在高聚物分解初期碳化形成炭层，可在高聚物受热初期形成炭而实现阻燃。因此应用中不同的高聚物和阻燃剂的阻燃机理对阻燃剂的热稳定性有不同要求，而既有高热稳定性又有高阻燃效率的阻燃剂是科研人员努力发展的方向。

### 1.3.2.2 阻燃剂的耐水性和耐老化性

阻燃剂在潮湿气候和环境影响下易发生吸潮和溶解析出，同时由于阻燃剂的潮解和析出等原因会损害高聚物复合材料的阻燃和力学等性能，因此在阻燃高聚物材料的很多服役场合都要求阻燃剂具有良好的耐水性和耐老化性。提升阻燃剂的耐水性和耐水老化性的方法主要包括以下三方面：①阻燃剂结构中引入疏水基团，如硅基团和氟基团等；②通过本质阻燃将阻燃剂与高聚物基体反应而固定于高聚物基体中；③可选用合适的壳层材料将阻燃剂包裹起来，隔离阻燃剂与外界条件并改善高聚物与阻燃剂的表面界面特性，从而提高阻燃剂和阻燃制品的耐水性和耐久性。

在膨胀型阻燃剂中最常用的碳源为聚戊四醇或双季戊四醇。这类碳源由于多羟基结构而存在水溶性较大、与高聚物基体的相容性差和加工过程中易与酸源反应等缺点。为改善PER的界面特性和耐水性，法国的Bourbigot团队选用高聚物（如聚氨酯）和尼龙等作为微胶囊壳层包裹PER时，可明显改善阻燃剂的这些缺点，从而在聚烯烃电缆中获得了显著的阻燃效果。在磷系阻燃剂中聚磷酸铵阻燃剂是一种已被广泛应用的阻燃剂，但是聚磷酸铵也

存在耐水性和疏水性差等缺点。为解决上述问题，吴昆等以APP为核芯，以三聚氰胺-甲醛树脂为壳层通过原位聚合法制备三聚氰胺-甲醛包裹聚磷酸铵（MCAPP），经过包裹的聚磷酸铵的水溶性大幅降低。与纯APP相比，微胶囊化APP阻燃的高聚物材料具备更好的氧指数和阻燃级别，同时具备更好的耐水性能。倪建雄等以季戊四醇和TDI作为反应原料制备聚氨酯微胶囊化聚磷酸铵核-壳型阻燃剂（MCAPP）。经过微胶囊化处理后，锥形量热仪数据表明，PU/MCAPP材料的最大热释放速率与相同阻燃剂添加量的PU/APP相比下降了38.4%，同时总热释放量下降28.1%，质量损失率也有明显降低，但是最终成炭率有了明显提高；高聚物复合材料在75℃的热水中处理7天后，PU/MCAPP复合材料仍可通过垂直燃烧V-0燃烧等级的测试，这说明微胶囊化的阻燃剂可以显著降低阻燃剂的水溶性和耐水性。汪碧波报道了使用功能硅烷作为前躯体，通过溶胶-凝胶法制备含功能性反应基团的微胶囊化聚磷酸铵（MCAPP）。通过润湿性测试发现包裹后阻燃剂的疏水性显著增强，同时微胶囊化聚磷酸铵在高聚物机体中化学键的固定作用而实现阻燃高聚物的耐水性显著增强。

#### 1.3.2.3　阻燃剂的毒性和环境危害性

部分阻燃剂阻燃高聚物不仅燃烧时生成有害气体，而且在使用过程中出现渗出污染环境等现象。在各种阻燃剂当中，卤系阻燃剂因阻燃效率高而被广泛关注，但与此同时卤系阻燃剂特别是溴系阻燃剂也产生很多环境方面的争议。十溴二苯醚是多溴二苯醚家族中含溴原子数最多的化合物，十溴二苯醚具有价格低廉和性能优越等优点而被广泛应用。但溴系阻燃剂如十溴二苯醚正在威胁人类的健康，通常情况下溴系阻燃剂可通过食物链最终进入人类的食物，从而进入人体。一些欧美国家已禁止或限制使用溴系阻燃剂，而我国已成为溴系阻燃剂增长最快的使用国家。十溴二苯醚在人体内的蓄积量随着时间有上升的倾向，这自然会引起科学界的高度关注。含卤素阻燃剂同时在阻燃过程生成较多的有毒气体、黑烟和腐蚀性气体。卤素阻燃剂一般与氧化锑并用可提升阻燃体系的阻燃效率，然而这种阻燃方式使高聚物的生烟量更高。一些无卤阻燃剂也存在毒性和环境危害，例如次磷酸盐阻燃剂燃烧过程中可释放磷化氢，而磷化氢具有毒性。三聚氰胺在强热（250～350℃）分解并吸收大量的热，同时释放$NH_3$、$N_2$和$CN^-$的有毒烟雾。因此，在注重阻燃剂阻燃效率的同时，阻燃剂的毒性及环境危害性也是一个不容忽视的问题。

## 1.4　阻燃剂的效能评价方法与应用

### 1.4.1　阻燃剂的阻燃效能评价

#### 1.4.1.1　阻燃剂的阻燃效能评价方法

根据测试材料的大小，材料阻燃性能测试方法可分为实验室实验、中型实验和大型实验。通常情况下实验室实验和中型实验是最常用的材料阻燃性能的测试方法。在实验室实验中，根据材料对引发火灾具有决定性作用的参数如点燃性、可燃性、火焰传播、释热和二次火灾效应等分类，阻燃性的测试方法分为四类：①点燃性和可燃性（极限氧指数和点燃温度）；②火焰传播性（隧道实验和复合板实验）；③释热性（如生物实验和化学分析法）；④耐燃性（如电视机或建筑部件耐火性实验）。下面将分别介绍。

材料的点燃性与火源的状况有关，点燃时表征材料发生火灾的概率。没点燃就不可能发生火灾，但是材料的点燃不是直接点火源引发的，存在一些间接点火材料的因素。材料的可燃性是指材料进行有焰燃烧的能力，即在规定实验条件下进行有焰燃烧。很多限制采用的材料的可燃性测定法是基于将特定火焰施加于材料所产生的结果，因此火焰的大小、类型、施加样品时间、试样尺寸、形状和放置方向等在不同的点燃性和可燃性实验中表现不同，在不同的测试方法或标准中有详细规定。阻燃剂的阻燃效能评价方法主要体现于其在高聚物中的应用效果。可通过氧指数法、UL94 垂直燃烧实验法和锥形量热仪实验法来评价阻燃剂的阻燃效能。

（1）极限氧指数

极限氧指数（LOI）的定义为在规定条件下试验中氮、氧混合气体中维持平衡燃烧所需的最低氧浓度。极限氧指数规定被测样品能够维持燃烧的最低氧浓度，即在材料燃烧的实验环境即氧氮混合气体中氧气所占的最低体积分数：

$$LOI=\frac{[O_2]}{[N_2]+[O_2]}\times 100\%$$

式中，$[O_2]$，$[N_2]$ 分别为氧气和氮气的体积流量。

LOI 测试是 1966 年 C. P. Fenimore 和 J. J. Martin 在评价塑料和纺织材料燃烧性能的基础上提出来的一种方法。1970 年美国制定了第一个 LOI 标准（ASTM D 2863—1970），之后很多国家也定制了相应的标准，如基本的 HSK 7201—1976、前苏联的 TOCY 21793—76、英国的 BS 2782. 1/141—1978、国际化组织的 ISO 4589—1984 和 ISO 4589—1991、中国的 GB 2406—80 及 GB/T 2406—93 等。因氧指数法的重现性较好，能以数字（LOI 值）结果评价燃烧性能，使用简便、测试成本低廉，因而在评价材料阻燃性能方面得到广泛的应用。目前国际标准化组织和许多科研工作者都采用这种方法评价高聚物材料的燃烧性能，实验标准包括国际标准化组织的 ISO 4589。在极限氧指数实验法中还发展了高温氧指数（temperature oxygen index，TOI）的实验方法。LOI 的仪器图如图 1-14 所示。极限氧指数实验主要反映高聚物燃烧时对氧的敏感性，但很难反映出实际火灾中高聚物的燃烧行为。实验过程中对极限氧指数的结果影响因素很多，如点燃火源的种类、点燃方式、环境温度、火焰方向、试样尺寸及外观和试样制备方法等。但是极限氧指数法的最大缺陷是无法将氧指数的测试结果与火灾安全工程相关联。这个缺点在火灾科学与安全工程迅速发展的今天越发凸显其不足。因此极限氧指数法不属于性能化的实验方法，其只能用于高聚物分类或安全质量控制等方面。氧指数法简便、经济、重复性一般也比较好，特别是在工业产品的质量控制方面比较经济、简便，因而目前仍然得到广泛的应用。

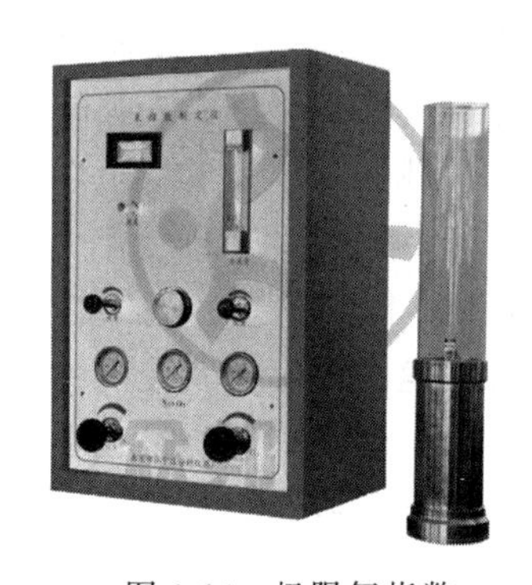

图 1-14　极限氧指数实验装置示意

用极限氧指数（LOI）来测定高聚物材料的燃烧性能，能够反映出高聚物材料的火安全性。一些高聚物的 LOI 值列于表 1-5 中。测氧指数的样品的数量通常为 15 个，但对于不知氧指数或显示不稳定燃烧的高聚物材料可需要多至 30 个样品。极限氧指数受到以下一些因素的影响。

① 气流速度　燃烧筒内混合气体的流速在 20～120mm/s 内变化时，对 LOI 的测定结果没有明显影响，当氧气浓度低于空气中氧气浓度时，LOI 会随混合气体流速的升高而增加。因为气体流速偏低时体系的密度不同，外界空气可由测试燃烧筒的上部进入燃烧筒，从

而使混合气体中氧含量增加。测量氧浓度是在空气进入燃烧室以前进行的，因此测得的氧指数较实际值低。为了防止上述现象发生，可在燃烧筒出口处加溢流盖，使燃烧筒的出口内径缩小到 40mm。

② 试样厚度和长度　因为薄的试样更易燃烧，实验 LOI 的测定值随着试样厚度的增加而略有提高，而长度对 LOI 值几乎没有影响。

③ 氧气和氮气的纯度　当以玻璃转子流量计指示流量时，因为混合气体中氧浓度是通过测量氧-氮两种混合气体，且认为氧气和氮气为理想纯气体，但是工业化气体的纯度对 LOI 的测定结果有一定影响；测量过程中钢瓶的气压下降，而气体的湿度增加，这些现象也会影响 LOI 值。

④ 点燃方式　测定 LOI 时可采用材料顶端点燃法或扩散点燃法，不同的点燃方式传递给材料的热量不同，所以测得的 LOI 值会有略有差异。

⑤ 温度环境　随环境温度的升高，大多数材料的 LOI 值会下降，但环境温度在 5～30℃对 LOI 的影响不大。

**表 1-5　不同高聚物的 LOI 值**

| 高聚物 | LOI/% | 高聚物 | LOI/% |
|---|---|---|---|
| PE | 17.3 | PA6 | 23 |
| PP | 17 | PPO | 24 |
| PBD | 18.3 | LCP | 35 |
| CPE | 21.1 | PC | 21.3 |
| PVA | 22.5 | PBT | 24 |
| PS | 17 | PET | 20 |
| ABS | 18 | 丙烯酸树脂 | 16.7 |

（2）垂直燃烧实验方法

在高聚物阻燃性能实验方法中，垂直燃烧法（UL94）最具代表性且应用最广泛。垂直燃烧实验测定高聚物表面火焰传播性能，其原理是垂直夹住样品一端，对试样自由端施加规定的点燃源，测定有焰燃烧和无焰燃烧时间。有关高聚物垂直燃烧的标准很多，按点燃源可分为炽热棒法和本生灯法，在此只介绍一小火焰本生灯为点燃源的这类实验方法，主要包括 UL94（IEC 60695-11）、GB 4609、GB 2408、ISO 1210 和 ISO 12992 等标准。

UL（underwritten laboratory）是美国保险业实验室的简称。UL 最初进行的只是工业防火范围，但是后来服务领域扩大到防火、电气工程、防盗、空调、事故预防、化学安全和航海等多个行业。UL94 是最重要的 UL 的有关防火安全的实验方法与标准。高聚物材料燃烧性实验 UL94 实验方法分为水平燃烧实验和垂直燃烧实验，这两种实验方法是国际上通用的一种评价高聚物材料燃烧性能的实验方法。UL94 不仅适用于电气火灾，也适用于很多国家的其他领域。UL94 阻燃实验室指按一定位置放置的塑料杯施加火焰后的燃烧行为。现在很多国家和组织都已采用与 UL94 相同或相似的塑料燃烧性实验方法和标准，如 ISO 1202。我国现行标准为 GB/T 2408—2008《塑料燃烧性能的测定水平法和垂直法》。在高聚物产品的国际贸易中一般都要求高聚物的阻燃级别达到 UL94 的相关评价标准。UL94 的水平燃烧实验法评级材料是看是否达到 94HB 级；UL94 垂直燃烧实验法比水平燃烧实验法更严格，将材料燃烧的难易程度分为 V-0、V-1 和 V-2 三个阻燃级别。根据实验结果，按表 1-6 的分级方法评价材料的燃烧性。

表 1-6 UL94 垂直燃烧实验评定分级指标

| 级别 | 现象与指标 | | | | |
|---|---|---|---|---|---|
| UL-94 垂直燃烧实验 | 每次试样的有焰燃烧时间/s | 每组 5 个试样施加 10 次火焰的有焰燃烧时间总计/s | 任一试样的有火或无焰燃烧长度 | 任一试样的有焰燃烧滴落物对棉花铺底层的影响 | 任一试样在第二次拱火后无焰燃烧/s |
| 94V-0 级 | ≤10 | ≤50 | 不燃烧到夹具 | 不点燃脱脂棉 | ≤30 |
| 94V-1 级 | ≤30 | ≤250 | 不燃烧到夹具 | 不点燃脱脂棉 | ≤60 |
| 94V-2 级 | ≤30 | ≤250 | 不燃烧到夹具 | 允许点燃脱脂棉 | ≤60 |

对于 UL94 水平及垂直燃烧的实验级别，主要包括以下几方面。

① 试样厚度的影响　试样厚度对水平和垂直燃烧的实验结果有一定影响。通常情况下样品的燃烧速率随着厚度的增加而减慢，这是因为一方面由于将试样加热至分解温度所需的时间与其质量成正比；另一方面由于试样的着火、燃烧和传播主要在高聚物表面，而厚度越小的样品的单位质量的比表面积越大。

② 试样密度的影响　相同实验条件下，试样水平燃烧的燃烧速率随密度增大而降低；对于垂直燃烧试样，燃烧时间也与密度有关。

③ 火焰高度对实验结果也有一定影响　对于水平燃烧实验，当火焰高度高于 10mm 时，实验难于点燃，这是由于火焰所提供的热量不能将试样加热到分解温度以上。当试样高度为 15mm 时，有的试样能被点燃，有的则不能；当火焰高于 20mm 时，试样基本能被点燃。

④ 各向异性材料不同方向的影响　高聚物在成型过程中由于受力及取向不同而产生各向异性，对垂直燃烧有一定影响。

(3) 锥形量热仪实验方法

材料的释热量是指材料燃烧时释放出的总热量，是材料的火安全性的重要指标。材料燃烧过程的热释放越大，材料就越易被引发闪燃，而材料形成灾难性火灾的概率越高。材料燃烧的热释放速率（HRR）和热释放峰值（pHRR）对评估材料的火安全性具有重要意义。材料的火灾性能指数（FPI）是材料点燃时间与材料的第一个热释放峰值的比值，FPI 可以预估材料在点燃后是否易于闪燃，可用于评估材料的阻燃性实验的某些结果相关联。实验研究表明对火有决定性作用的材料的阻燃参数之一是 HRR 和 pHRR，特别是 pHRR 与火的最大强度有关。高聚物的释热性通常采用锥形量热仪及美国俄亥俄州立大学量热仪测定，以此两者测定高聚物燃烧的 HRR。

基于耗氧原理的锥形量热仪（cone calorimeter）最早是由美国国家标准与技术研究院（NIST）的 Babrauskas 博士研制成功的小型火灾燃烧性能实验装置，以其锥形加热器而得名。锥形量热仪的结构如图 1-15 所示。

作为一种小型火灾燃烧性能实验的实验装置，锥形量热仪是依靠严密的科学设计的基础上建造的小型火灾燃烧性能实验的仪器，是火灾科学与工程研究领域一个非常重要的仪器设备。经过 20 多年的实践与发展，锥形量热仪实验方法已在国内外引起了广泛的关注。锥形量热仪实验方法不仅在材料火灾过程中的燃烧性能测试中得到广泛应用，而且在材料阻燃特别是在高聚物材料的阻燃研究中也越来越受到重视。高聚物材料阻燃研究已越来越多地采用这一新型的分析和表征技术手段。

锥形量热仪应用于高聚物材料火安全性能的测试与评价，其性能参数主要包括热释放速率（HRR）、点燃时间（TTI）、质量损失速率（MLR）、有效燃烧热（EHC）、生烟速率

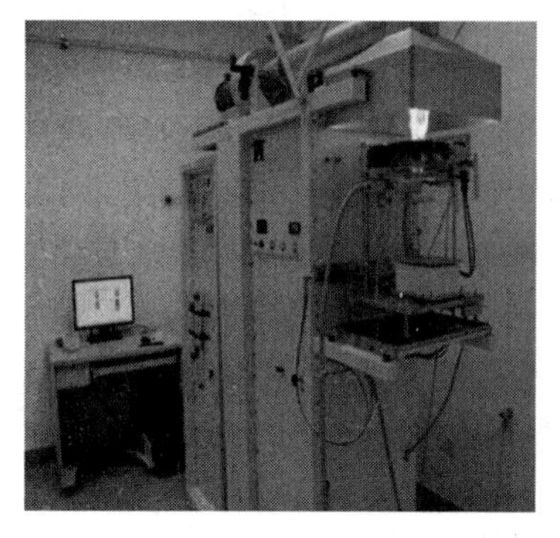

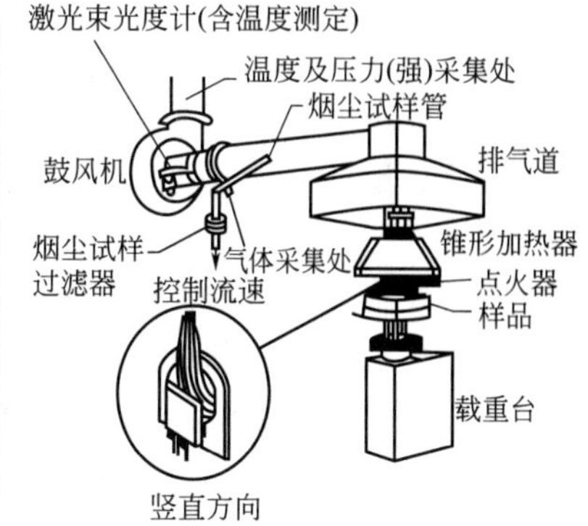


图 1-15　锥形量热仪的实验装置

(SPR) 和其他一些与燃烧性能密切相关的参数，如 CO 和 $CO_2$ 的释放等。热释放速率是高聚物材料在火灾过程中评价其火安全性最重要的参数之一。现代火灾科学研究表明高聚物燃烧过程中热量释放是最重要的火灾灾害因素。高聚物在锥形量热仪燃烧实验条件下主要有以下几个行为特点，高聚物燃烧用热释放速率曲线来表示，可分为三种类型，即前单峰型、M 双峰型和后单峰型。单峰型的高聚物多为成炭型高聚物，受热过程中高聚物受热形成炭层，如果形成坚固致密的炭层则可能一直具有较好的屏蔽作用，炭层能够有效地屏蔽热的传递而使其热解速度降低，导致热释放峰值降低；M 双峰型同为成炭材料，但是所形成的炭层质地不够致密，当热量累积到一定程度后穿透炭层，从而出现第二次裂解高峰。后单峰型高聚物为无炭生成的燃烧过程。通常情况下不成炭的纯高聚物大都表现为此类热释放峰型。

锥形量热仪实验方法除去能够测量热释放速率等重要火灾性能和参数外，还可以用于研究高聚物在火灾条件下的热解行为、热解特性和热解动力学分析。与传统的热分析方法（如 TGA 和 DSC）相比，锥形量热仪实验方法能够提供模拟热辐射强度不等的火灾场景情况下，特别是高加热速率和高热流强度，这些特点是传统热分析方法无法达到的。在热重分析实验中（TGA），高聚物样品假定是受热均匀且加热速率较低；而锥形量热仪是所测试的高聚物经历热解，特点是加热速率高、热流强度大且基本为单向热传递。由于高聚物的热解受加热条件的影响较大，因此传统的热分析方法结果与真实火灾过程中热解差别较大，而锥形量热法的结果接近于火灾实际。

下面对锥形量热仪测试的几种主要燃烧性能参数介绍如下。

① 热释放速率参数　热释放速率指在预设的加热器热辐射热流强度条件下，样品点燃后单位面积上热量释放的速率，单位为 $kW/m^2$。热释放速率参数主要包括热释放速率峰值 (pHRR)、平均热释放速率（MHRR）和火灾性能指数（FPI）等。从高聚物材料燃烧起始至火焰熄灭期间的平均热释放速率表示总的平均热释放速率。在实际测量过程中，经常采用测试点为从燃烧开始至 60s、180s、300s 等初期的平均热释放速率，即 MHRR60、MHRR180 和 MHRR300 来表示。采用初期的平均值主要基于实际火灾过程中初期的热释放速率有重要作用。例如设计阻燃材料主要着眼于火灾的早期防治，实际上在火灾进入充分发展的阶段后阻燃剂的阻燃作用已经不能发挥；热释放速率峰值是高聚物材料最重要的火灾特性参数之一，其单位为 $kW/m^2$。高聚物材料燃烧过程中有一处或两处热释放峰值。在测试过程中能够成炭的高聚物材料通常情况下会出现两个热释放峰值，这归结于高聚物材料燃烧过程中形成的炭层，这些炭层阻隔了热向材料内层的热传递，从而使热释放速率在最初的

第一个峰值后趋于下降；火灾性能指数为点燃时间同峰值热释放速率之间的比值。研究表明火灾性能指数同封闭空间内火灾发展到轰燃临界点的时间（轰燃时间）具有一定的关联性。通常情况下火灾性能指数越大，轰燃时间越长。轰燃时间值是安全工程产品设计中的一个重要参数，火灾性能指数是设计消防逃生时间的重要依据。

② 点燃时间参数　在一定的热流辐射强度下（0～100kW/$m^2$），用标准点燃火源（电弧火源）从高聚物样品暴露于热辐射源开始到表面出现持续点燃现象为止所用的时间（s）就是样品的点燃时间。高聚物材料的点燃时间一般随着辐射强度的增大而缩短；随着高聚物样品的厚度增加而延长。一般点燃时间越长，对高聚物材料的阻燃则越有利。

③ 质量损失速率参数　质量损失速率的单位为 kg/s，高聚物的热失重曲线以及质量损失速率都是在设定的热辐射强度下测量的。一般热失重随辐射功率提升而加速，不同高聚物之间热失重特征也有较大的差别。通过比较热失重曲线和质量损失速率曲线，可以推断高聚物燃烧过程的难易程度以及高聚物燃烧的相关特征。

④ 有效燃烧热参数　有效燃烧热表示高聚物燃烧过程中受热分解形成挥发物中可燃烧成分燃烧释放的热，单位为 MJ/kg。由可由 EHC＝HRR/MLR 计算。有效燃烧热可以反映高聚物在气相中有效燃烧成分的多少，从而对于分析高聚物燃烧的阻燃机理提供帮助。

⑤ 生烟速率参数　生烟速率定义为：SPR＝MLR×SEA，SPR 的单位为 $m^2/s$。锥形量热仪所测试的是“动态”的生烟速率曲线。因此 SPR 有可能应用于高聚物火灾中真实的烟释放过程的模拟，是研究高聚物生烟特性的重要手段。锥形量热实验方法与其他烟气测试方法相比最大的优点是与真实火灾比较接近且其结果可以用于火灾模拟计算，同时锥形量热方法的实验结果一般也与大尺寸实验的相关性较好。小尺寸实验方法一般情况下同真实火灾的相关性较小。小尺寸实验方法往往是限于高聚物材料在某种特定条件下的燃烧，其局限性很大而且结果也无法用于计算机模拟。但是相比于其他材料火安全测试方法锥形量热仪存在很多不足，如仪器昂贵、操作复杂和对非标准样品的实验还有不少困难，但锥形量热法由于其坚实的科学基础和与真实火灾较好的相关性，与传统的火灾实验技术相比有强大的发展活力。

#### 1.4.1.2　阻燃剂的阻燃效能评价实例

阻燃剂的阻燃效能评价主要基于固定添加量的阻燃剂复合加入到高聚物中而表现出的阻燃性能，主要包括 LOI、UL94、热释放性能和热重分析。下面基于此实验介绍一种新型阻燃剂的效能评价实例。陈英辉通过分子设计制备了一种新型基于 DOPO 的阻燃剂（DOPOMPC），其结构如下所示：

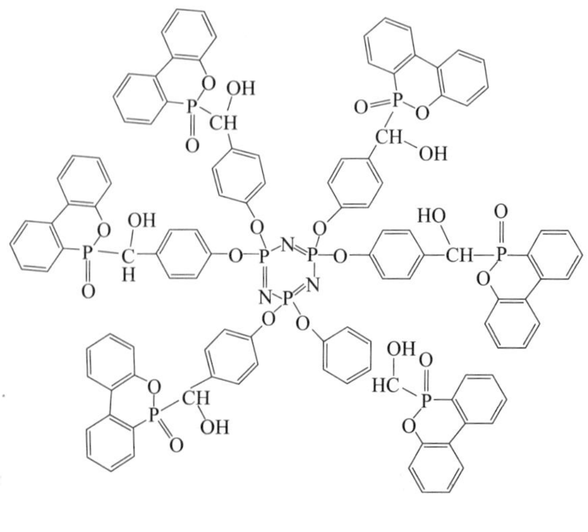

并通过原位聚合制备了DOPOMPC/EP和DOPOMPC/APP/EP复合材料，如表1-7所示。

**表1-7　DOPOMPC/EP和DOPOMPC/APP/EP复合材料的配方**

| 阻燃体系 | 试样 | EP/% | m-PDA/% | DOPOMPC/% | APP/% |
|---|---|---|---|---|---|
| 纯EP | EP0 | 90.9 | 9.1 | 0 | 0 |
| DOPOMPC/EP | EP1 | 86.4 | 8.6 | 5 | 0 |
| | EP2 | 81.8 | 8.2 | 10 | 0 |
| | EP3 | 77.3 | 7.7 | 15 | 0 |
| | EP4 | 72.7 | 7.3 | 20 | 0 |
| | EP5 | 63.6 | 6.4 | 30 | 0 |
| DOPOMPC/APP/EP | EP6 | 72.7 | 7.3 | 15 | 5 |
| | EP7 | 72.7 | 7.3 | 13.3 | 6.7 |
| | EP8 | 72.7 | 7.3 | 10 | 10 |
| | EP9 | 72.7 | 7.3 | 6.7 | 13.3 |
| | EP10 | 72.7 | 7.3 | 5 | 15 |

通过极限氧指数、UL94、CONE分析了阻燃材料的火安全性能。极限氧指数（LOI）和UL94分析如表1-8所示，为DOPOMPC/EP和DOPOMPC/APP/EP体系的氧指数和UL94燃烧实验结果。图1-16是纯EP（EP0）、20% DOPOMPC/EP（EP4）和10% DOPOMPC/10%APP/EP（EP8）在氧指数实验产生的炭层宏观形貌。

(a) 纯EP(EP0)

(b) 20%DOPOMPC/EP(EP4)

(c) 10%DOPOMPC/10%APP/EP(EP8)

图1-16　EP0、EP4和EP8氧指数炭层

**表1-8　DOPOMPC/EP和DOPOMPC/APP/EP复合材料的氧指数和UL94实验结果**

| 阻燃体系 | 试样 | LOI/% | UL94HB | UL94V | *W*(P)/% | EFF |
|---|---|---|---|---|---|---|
| 纯EP | EP0 | 25.4 | HB-3-16.1 | V-2 | 0 | 0 |
| DOPOMPC/EP | EP1 | 27.1 | HB | V-0 | 0.65 | 2.62 |
| | EP2 | 27.3 | HB | V-0 | 1.29 | 1.47 |
| | EP3 | 30.4 | HB | V-0 | 1.93 | 2.59 |
| | EP4 | 29.2 | HB | V-0 | 2.58 | 1.40 |
| | EP5 | 29.0 | HB | V-0 | 3.87 | 0.93 |
| DOPOMPC/APP/EP | EP6 | 30.4 | HB | V-0 | 3.48 | 1.32 |
| | EP7 | 33.1 | HB | V-0 | 3.79 | 2.01 |
| | EP8 | 36.3 | HB | V-0 | 4.39 | 2.48 |
| | EP9 | 34.6 | HB | V-0 | 4.99 | 1.84 |
| | EP10 | 34.6 | HB | V-0 | 5.30 | 1.74 |

在极限氧指数实验中，试样纯EP（EP0）容易被点燃，未出现炭层，且火焰很小，燃

烧缓慢，但仍然蔓延过了50mm线，LOI值为25.4%；而当添加15% DOPOMPC时，LOI值为30.4%；DOPOMPC/APP/EP阻燃体系在点燃后燃烧区迅速膨胀形成炭层，阻碍热量向下传递，达到阻燃效果，其氧指数随APP的增多先增大后减小，但均高于DOPOMPC/EP体系，说明DOPOMPC与APP具有协同效应，当DOPOMPC/APP为1∶1时，阻燃EP的氧指数最高，达到36.3%，较EP0分别提高了42.9%。在UL94燃烧实验中，EP0试样点燃后迅速燃烧，垂直放置时火焰6.5s便蔓延至夹具，且在燃烧过程中出现严重的滴落现象，水平放置时279.4s蔓延至100mm线，线性燃烧速度为16.1mm/min。加入阻燃剂后，材料两次施焰时间均很短，小于4s，但移开火焰后迅速自熄，基本不存在有焰燃烧，均到达最高级别。有关LOI测试方法与UL94测试方法之间是否存在一定关系，有学者做过研究发现：UL94中V-1级别相当于LOI中的23%～24%，V-0级别相当于LOI中的24%～52%，这在本实验中同样得到了较好的印证。

表1-9为DOPOMPC/EP和DOPOMPC/APP/EP复合材料的35kW/m²辐射功率CONE实验结果，表明：除5% DOPOMPC/EP（EP1）外，两个阻燃体系的点燃时间均比纯环氧树脂缩短了30s左右，这可能是因为阻燃剂的分解温度比环氧树脂低，其分解产物被点燃而造成。

**表1-9 DOPOMPC/EP和DOPOMPC/APP/EP复合材料的35kW/m²辐射功率锥形量热实验结果**

| 阻燃体系 | 试样 | TTI/s | pk-HRR /(kW/m²) | av-HRR /(kW/m²) | av-MLR /(g/s) | av-SEA /(m²/kg) | av-CO /(kg/kg) | av-$CO_2$ /(kg/kg) | THR /(MJ/m²) | TSR /(m²/m²) | 残炭量 /% |
|---|---|---|---|---|---|---|---|---|---|---|---|
| 纯EP | EP0 | 93 | 1243.27 (170s) | 286.73 | 0.09 | 1115.06 | 0.18 | 2.28 | 104.31 | 4129.56 | 7.4 |
| DOPOMPC /EP | EP1 | 87 | 834.28 (170s) | 262.29 | 0.05 | 7498.38 | 0.64 | 12.00 | 95.39 | 5124.82 | 11.3 |
| | EP2 | 63 | 541.95 (155s) | 217.21 | 0.04 | 6440.59 | 0.65 | 9.85 | 69.11 | 3271.65 | 25.8 |
| | EP3 | 58 | 488.90 (180s) | 149.29 | 0.04 | 6344.21 | 0.91 | 10.35 | 53.56 | 2923.68 | 29.9 |
| | EP4 | 64 | 464.00 (195s) | 220.29 | 0.04 | 6219.40 | 0.88 | 11.96 | 92.07 | 4894.54 | 34.3 |
| | EP5 | 65 | 468.01 (200s) | 134.79 | 0.04 | 7112.28 | 0.85 | 10.00 | 46.52 | 3193.06 | 33.9 |
| DOPOMPC /APP/EP | EP6 | 77 | 386.57 (200s) | 102.49 | 0.04 | 4234.52 | 0.65 | 11.92 | 31.74 | 1302.65 | 48.7 |
| | EP7 | 65 | 357.98 (195s) | 91.05 | 0.04 | 4473.75 | 0.53 | 11.94 | 34.91 | 1445.44 | 61.1 |
| | EP8 | 66 | 314.37 (200s) | 74.75 | 0.04 | 3583.38 | 0.29 | 11.33 | 28.19 | 1111.84 | 62.7 |
| | EP9 | 60 | 328.15 (195s) | 60.36 | 0.04 | 3925.87 | 0.40 | 12.49 | 17.95 | 855.47 | 62.4 |
| | EP10 | 67 | 350.53 (190s) | 69.75 | 0.04 | 4225.02 | 0.40 | 12.26 | 21.64 | 1012.81 | 59.8 |

由表1-9和图1-17、图1-18可以看出：纯EP（EP0）的pk-HRR和THR分别达到1243.27kW/m²和104.31MJ/m²，加入阻燃剂后其数值明显下降，20% DOPOMPC/EP（EP4）的av-HRR由286.73kW/m²下降到220.29kW/m²，下降幅度达23.2%，pk-HRR为464.00kW/m²，降幅达62.7%，同时峰值出现时间延迟，由170s推迟至195s，THR下降了11.7%，为92.07MJ/m²，这说明DOPOMPC有效提高了环氧树脂的阻燃性能，显著改善了

环氧树脂的热释放性能，进而有效降低了火焰对材料表面反馈的热量，延缓火焰的传播，延长人员耐受时间，为人员疏散提供更加充足的时间。这主要是因为 DOPOMPC 在高温下分解能够产生磷的含氧酸，促进环氧树脂脱水碳化，同时放出 $CO_2$、$NH_3$ 和 $H_2O$ 等气体，使炭层膨胀，稀释火焰周围氧气的含量，降低炭层的热传递系数，使燃烧范围仅局限于环氧树脂炭层表面，更好地保护未分解的区域。

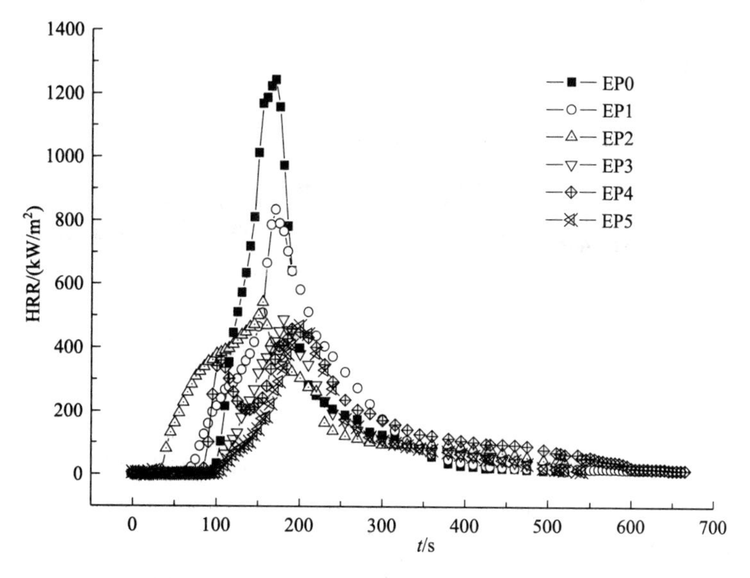


图 1-17 DOPOMPC/EP 体系的 HRR 曲线

由表 1-9 和图 1-19、图 1-20 可以看出：APP 的引入使 HRR 进一步降低，10% DOPOMPC/10% APP/EP（EP8）的 pk-HRR 和 THR 为 314.37kW/$m^2$ 和 28.19MJ/$m^2$，较 EP0 下降了 74.7%和 73.0%，较 EP4 分别下降了 32.2%和 69.3%，这说明 APP 与 DOPOMPC 之间存在协同阻燃作用，与氧指数实验结果一致，APP 受热分解同样产生磷酸、偏磷酸等酸源，与 DOPOMPC 分解产生的酸同时催化环氧树脂脱水成炭，进一步提高成炭速度和炭层阻燃效果。

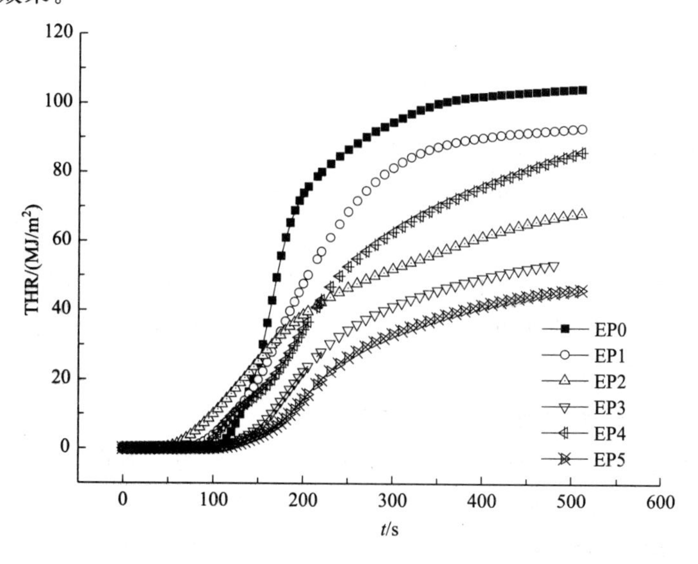


图 1-18 DOPOMPC/EP 体系的 THR 曲线

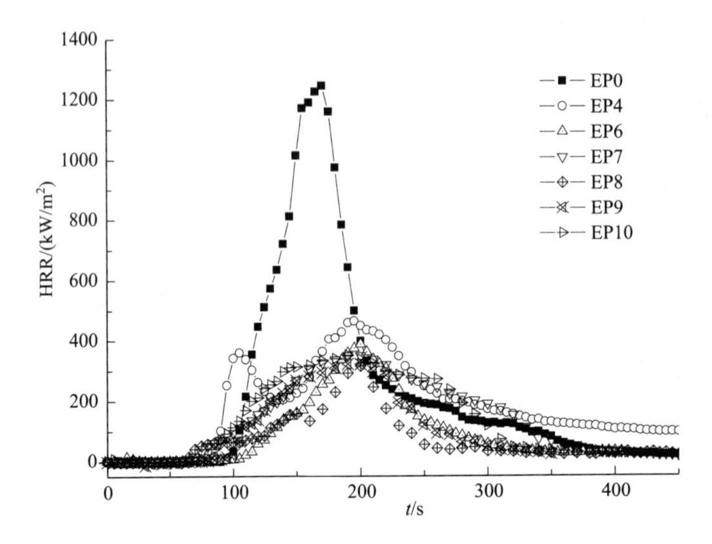


图 1-19　DOPOMPC/APP/EP 体系的 HRR 曲线

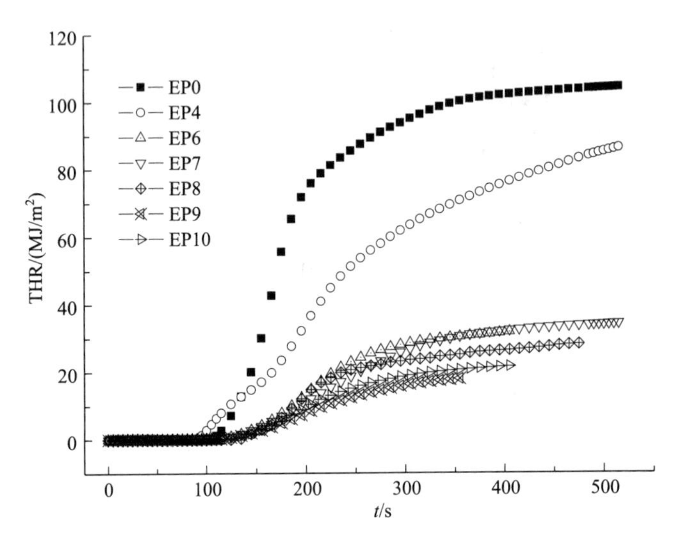


图 1-20　DOPOMPC/APP/EP 体系的 THR 曲线

## 1.4.2　阻燃剂与高聚物的相容性评价

高聚物复合材料具有与一般填充物（包括阻燃剂和增强剂等）复合材料不同的微观结构，而不同微观结构的复合材料对其性能有直接影响。阻燃剂应用于高聚物中，其阻燃性能与其在高聚物中的界面相互作用对其在高聚物中的分散程度和阻燃效率具有决定性作用。而填充物与高聚物基体之间的相互作用可用 X 射线衍射光谱（XRD）、透射电子显微镜（TEM）和扫描电子显微镜等来表征。

### 1.4.2.1　阻燃剂与高聚物的相容性评价方法

在高聚物/层状纳米复合材料的阻燃应用中，层状材料的层离程度对复合材料的阻燃性能具有一定影响。X 射线衍射被广泛应用于高聚物/层状纳米复合材料中无机材料插层结构和分散性的表征。在高聚物/层状纳米复合材料中由于插层结构的有序性仍然很好，因此纳米片层之间的距离能够通过 XRD 检测到。以蒙脱土为例，蒙脱土以原有的晶体粒子分散于

高聚物中，因此复合材料的X射线衍射将呈现原有的蒙脱土的X射线衍射谱图，衍射图中001峰反映的晶胞参数$C$轴尺寸恰好是反映蒙脱土的层间距$d$。如果蒙脱土的片层之间插入了高聚物分子链，那么根据（001）面衍射角用布拉格方程$2d\sin\theta=\lambda$（其中$d$为蒙脱土片层之间的平均距离，$\theta$为半衍射角，$\lambda$为入射X射线的波长），可以算出蒙脱土片层之间的距离变化。

透射电子显微镜（TEM）可用于观察材料的形态和内部结构，可以比较清晰地观察到添加粒子的形态与内部结构，透射电子显微镜是表征材料结构最常用的表征技术。透射电子显微镜的分辨率可满足大到微米级小到纳米尺度的要求，与图像处理结果相结合用于处理阻燃剂的形状、尺寸及在高聚物中的分布情况的确定。通过透射电子显微镜分析可得到微晶粒子的晶型以及粒子的形貌尺寸，进而得到粒子的晶格结构、表面及界面情况。透射电子显微镜的优点是具有较好的直观性，但透射电子显微镜存在测量结果缺乏统计性的缺点。对于复合材料中阻燃剂分散情况的测量，一般情况下用金刚石切片刀将复合材料切成小于100nm的高聚物切片。但即使如此，由于透射电镜的视野范围限制和切片尺寸较小，仍然存在测量结果缺乏统计性的缺点。对于一些不易切断的高聚物复合材料弹性体（如聚氨酯和橡胶等），可以对复合材料实行液氮冷冻切片。透射电子显微镜可以直观地观察到所测量高聚物纳米复合材料。对于非层状的无机纳米粒子，XRD不可以很好地表征其分散状况，层状纳米粒子只用XRD表征也有一定的局限性。例如层状无机粒子蒙脱土如果完全层离无序地分散到高聚物中，用XRD不能检测到001面的衍射峰，所以只能用XRD观察蒙脱土在高聚物中的分散状况。

扫描电子显微镜（SEM）测试中，电子从样品表面掠射，得到分布于样品表面的纳米粒子投影分布。扫描电镜从原理上讲就是利用聚焦得非常细的高能电子束在试样上扫描，激发出各种物理信息。通过对这些信息的接受、放大和显示成像，获得测试试样表面形貌。阻燃剂与高聚物基体的界面作用和分散情况，复合材料样品的制样非常关键。通常情况下通过液氮脆断方法制备所测试的扫描电镜样品，即将样品放入液氮中冷却，使样品变脆而得到新断口，进一步对断口进行喷金处理，从而得到被测样品。通过观察阻燃剂粒子的分散情况以及阻燃剂粒子与高聚物之间的相互作用关系而研究高聚物与阻燃剂粒子的界面作用。

#### 1.4.2.2　阻燃剂与高聚物的相容性评价实例

如图1-21和图1-22所示，黄国波为了改善蒙脱土的界面特性而制备了膨胀型阻燃剂修饰蒙脱土，进一步研究了膨胀型阻燃剂修饰蒙脱土结构和添加量、材料制备方法和高聚物基体种类对纳米复合材料性能的影响。相比未改性蒙脱土，膨胀型阻燃剂修饰蒙脱土由于良好的界面相互作用而在高聚物基体中呈现较好的分散性。由于界面作用的改善，复合材料的拉伸强度和力学模量分别提高了12%～15%和3%～12%，但断裂伸长率略有下降。膨胀型阻燃剂修饰蒙脱土膨胀碳化作用以及蒙脱土片层阻隔效应改善了高聚物基体的耐热性，使材料的成炭率显著提升。锥形量热仪结果表明改性蒙脱土对高聚物的阻燃效果显著。高聚物基体不仅热释放速率、总放热量以及平均质量损失速率降低，而且点燃时间延缓。在相同添加量下，膨胀型阻燃剂修饰蒙脱土对材料的阻燃效果均优于膨胀型阻燃剂与蒙脱土单独作用。研究表明在受强热或燃烧时，蒙脱土片层阻隔作用，负载在蒙脱土片层表面膨胀型阻燃剂的阻燃作用以及蒙脱土片层与膨胀型阻燃剂的协同阻燃作用，强化了膨胀炭层，能在材料表面形成很好的保护层，提高了材料阻燃性能。下面具体介绍通过改善蒙脱土界面特性而提升阻燃剂的阻燃效率。

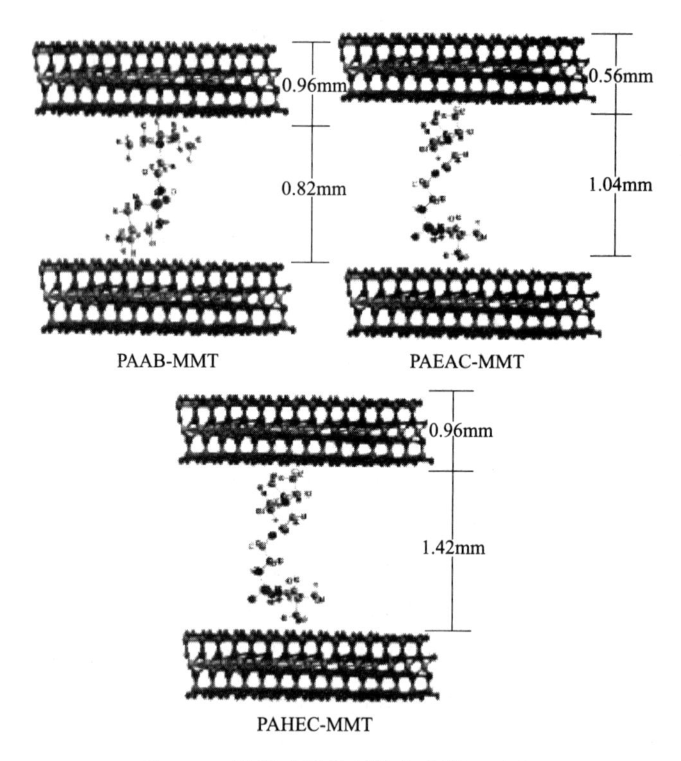


图 1-21　膨胀型阻燃剂修饰蒙脱土示意

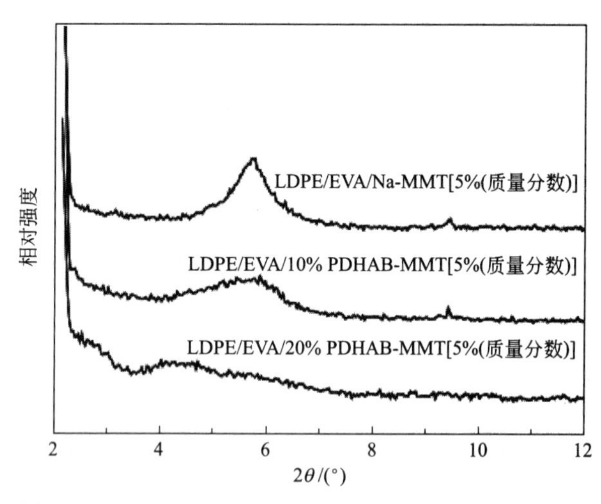


图 1-22　LDPE/PDHAB-MMT 纳米复合材料的 XRD 图

图 1-23 为膨胀型阻燃剂改性蒙脱土的制备方法。

为了了解蒙脱土在高聚物基体中的分散状态，对上述试样进行透射电镜分析，图 1-24 为 LDPE/EVA/Na-MMT 和 LDPE/EVA/20%PDHAB-MMT 复合材料的透射电镜图，复合材料中蒙脱土的含量均为 5%（质量分数）。从图 1-25 可看出绝大部分 MMT 片层呈现堆砌结构；相比而言，通过 20%的 PDHAB 改性过的蒙脱土的堆砌结构被打乱，如图 1-24(b) 所示，蒙脱土以单片剥离的形态均匀分散在高聚物基体中，蒙脱土的片层间距明显扩大，这与 XRD 的分析结果相一致。形成插层-剥离型纳米复合材料显著提升了阻燃剂与高聚物的界面相互作用与相容性，从而提升复合材料的阻燃效率。

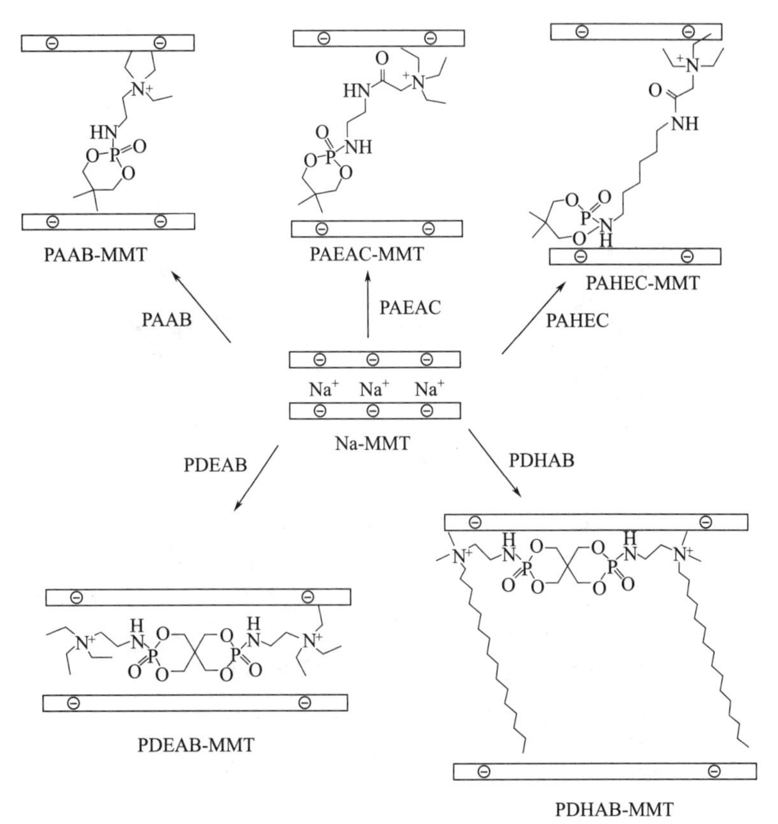


图 1-23 膨胀型阻燃剂改性蒙脱土的制备方法

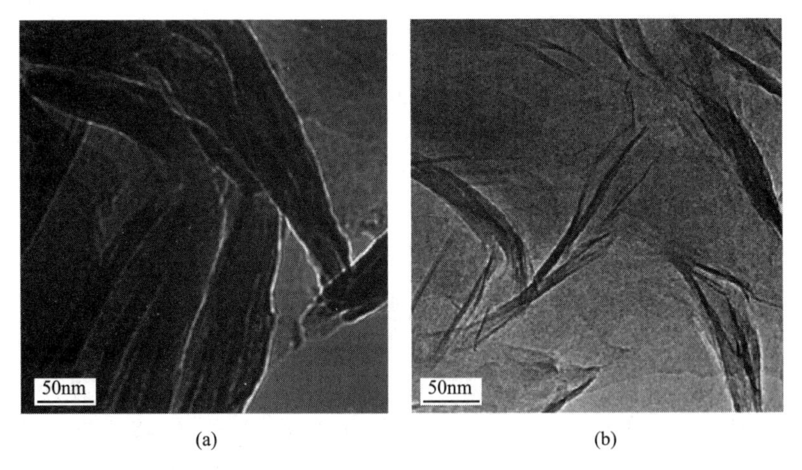


图 1-24 Na-MMT 和 20%PDHAB-MMT 在 LDPE/EVA 基体中的分散与形态

为了观察复合材料燃烧后所得炭层的结构形貌以及炭层中 MMT 的分散状况，现对其进行扫描电镜和透射电镜分析。图 1-25(a)、(b) 为燃烧后 LDPE/EVA/Na-MMT 和 LDPE/EVA/PDHAB-MMT 炭层的扫描电镜图。在 LDPE/EVA/Na-MMT 复合材料燃烧后的残炭中，蒙脱土片层堆叠在一起，没有明显的碳化层，该残炭结构松散，在燃烧时对高聚物基体的保护作用有限。而 LDPE/EVA/PDHAB-MMT 燃烧后的残炭层比较致密，蒙脱土片层被膨胀多孔炭层包裹，蒙脱土与膨胀型炭层共同形成连续的、致密的炭层，对高聚物基体起到阻止热量和物质传递的作用。图 1-25(c)、(d) 为燃烧后 LDPE/EVA/Na-MMT 和 LDPE/

EVA/PDHAB-MMT 炭层的透射电镜图。蒙脱土在 LDPE/EVA/Na-MMT 燃烧后炭层仍保持规整的堆砌结构，这种炭层可降低蒙脱土片层的阻隔作用。从图 1-25 可以看到，层离的蒙脱土片层均匀地在 LDPE/EVA/PDHAB-MMT 残炭层，在复合材料燃烧时能起到良好的阻隔作用。因此接枝在蒙脱土表面的膨胀型阻燃剂，改善了阻燃剂 MMT 的界面特性，通过提高蒙脱土在高聚物基体中的分散性以及自身的膨胀阻燃作用共同提高了复合材料的阻燃性能。

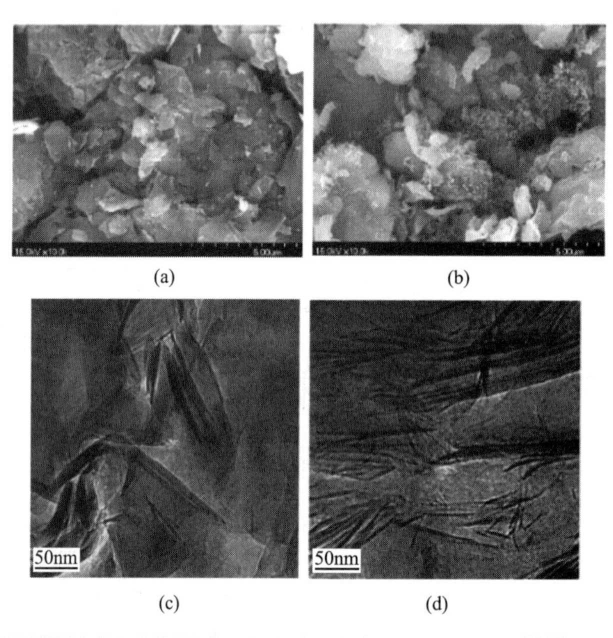


图 1-25　LDPE/EVA/Na-MMT 和 LDPE/EVA/PDHAB-MMT 炭层 SEM 和 TEM 图

汪碧波制备了带有乙烯基官能团的硅凝胶微胶囊化阻燃剂（如图 1-26 所示），在电子束辐照条件下，该微胶囊阻燃剂被交联到 EVA 分子网络结构之中，研究微胶囊化前后阻燃剂对 EVA 材料的阻燃性能、耐水性能、力学性能和其他物性的影响。为了研究阻燃剂在 EVA 基体中的分布状态，在 80kGy 辐照条件下的 EVA/APP/PER 和 EVA/MCAPP/MCPER 体系的断面图如图 1-27 所示。在图 1-27(a) 中，有很多明显的孔洞分布在断面之中，同时在阻燃剂与 EVA 基体之间有很多明显的界面或者空隙分布于图中，这是由于膨胀型阻燃剂与 EVA 基体之间的极性或者表面性质的差异，造成了阻燃剂与 EVA 基体的界面相容性差；在图 1-27(b) 之中，尽管 EVA/MCAPP/MCPER 的横断面不平，但是 MCAPP 和 MCPER 在 EVA 基体之中分布还是较好的，没有明显的不相容的界面和孔洞分布在图 1-27(b) 中，MCAPP 和 MCPER 在辐照交联效应的作用下，能够参与 EVA 三维网络结构中，从而取得良好的分散性。这也是 EVA/MCAPP/MCPER 体系在 0～300kGy 下比 EVA/APP/PER 体系有着更加优良力学性能的原因。

## 1.4.3　阻燃剂的匹配性与协同性评价

### 1.4.3.1　阻燃剂的匹配性与协同性评价方法

为提升原有阻燃剂的阻燃效率，可利用协同效应对阻燃剂配方进行优化。当几种添加剂所组成的阻燃体系高于每种添加剂单独作用表现的阻燃效果时，我们说即获得协同阻燃效应。协同阻燃体系是指由两种或两种以上阻燃剂分构成阻燃体系，其阻燃作用优于由单一组分所测定的阻燃作用之和。在阻燃技术中协同阻燃效应正日益广泛地利用。协同阻燃效应不

FR阻燃剂
$C_2H_5O-Si(OC_2H_5)_3$
pH, 9～10
硅微胶囊
$H_3CO-Si(CH=CH_2)(OCH_3)-OCH_3$
高速混合机
微胶囊阻燃(MCFR)

图 1-26 乙烯基官能团的硅凝胶微胶囊化阻燃剂的示意

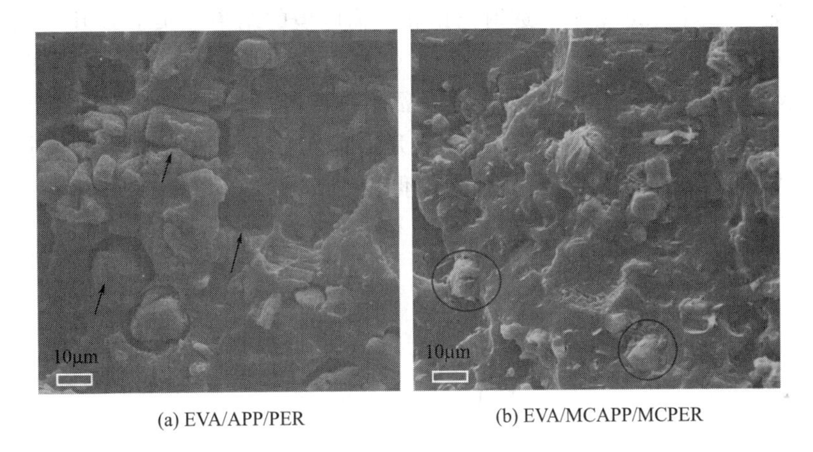


(a) EVA/APP/PER　　(b) EVA/MCAPP/MCPER

图 1-27 EVA/APP/PER 在 80kGy 和 EVA/MCAPP/MCPER 在 80kGy 断面的扫描电镜图

仅能够提高系统的阻燃效率，而且可以降低阻燃系统配方中的某些阻燃剂（如某些价昂或稀缺组分）的含量。阻燃剂一般情况下通过气相或凝聚相中发生的一个或多个化学或物理机理来实现高聚物的阻燃效果。协同效应既可通过不同阻燃剂的多种阻燃机理的组合来实现，例如磷系阻燃剂的成炭作用与卤系阻燃剂的气相化学作用相结合，实现了气相阻燃机理和凝聚相阻燃机理的结合；阻燃剂可通过强化同一阻燃相中来实现阻燃，例如采用纳米级黏土和磷系阻燃剂相结合，两者均在凝聚相中发挥作用。通常情况下阻燃剂的协同效应表现为 LOI、UL94、热释放和高温成炭量效果的提升。

#### 1.4.3.2 阻燃剂的匹配性与协同性评价实例

通常情况下三氧化二锑（$Sb_2O_3$）可提高卤系阻燃剂的阻燃效率。其作用的基本原理为三氧化二锑（$Sb_2O_3$）与卤系阻燃剂分解产生的氢卤酸（HCl 或 HBr）发生反应而成卤氧化锑。因为卤氧化锑比原来的氢卤酸要重得多，所以延长了它们在火焰中的停留时间。卤氧化物可进一步生成三氯化锑（$SbCl_3$）或三溴化锑（$SbBr_3$），而这两种产物可以与活泼的自由基（如 H·）发生化学反应：

$$SbCl_3 + H\cdot \longrightarrow HCl + SbCl_2\cdot$$

$$SbCl_2\cdot + H\cdot \longrightarrow HCl + SbCl\cdot$$

$$SbCl\cdot + H\cdot \longrightarrow HCl + Sb\cdot$$

氧化锑和 Sb· 可按照类似的机理参与活泼自由基的反应：

$$Sb\cdot + OH\cdot \longrightarrow SbOH$$

$$SbOH\cdot + H\cdot \longrightarrow SbO\cdot + H_2$$

$$SbO\cdot + H\cdot \longrightarrow SbOH$$

目前卤系阻燃剂主要的协同作用包括卤-锑协同、溴-氨协同、卤-磷协同、氯-溴协同和氯-硼协同等。卤-锑协同效应基本上是最早研究的协同阻燃体系，研究得较为透彻，但由于卤系阻燃剂燃烧时释放出有毒气体而对人类生命和环境构成了威胁。

膨胀阻燃体系与纳米阻燃剂具有无毒环保和阻燃效率高等优点。纳米阻燃剂与膨胀阻燃体系的复配协同效应已成为阻燃技术发展的热点之一。崔哲采用熔融插层法制备了PP/EPDM/IFR/LDH纳米复合材料并研究了阻燃剂的匹配下和协同阻燃效应。研究表明LDH明显提高了PP/EPDM/NP/LDH纳米复合材料的阻燃性能和热稳定性。LOI和UL94测试结果（如表1-10所示）表明只有合适配比的LDH和NP时才能由于LDH的协同作用而获得最好的阻燃性能，如图1-28所示，透射电镜和扫描电镜的结果证实了LDH片层的加入有利于NP在PP/EPDM基体中的均匀分散，使得材料在燃烧后形成更为紧密的炭层结构。TGA结果显示了PP/EPDM/NP18/LDH5样品的热稳定性，尤其是温度高于550℃时的热稳定性最好，如图1-29所示。总之LDH纳米片层结构有利于无机阻燃添加剂在基体材料中的均匀分散，与膨胀型阻燃剂NP的协同效应促进了高聚物在降解过程中的成炭和阻隔热量以及质量的传递，提高了复合材料的阻燃性能和热性能。

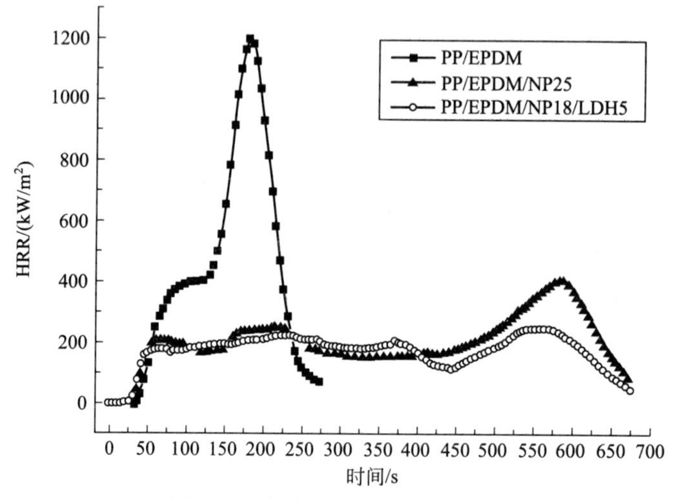


图1-28　复合材料的热释放曲线

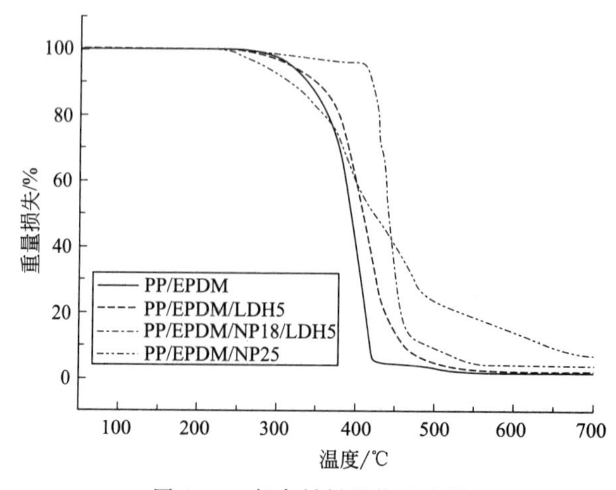


图1-29　复合材料的热重分析

 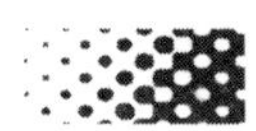

表 1-10 复合材料的极限氧指数和 UL94 测试

| 样品 | 组成/份 | | | FR 特性 | |
|---|---|---|---|---|---|
| | PP/EPDM | NP | LDH | LOI/% | UL94 等级 |
| PP/EPDM/LDH5 | 70/30 | — | 5 | 18 | Fail |
| PP/EPDM/NP25 | 70/30 | 25 | — | 33 | V-0 |
| PP/EPDM/NP20/LDH5 | 70/30 | 20 | 5 | 35 | V-0 |
| PP/EPDM/NP19/LDH5 | 70/30 | 19 | 5 | 34 | V-0 |
| PP/EPDM/NP18/LDH5 | 70/30 | 18 | 5 | 33 | V-0 |
| PP/EPDM/NP17/LDH5 | 70/30 | 17 | 5 | 32 | Fail |
| PP/EPDM/NP20/LDH4 | 70/30 | 20 | 4 | 34 | V-0 |
| PP/EPDM/NP19/LDH4 | 70/30 | 19 | 4 | 33 | Fail |
| PP/EPDM/NP18/LDH4 | 70/30 | 18 | 4 | 32 | Fail |
| PP/EPDM/NP20/LDH3 | 70/30 | 20 | 3 | 32 | Fail |

宋平安以 $C_{60}$ 和磷酸酯为原料，合成了一种树枝状阻燃大分子改性 $C_{60}$ 阻燃剂(图 1-30)，改性 $C_{60}$ 相比 $C_{60}$ 更容易分散于 PP 中，进一步改性 $C_{60}$ 在提高 PP 的热稳定性和热氧化稳定性方面较后者更为优异（图 1-31），而且还使 PP 燃烧时的热释放速率和质量损失速率减小，进一步延缓了燃烧过程，这体现了 $C_{60}$ 与树枝状阻燃大分子的协同阻燃效应。超强的捕捉自由基能力与高成炭能力之间存在着协同效应，从而使得热稳定性和阻燃性能得到进一步改善。

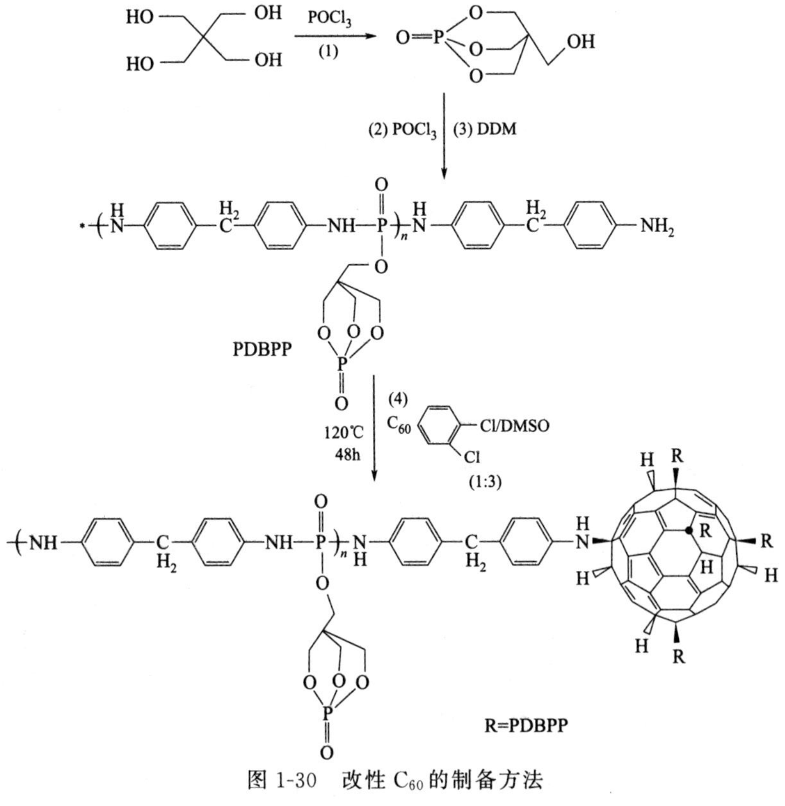

图 1-30 改性 $C_{60}$ 的制备方法

汪磊成功合成了有机磷修饰羟基铁，并将修饰和未修饰的两个含铁添加剂通过熔融共混过程加入到 EVA/MH 中以提升体系的阻燃效率。热重数据表明有机磷修饰羟基铁和羟基铁都可提升复合材料的热稳定性。热释放数据表明有机磷修饰羟基铁和羟基铁都可以降低体系

| No. | 在氮气中 | | 在空气中 | |
| --- | --- | --- | --- | --- |
| | $T_s$/℃ | $T_{max}$/℃ | $T_s$/℃ | $T_{max}$/℃ |
| PP | 418 | 482 | 263 | 338 |
| PFP1 | 445 | 478 | 328 | 404 |
| PFP2 | 445 | 479 | 332 | 409 |
| PFP3 | 446 | 479 | 336 | 418 |

(a) 热重数据

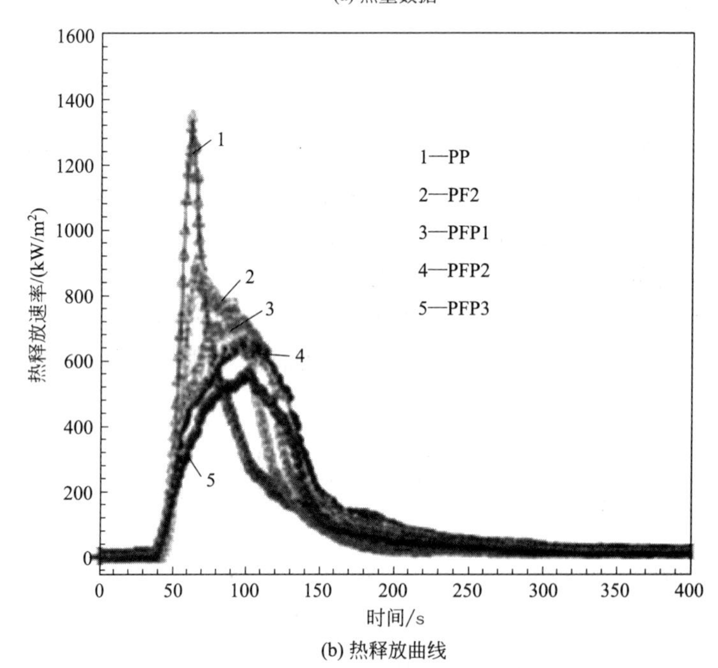


(b) 热释放曲线

图 1-31　复合材料的热重数据和热释放曲线

的热释放速率峰值，总热释放量和热释放峰能力都有所降低（如图 1-32 和图 1-33 所示）。在 UL94 测试中，修饰过后的羟基铁能够使阻燃体系达到 UL94 V-0 阻燃级别并且极限氧指数也得到显著改善。结果表明修饰后的羟基铁能够与 EVA/MH 体系形成协同阻燃体系而使体系的阻燃效率显著提升。

李彬以淀粉作为膨胀阻燃体系中的成炭剂季戊四醇（PER）的取代品而形成膨胀型阻燃体系，并且研究了淀粉对膨胀阻燃剂及其与线性低密度聚乙烯（LLDPE）膨胀体系的热降解行为（TGA）和阻燃性。聚磷酸铵（APP）可明显地改变淀粉的热降解行为而促进成炭；尽管淀粉可提高 IFR 的成炭量和膨胀体系的膨胀倍数，但它却在一定程度上降低了 LLDPE 的膨胀体系的阻燃性，即降低了线性低密度聚乙烯的极限氧指数（LOI）和提高了热释放速率峰值（pHRR），如图 1-34 所示。而用淀粉部分取代 PER，对其阻燃性影响很小，可用淀粉部分取代 PER 作为膨胀体系中的成炭剂。

### 1.4.4　阻燃剂与高聚物的烟气释放特性评价

高聚物材料燃烧时的生烟性是二次火效应的结果。二次火效应是指那些与火灾伴生的，但是并不构成火焰过程所显示的燃烧现象。二次火效应除了生烟性外，还包括燃烧气体的腐蚀性和毒性、明火和阴燃熔滴等。影响高聚物在燃烧过程的烟气生成因素包括多种，包括火

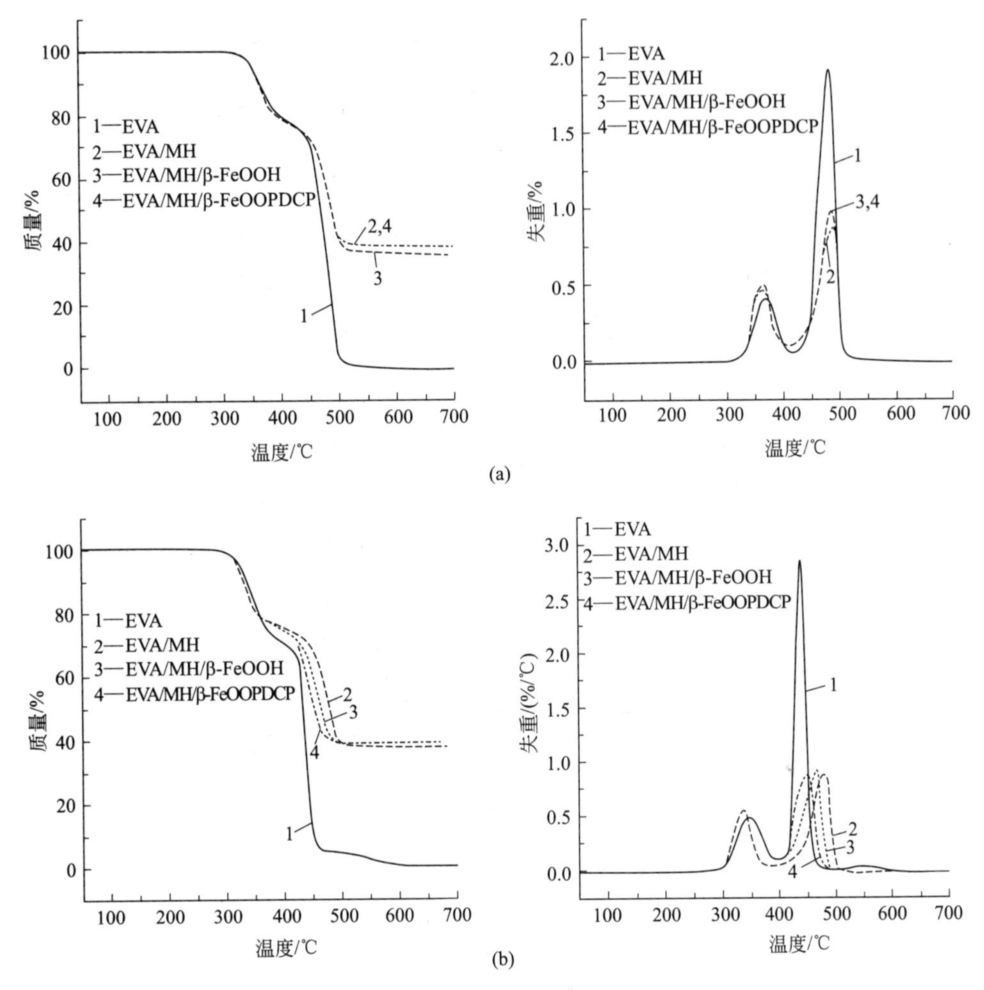


图 1-32 复合材料的热重曲线及其对热重曲线的积分

灾规模、单位质量物质的生烟量、通风情况、火灾传播速率和燃烧温度等，其中有些因素不仅影响生烟量，还影响所生成烟气的特征。因此火灾中烟气的形成是不可重现的过程，从定量角度描述烟气释放过程比较困难。从实施技术角度考虑，高聚物材料的生烟性测定可分为两大类：①专门用于测定生烟性的仪器；②多功能性仪器测定生烟性，一般与其他阻燃性能同时测定。

#### 1.4.4.1 阻燃剂与高聚物的烟气释放特性评价方法

测定高聚物生烟性的方法最好是基于人眼对烟的感知和烟对可见度的影响。研究人员已经开发出多种测定材料生烟性的方法，其中最简单的方法为质量法测定材料的生烟量，即将烟质点收集于滤纸或其他介质的表面，再称量其质量，从而估测材料燃烧时生烟量。电学法也可以用于测定材料燃烧的烟密度，其原理基于电离室中电荷的生成量去测定生烟量。最常用的测试烟气生成的方法是光学法测定烟气生成。光学法测定烟气生成量是在一规定空间内模型火实验，进一步测定生成的烟对光束的衰减作用，从而计算得到烟密度，如 NBS 烟箱和 XP2 烟箱等。目前市场上已有可用于测定烟密度的光度计产品，其光敏元件的波长范围与人类可视波的波长范围相同，因而其结果可知人们选用生烟量较低的材料，为提升防火安全水平提供有用信息。在材料的生烟性能测试中，定量表征材料火灾过程中的生烟信息比较

| 样品 | MCC数据计算 | | | LOI | UL94, 3.2mmbar | | |
|---|---|---|---|---|---|---|---|
| | HRC /[J/(g·K)] | THR /(kJ/g) | pHRR /(W/g) | | $t_1/t_2$/s | 降低 | 等级 |
| EVA1 | 713.0 | 30.7 | 706.0 | 17±0.5 | — | 是 | NR |
| EVA2 | 332.0 | 14.3 | 324.7 | 26±0.5 | 15/5.5 | 是 | NR |
| EVA3 | 279.0 | 13.5 | 277.2 | 35±0.5 | 9/3.5 | 否 | V-2 |
| EVA4 | 278.0 | 13.5 | 274.3 | 39±0.5 | 6.5/1.4 | 否 | V-0 |

(a)

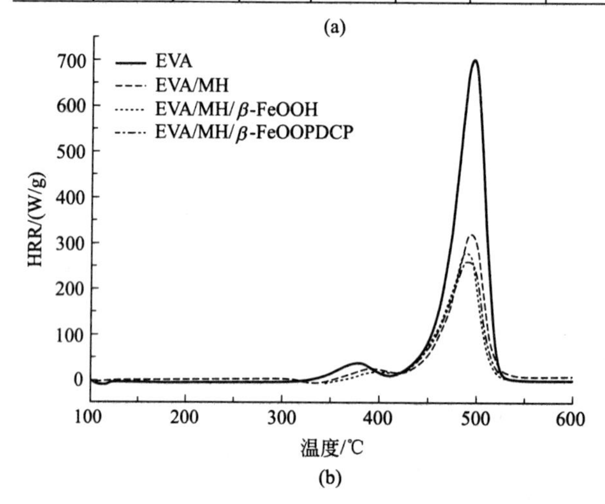


(b)

图 1-33　复合材料的热释放 LOI，UL94，热释放数据和复合材料的热释放曲线

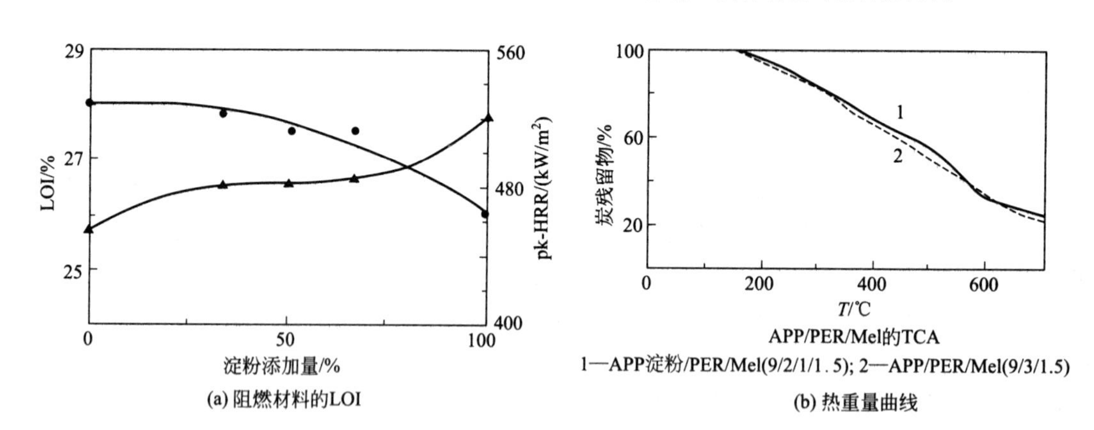


(a) 阻燃材料的LOI

(b) 热重量曲线

图 1-34　阻燃材料的 LOI 和热重量曲线

困难。为了得到材料的生烟的肯定信息，必须避免不肯定的变量，因此测定材料的生烟性能必须在标准条件下测量以得到可重复性的结果。也就是在所规定的条件下可比较不同材料的生烟性。但实验室结果可有效地对材料实际火灾中的生烟行为进行有效预测。通常情况下测定材料烟密度的方法为光学方法，下面对光学方法的基本原理进行介绍。

当光线通过一个充满烟的空间时，烟质点能够对通过的光起到吸收和散射作用而使光强降低。光衰减程度与烟质点大小、形状、折射率、光的波长和入射角有光。可简化为 Beer-Lambert 定律：

$$F=F_0 e^{-\sigma L}$$

式中　$F$——由于烟层而引起的衰减后的光通量；

$F_0$——起始光通量；

$\sigma$——衰减系数；

$L$——通烟的光径长。

衰减系数可用下式表示

$$\sigma = K\pi r^2 n$$

式中　$K$——比例消光系数；

$r$——烟质点的半径；

$n$——单位体积内质点数。

光密度可由 Beer-Lambert 定律衍生得到：

$$D = \lg \frac{F_0}{F} = \frac{\sigma L}{2.303}$$

基本上现在所有的以光学法测定烟密度的仪器都是基于朗伯-比尔定律。测定生烟性时，试件在实验室内受热分解或燃烧，实验包括两部分：①材料分解系统；②测定系统。材料分解生成的烟气穿过测试室，该室配有光源、光敏元件和其他附件，通过一系列光电转换作用可测得光经烟气衰减后的透射率，进一步计算得到烟密度。

光学法测定烟密度可采用静态法和动态法，静态法是让材料燃烧所生成的烟气全部处于一个密闭系统测定，动态法的烟气测定系统是开放的，即当烟从设备里流出时测定。静态法是模拟封闭空间的生烟性能；动态法则相应对于火灾时疏散路径上的生烟情况。测试装置可以水平放置，也可以竖直放置。采用竖直光径或循环空气，可避免烟的分层。对热塑性材料，在测试过程中竖直放置会由于熔化而造成熔滴损失。此外，测试试样的尺寸可根据测定技术及试样的位置（水平方式或竖直放置）而有所变化。测试过程中试样热分解或者燃烧所需要的能量可由辐射装置或明火提供。根据能量的方式或程度试样可以在阴燃或明燃条件下热解。测试材料生烟性能的测试方法主要包括 NBS 烟箱法、XP2 烟箱法、ISO 烟箱法和锥形量热仪法等。下面着重介绍 NBS 烟箱法。

NBS 烟密度测试箱试验方法是美国国家标准与技术研究院 NIST（NBS 的前身）建立的。NBS 烟密度测试箱试验方法广泛应用于检测塑料制品、轨道交通非金属材料、船舶非金属材料和电线电缆制品等的烟密度等级。NBS 烟箱法不仅在美国、法国、德国和中国均被引用为国家标准，也被 ISO 接受。根据该测试方法，该测试标准精确的测试结果，同时光学传感器使用了精密的光电倍增管，可以捕获箱体内细微的烟气含量变化，同时如果与 FTIR 傅立叶红外变换装置对接，可完成烟气含量的定性及定量分析等。但是 NBS 烟箱确定的材料生烟性，无论理论还是实际上都有一些缺点，其中最重要的是此种测试方法缺乏大型火灾的相关性。用 NBS 法测定的烟密度一般情况下不能与大型火灾的结果相关联，因此 NBS 烟箱法不能预测材料在真实火灾场景的危险性。此外 NBS 烟箱法的缺点还包括以下几点：①垂直放置的试样容易熔化滴落；②实验过程中不能测定试样的实时质量；③只能采用单一的辐照热流量；④当烟箱中的氧含量低于 14%时，材料燃烧自熄，在封闭的 NBS 烟箱中，随着试样的燃烧氧气含量下降，有时在实验结束前氧含量可降低至 14%；⑤NBS 烟箱不适用于复合材料的严密的测定，因为当氧气含量小于 14%时，复合材料中的部分物质可能不燃烧。尽管如此，与其他烟箱相比，NBS 烟箱还是考虑了一些实际火场因素，可测定材料明燃和阴燃情况下的烟密度。此外研究人员也对 NBS 烟箱进行一些改进，如在系统中引入压缩空气，提供可控通风装置和测压元件，给烟箱提供氮-氧混合气体，改进点火源等。

材料燃烧过程中的烟气毒性的产生是一个复杂过程，其理论及实际方面的系统研究还处于初级阶段，所以下面只简单介绍测定方法和有关基本概念。材料燃烧后形成的有毒物质对人和动物的影响至关重要，因此材料燃烧毒性得到人们更多的重视。燃烧产物毒性试验的主要目的是确定火灾气体对生物病理影响，研究这些毒性气体对生物的实际毒性，区分火灾气体所能引起的各种不同类型的毒性，进而研究火灾气体中各组分对人体的综合致毒作用。

检测材料燃烧产物毒性的实验方法主要包括化学分析法和生物分析法两大类。在实际分析烟气过程中，经常将分析法和生物分析法结合使用。在测量真实火灾气体的危害性时，合理的取样方式非常重要，取样的时间和地点不同，得到的结果会不同。用于燃烧产物的测定方法主要是光谱法（红外光谱、质谱、色谱、色谱-质谱和核磁共振法）。通常情况下用于燃烧产物的生物体的中毒与生物体吸入气体的时间及气体中所含有毒物质浓度的关系，生命组织中毒后发生的降解及致死的原因等。因此现在评定高聚物毒性的方法主要包括化学分析法或生物实验法来确定材料燃烧产物毒性的方法。火灾烟气毒性的评价、预测和控制是解决材料燃烧烟气毒性危害问题的关键。国内外普遍采用小尺寸试验装置如锥形炉、管式炉和杯炉等模拟材料在全尺寸下的烟气释放，同时采用化学分析法或动物暴露染毒法，通过有效剂量分数模型对火灾烟气毒性进行评价。但仅采用化学分析测定燃烧气体产物的组分不能全面评估燃烧产物的毒性大小。

一些实验室规模的生物方法为材料烟气毒性的评价提供了更丰富的手段。生物毒性测定方法基于燃烧产物对实验动物中枢神经系统及生理状态的影响，但是这种评价方法与很多因素有关，如材料的裂解温度、分解模式、分解产物的温度及浓度、动物的种类及中毒时间等。因此影响动物实验的结果的变量极其复杂。另一种评价材料燃烧毒性方法为基于材料燃烧毒性产物对实验动物支气管的刺激，具体表现为呼入有毒气体的浓度与动物呼吸频率之间的关系。另外一种评价方法为动物吸入被人为控制的有毒材料热降解或燃烧气态产物，进一步测定以下参数：①连续分析空气-燃烧气态产物混合物的组成（如 $O_2$、CO、$CO_2$、卤化氢和氰化物等的含量）；②被测试动物的血液情况（pH 值、$O_2$、CO 和 $CO_2$ 的含量）；③测试动物的中枢神经系统情况，测量心电图和血压。评价燃烧产物毒性方法主要包括以下几种标准（见表 1-11）。

**表 1-11 评价燃烧产物毒性的方法**

| 方　法 | 燃烧模式 | 生物模式 |
| --- | --- | --- |
| DIN53436(德国) | 移动管式炉，辐射能源，300～600℃，空气流速 1～10L/min，质量流量 0.1～2g/min | 被试动物头-鼻动态暴露<br>实验动物：大鼠<br>终点：致死率<br>分析项目：COHb，CO，$CO_2$，HX 及 HCN |
| JGBR(日本) | 辐射炉 | 被试动物全身动态暴露<br>实验动物：小鼠<br>终点：失能 |
| LL-PITT(美国匹兹堡大学实验) | 辐射炉 | 被试动物头-鼻动态暴露<br>实验动物：小鼠<br>终点 LT/呼吸速度下降 |
| FAA/CAMI(美国民用航空医学院实验) | 管式炉 | 实验动物全身动态暴露(再循环)<br>实验动物：大鼠<br>终点：LT 等 |

续表

| 方法 | 燃烧模式 | 生物模式 |
| --- | --- | --- |
| NBS<br>改良 NBS | 燃烧室<br>辐射炉 | 被试动物静态头-鼻暴露<br>实验动物：大鼠<br>终点：失能/致死<br>分析项目 COHb，CO，$CO_2$ 等 |
| USF(美国旧金山大学实验) | 管式炉 | 被试动物全身暴露<br>实验动物：小鼠<br>终点：失能/致死 |

注：LT 为一定有毒气态产物浓度下被试动物吸入死亡剂量所需的时间。

以实验方法评价材料燃烧气态产物的毒性时，将材料在认为条件下燃烧或热裂解，通常情况与材料在实际火灾所处条件不一样。因此必须进行火灾模拟实验，以评估材料在大量燃烧或裂解时的行为，从而关联到认为控制的烟气毒性实验。

美国匹兹堡大学所建立的实验方法基本原理在特定的设备中燃烧一定量的可燃物并将大鼠置于燃烧气态产物中，进一步观察大鼠的受害情况。该实验包括动物暴露室（可容纳 4 只大鼠），燃烧炉及其他部件（泵、流量计、冰浴、过滤器、质量敏感元件、程序装置及记录器等）。燃烧炉以 20℃/min 的速度程序升温，在 1000℃前保持线性。实验开始前 4 只大鼠需在暴露室停留 10min，此时应向暴露室鼓入新鲜空气。第一次实验用燃烧样为 10g，测试过程中当试样失重为 1%时，将暴露室与燃烧室相连，计算暴露时间（30min）。暴露过程中以负压往暴露室吸入空气，流速为 20L/min，其中 11L 来自裂解炉，9L 来自室内冷空气。30min 后将大鼠移出，检验其眼睛角膜的不透明度，统计大鼠的死亡数。此实验还可获得的其他数据有暴露室的 CO 和 $CO_2$ 浓度，最小 $O_2$ 浓度以及相应的炉温、实验的阻燃性等。

火灾烟气毒性测量是一门涉及燃烧、物理、化学和环境等众多相关内容的跨学科研究领域。火灾中的烟气成分十分复杂，因此这极大地增加了研究的难度。对于火灾烟气毒性的研究我国公安部四川消防研究所就率先开展了一系列材料燃烧火灾烟气毒性方面的研究工作。世界主要发达国家的相关研究机构也都分别提出了火灾烟气毒性的评价方法和测试手段。小尺寸实验装置如锥形量热仪，测试条件是在固定的热通量且通风条件良好的情况下对材料生烟速率和烟气生成总量进行测量；烟密度箱则是表征小尺寸材料在封闭空间内、固定热流量条件下进行有焰或无焰燃烧时烟气释放情况；但是火灾烟气释放情况随着火灾场景的改变而发生变化。管式炉可解决上述问题，在管式炉中进行的模拟实验，能够对被测材料燃烧环境中的温度、氧浓度和通风情况等进行调控。此外，所用的实验装置中加热炉需要匀速移动以达到均匀加热石英管中样品的目的。

烟气毒性测试装置见表 1-12。

**表 1-12 烟气毒性测试装置**

| 标准 | 试样尺度 | 点火方式 | 调控参数 | 测量特点 |
| --- | --- | --- | --- | --- |
| DIN 5343、GA/T 505 | 长度 400mm | 管式炉 | 温度、氧浓度、气体流量 | 各类气体 |
| ASTM E662、ISO 5659 | 76mm×76mm，厚度小于 25mm | 辐射与丙烷火焰 | 有无火焰 | 烟密度 |
| ISO 5660 | 100mm×100mm，厚度小于 50mm | 热辐射与电火花 | 辐射强度 | 烟密度，各类气体，点燃时间，质量变化，热释放量 |
| NES 713 | 1g | 电火花 | 无 | 各类气体 |

续表

| 标准 | 试样尺度 | 点火方式 | 调控参数 | 测量特点 |
| --- | --- | --- | --- | --- |
| ASTM E1678 | 小于 500g | 热辐射与电火花 | 辐射强度 | 点燃时间、质量变化和各类气体 |
| ISO 19700 | 长度 700mm | 管式炉 | 温度、氧气浓度、气体流量 | 烟密度和各类气体 |

### 1.4.4.2 阻燃剂与高聚物的烟气释放特性评价实例

唐刚搭建了稳态管式炉烟气毒性试验平台（如图 1-35 所示），在此平台的基础上研究了聚乳酸、聚乳酸/次磷酸铝、聚乳酸/次磷酸镧、聚乳酸/次磷酸钙和聚乳酸/次磷酸铈复合材料燃烧过程中的烟气毒性。研究表明：聚乳酸燃烧过程中，复合材料的氧气消耗与二氧化碳生成之间存在高度关联性，复合材料燃烧过程中所消耗的氧气主要形成二氧化碳；不同氧气供应条件下聚乳酸复合材料的烟气产生不同，其在等值比附近氧气最大限度转化为二氧化碳，一氧化碳浓度最低，此时烟气的毒性最小；含不同金属阳离子的次磷酸盐对聚乳酸复合材料烟气毒性影响显著，稀土次磷酸盐的存在可以有效降低燃烧过程中一氧化碳的产生，从而降低高聚物材料燃烧过程的非热危害。

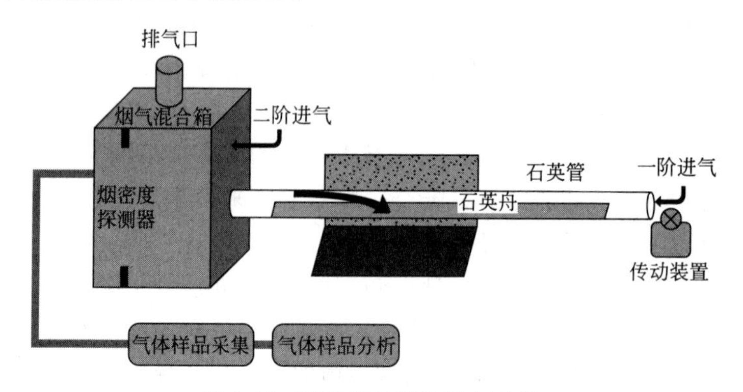


图 1-35 稳态燃烧实验平台示意

张强俊采用母粒共混法制备了 PP/CNT/IFR 复合材料，用热重研究 CNT、IFR 对复合材料的热降解行为的影响。利用火灾烟气毒性分析测试平台模拟材料在不同火灾场景中的烟气释放情况，分析 CNT 和 IFR 对复合材料的产烟影响，探究烟气产生机理。对 CNT 进行酸化改性以增加相容性而获得了分散较好的分散性。通过模拟不同的火灾场景的复合材料的燃烧，发现复合材料在不同的燃烧条件下，烟气生成情况迥异。在通风良好的条件下复合材料的燃烧消耗得更多，生成了更多 $CO_2$，同时 CO 的产率和 $C_xH_x$ 的产率较低；在通风不良的条件下则反之。同时还测定了燃烧温度对烟密度、烟颗粒形貌和产率的影响，复合材料在高温（825℃）燃烧条件下，$C_xH_x$ 浓度下降，烟密度提升并且烟颗粒的凝结程度提高。这说明高温促进高聚物向烟颗粒的转化，同时也促进燃烧烟颗粒的凝结长大（如图 1-36 所示）。加入 IFR 和 CNT 后，复合材料燃烧过程的 CO 产率都有一定程度的提高。在通风良好的情况下，CNT 对复合材料的燃烧有明显的抑烟效果。CNT 同时对复合材料的 $C_xH_x$ 释放有显著的降低效应。

刘军军采用 FTIR 分析技术开展了对动物染毒和材料产烟毒性组分的在线分析相结合试验方法对柳桉木材、腈纶毛线和阻燃 PVC 电缆槽盒燃烧烟气毒性测试并进行了综合评价。研究发现不同材料具有不同的热解特性，柳桉木材、腈纶毛线和阻燃 PVC 电缆槽盒的热解过程都呈现三个阶段。在热解过程中柳桉木材有一个明显的脱水阶段，阻燃 PVC 电缆槽盒

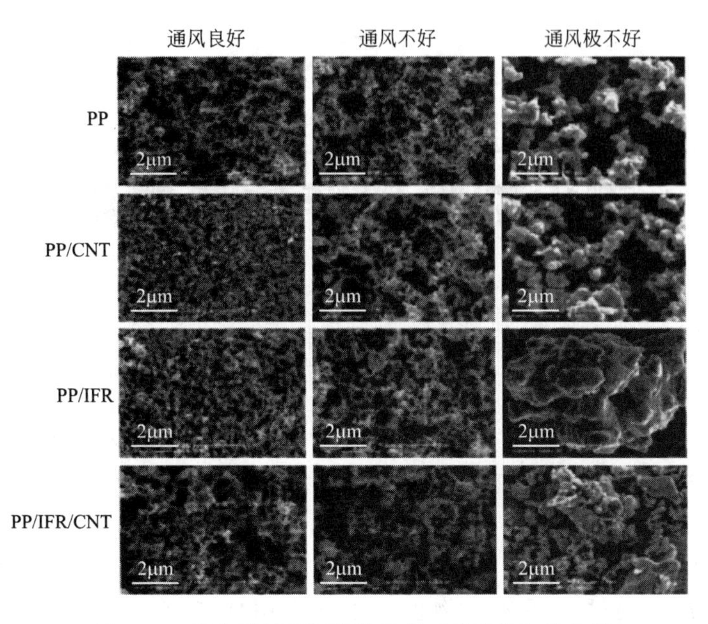


图 1-36　复合材料不同燃烧条件下残炭的扫描电镜

初期热解速率快于柳桉木材和腈纶毛线。温度、燃烧状态和产烟浓度等对材料产烟毒性产生影响。柳桉木材在产烟率均为100%时，加热温度对燃烧产烟毒性的影响不大。燃烧状态（有焰燃烧与无焰燃烧）对柳桉木材燃烧产烟毒性有重大影响，相同加热条件下，有焰燃烧的毒性远低于无焰燃烧。不同材料燃烧产烟毒性存在较大的差别。三种材料的毒性顺序是：腈纶毛线>阻燃 PVC 电缆槽盒>柳桉木材，腈纶毛线燃烧是阻燃 PVC 电缆槽盒产烟毒性的5.3倍，是柳桉木材产烟毒性的7.6倍。造成材料燃烧产烟毒性的原因在于其在燃烧过程中生成不同的毒性组分综合作用的结果。柳桉木材、腈纶毛线和阻燃 PVC 电缆槽盒燃烧过程中成分均生成水、$CO_2$ 和 $CH_4$。CO 是柳桉木材燃烧产生毒性的主要原因，属麻醉性毒害；腈纶毛线燃烧烟气毒性是 HCN 与 CO 协同作用的结果，HCN 对腈纶毛线燃烧烟气毒性起着决定性作用，也属于麻醉性毒害；阻燃 PVC 电缆槽盒燃烧烟气毒性是 HCl 与 CO 协同作用的结果，HCl 对阻燃 PVC 电缆槽盒燃烧烟气毒性起着决定性作用，属刺激性毒害。

刘方勇采用化学反应方法制取 CO 气体，通过采样泵送入暴露实验箱而开展动物暴露实验，研究了 CO 对家兔血气成分和血液流变学指标的影响，探讨了 CO 的生物毒性。动物毒性暴露实验结果表明，家兔在吸入 CO 后，血气指标和血液流变学指标都有比较大的变化，中毒现象非常明显。家兔呼入 CO 后出现代谢性碱中毒，CO 中毒对 $PCO_2$ 和 $PO_2$ 指标的影响最为显著。与正常家兔的组相比，血气指标 $PCO_2$、$TCO_2$ 和 $HCO_3$ 逐渐升高，而 $PO_2$ 明显下降。此外红细胞压积、红细胞的聚集指数、红细胞变形指数与刚性指数均低于正常值。被 CO 染毒的白鼠全血高、中、低切变率血液黏度均高于正常值，而且暴露时间越长，黏度越高，尤其是低切变率下，血液黏度变化非常明显。

# 第2章 灭火剂效能评估与应用

伴随各类火灾的出现，世界各国对灭火方法的研究不断深入，不断研制开发出可用于扑灭各类火灾的灭火剂及相应的配套设备，对有效地控制火灾，减少损失起到了重要作用。

灭火剂是能够有效地破坏燃烧条件，终止燃烧的物质。当灭火剂被喷射到燃烧物体表面或燃烧区域后，通过一系列的物理、化学作用使燃烧物冷却、稀释燃烧物浓度、与空气隔绝、降低氧浓度以及抑制中断燃烧连锁反应等过程，最终导致维持燃烧的条件遭到破坏，使燃烧反应终止，达到灭火目的。根据灭火剂的聚集状态，可将其分为液体灭火剂、固体灭火剂和气体灭火剂三大类。其中，液体灭火剂主要包括：水及水系灭火剂、泡沫灭火剂；固体灭火剂主要包括：干粉灭火剂、气溶胶灭火剂等；气体灭火剂主要包括：二氧化碳灭火剂、惰性气体灭火剂、七氟丙烷（HFC-227）灭火剂、三氟甲烷灭火剂等。

## 2.1 水系灭火剂及其效能评估

### 2.1.1 水及水系灭火剂

水是用于扑救火灾最广泛、最常用的灭火剂。它具有来源广泛、获取便利、成本低廉、无污染等优点，它主要是通过在由液体变成水蒸气蒸发掉的过程中带走热量，从而降低物体表面和内部的热量，达到灭火的目的。但由于水黏性小、流动性好，很难在固体物质表面附着，故将其释放到燃烧区停留时间很短，大部分水施加到火场后会易流失，或因火场高温水还未到达着火区就已经被大量汽化，致使其不能充分发挥冷却性能，大大降低了水的灭火效能。因此，水在灭火应用时存在着用量大、灭火效率不高、易造成水渍灾害等缺点。

为了克服水的缺点，改善水的灭火效能，提高其灭火效率，扩大水的灭火范围，研究人员针对某一类物质火灾或特殊性能要求，通过在水中添加各种添加剂改变水的性能，研制出不断发展的多种类型的水系灭火剂。

水系灭火剂是指由水、渗透剂、阻燃剂以及其他添加剂组成，一般以液滴或以液滴和泡沫混合的形式灭火的液体灭火剂。在水系灭火剂中，水是主要组分，其质量含量一般在90%以上，其余为各种添加剂。根据它的适用范围，可将其分为抗醇性水系灭火剂（S/AR）和非抗醇性水系灭火剂。根据添加剂的不同，可将其分为强化水、湿润水、抗冻水、增稠水、减阻水等。典型水系灭火剂的主要成分及其作用见表2-1。

表 2-1　水系灭火剂添加剂的主要成分及其作用

| 添加剂 | 主要成分 | 主　要　作　用 |
| --- | --- | --- |
| 润湿剂<br>渗透剂 | 碳氢或氟碳表面活性剂 | 降低水的表面张力及其与固体之间的界面张力，提高水对固体表面的润湿性能和向其内部渗透的能力，从而提高水的灭火性能 |
| 抗冻剂 | 醇类或醚类 | 降低水的冰点，扩大水的应用范围 |
| 强化剂 | 钾盐或磷酸铵盐 | 提高水的灭火能力 |
| 增黏剂 | 多糖或其他水溶性胶体物质 | 增强水在固体表面的附着力和延长停留时间，提高水对固体表面的冷却和灭火能力 |
| 减阻剂 | 聚乙二醇物质 | 减小水在管道中的摩擦阻力，提高其输送距离或射程 |

## 2.1.2　灭火机理

### 2.1.2.1　水的灭火作用

水的灭火作用机理主要表现为以下五个方面。

（1）冷却作用

水的热容量和汽化潜热很大，具有很强的吸热能力。用水灭火时，每千克的水温度升高1℃，可吸收4184J热量，每千克水蒸气汽化时，可以吸收2259kJ的热量，且水具有良好的导热性，对燃烧物质表现出显著的冷却作用。因此，当水被施加到燃烧物区域或流经燃烧区域时，水将被加热或因汽化吸收热量，从而使燃烧区域的温度大幅降低，致使燃烧反应终止。

（2）窒息作用

水灭火时，遇到炽热的燃烧物而汽化，产生大量水蒸气，每千克水可生成1700L水蒸气。水变成水蒸气后，体积急剧增大，大量的水蒸气占据了燃烧区域，可阻止新鲜空气通过对流进入燃烧区，降低燃烧区域氧的浓度，使可燃物继续燃烧时得不到氧气的补充，使燃烧强度减弱直至终止。在一般情况下，空气中含有35%体积的水蒸气，燃烧就会停止。

（3）对水溶性液体的稀释作用

水自身是一种良好的溶剂，可以溶解各类水溶性液体，如醇、醚、酮、酯等。因此，水溶性可燃、易燃液体发生火灾时，在可能用水扑救的条件下，水与可燃、易燃液体混合后，可降低它的浓度和燃烧区内可燃蒸气的浓度，使燃烧速度降低。在水溶性可燃、易燃液体的浓度降低到可燃浓度以下时，燃烧即自行停止。但在大量水溶性溶剂存在的情况下，必须注意稀释后，由于体积增大，是否会溢出容器造成流淌火的现象。

（4）乳化作用

非水溶性可燃液体的初起火灾，在未形成热波之前，以较强的水雾射流灭火时，由于雾状水射流的高速冲击作用，微粒水珠进入液层并引起剧烈的扰动，使可燃液体表面形成一层水粒和非水溶性液体混合组成的乳状物表层，即形成“油包水”型乳液，起到乳化作用。乳液的稳定程度随可燃液体黏度的增加而增加，重质油品甚至可以形成含水油泡沫。水的乳化作用可使液体表面受到冷却，使可燃蒸气产生的速率降低，致使燃烧终止。

（5）水力冲击作用

经射水器具（尤其是直流水枪）喷射形成了具有很大冲击力的水流，这样的强劲水流遇到燃烧物时，将使火焰产生分离，这种分离作用一方面使火焰“端部”得不到可燃蒸气的补充，另一方面使火焰“根部”失去维持燃烧所需的热量，使火焰熄灭，燃烧终止。

水的灭火作用是多方面的，灭火时往往不是一种作用的结果，而是几种作用的综合结果。在不同情况下，各种灭火作用在灭火中的地位可能不同，但在一般情况下，冷却是水的主要灭火作用。

#### 2.1.2.2 添加剂在水中的作用

水系灭火剂与纯水灭火的机理有相似的地方，也有不同之处。添加剂的加入增强了灭火剂的灭火作用。如：

强化水是在水中添加含量在1%～5%的碱金属盐或有机金属盐等强化剂混合而成，如碳酸钾、碳酸氢钾、碳酸钠、碳酸氢钠等，以提高水的灭火效果。除了有水本身的灭火作用之外，强化水中添加的无机盐类在火焰中汽化而析出游离金属离子，如 $Na^+$、$K^+$，这些离子与火焰中的自由基和过氧化物反应，中止链式反应，扑灭火灾。

润湿水是在水中添加少量表面活性剂，降低水的表面张力，提高水的润湿、渗透能力的灭火剂。对水润湿性较差、在其表面停留时间较短的材料（如塑料、橡胶之类）而言，可以降低水的表面张力，增加水的润湿能力，延长灭火剂的作用时间，从而提高水的灭火效果。

乳化水是在水中添加乳化剂。因乳化剂中含有憎水基团，与水混合后以雾状喷射，可扑救闪点较高的油品火，也可用于油品泄漏的清理。

黏性水是在水中添加增稠性添加剂，使水的黏度增加，在燃烧物表面形成黏液覆盖层，显著提高水在燃烧物表面特别是在垂直面上的黏附性能，减少水的流失，延长灭火剂的作用时间，提高灭火效率，还可有效地防止水的流失对财产和环境的二次破坏。

抗冻水是在水中加入抗冻剂，使水的冰点降低，可提高水在寒冷地区的有效使用。常用的抗冻剂有两种类型，一类是无机盐（如氯化钙、碳酸钾等），一类是多元醇（如乙二醇、甘油等）。

流动改进水是在水中添加减阻剂，以降低水的摩擦阻力，改善水流动性的灭火剂，可有效降低水在水带输送过程中的阻力，使水在较长的水带流动时，提高水带末端的水枪或喷嘴的压力，提高输水距离和射程，增大水枪的冷却面积，提高灭火效率。常用的减阻剂有聚丙烯酰胺、聚氧化乙烯、加尔树脂等。

水胶体灭火剂可分为无机水凝胶和高分子水胶体灭火剂。其中，无机水凝胶是以无机硅胶材料为基料，与促凝剂、阻化剂和水混合，通过化学反应生成硅凝胶。硅凝胶中硅和氧形成了呈立体网状空间结构的共价键骨架，水充填在硅氧骨架之间，由于水与硅氧骨架之间具有较强的分子间力和氢键，使易流动的水固定在硅凝胶内部。硅凝胶遇到高温后使其中的水分迅速汽化，可以快速降低燃烧体的表面温度，残余的固体形成的包裹物，可以阻碍燃烧体与氧进一步接触氧化放热。又由于硅凝胶使易流动的水固定起来，降低了水的流动性，延长了水在燃烧体系的停留时间，有效发挥了水的冷却作用，致使燃烧体表面及内部温度显著下降。高分子水胶体灭火剂是用高分子胶体材料替代无机凝胶填料，也可以称为前述提到的黏性水。将凝胶水喷洒在固体可燃物上，能立即在物体表面形成一层水凝胶阻火膜。它能吸收上千倍的水分而形成水凝胶。这种水凝胶是一种半固态材料，喷入火中，能在物体表面成膜，隔绝空气，达到灭火的目的。由于添加量小（添加量在0.3%～0.5%，无机凝胶灭火剂的添加量在10%左右），无毒、无臭，不仅可以用于建筑火灾的扑救，目前已替代无机水凝胶灭火剂用于森林和矿井火灾的扑救中。

多功能水系灭火剂是将几种类型的水系灭火剂的特点综合在一起，兼有黏附、渗透和阻燃之功效，使水灭 A 类火的效能提高了 2～3 倍。如：SD-A 型强力灭火剂和 SD-AB 型灭火剂。这类灭火剂可用于充装手提式灭火器和消防车实施灭火。

与水相比，水系灭火剂由于不同程度地延长了水在燃烧物中的作用时间，增强了水的冷却作用，因而表现出比水更优异的阻火、灭火性能，使之灭火效率高，应用范围广。随着水

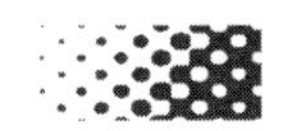

系灭火剂技术日益成熟完善，对及时有效地扑救火灾、降低火灾损失、减少人员伤亡将发挥更大的作用。

### 2.1.3 水的应用

水的形态不同，灭火效果也不同。利用不同的射水器具，可产生不同的水流形态，来应对不同的火灾种类。

#### 2.1.3.1 水的应用形式

（1）直流水和开花水

由直流水枪喷出的密集水流称为直流水。直流水射程远、流量大、冲击力强，是水灭火的最常用方式。由开花水枪喷出的分散滴状水流称为开花水，开花水水滴直径一般大于100$\mu$m，其冲击力低于直流水，可保证一定的射水距离，并获得较大的喷洒面积。直流水和开花水主要用于扑救一般固体物质的表面火灾（如木材及其制品、棉麻及其制品、粮草、纸张、建筑物等），也可以用来扑灭闪点在120℃以上、常温下呈半凝固状态的重油火灾以及石油和天然气井喷火灾。

（2）雾状水

由喷雾水枪喷出、水滴直径小于100$\mu$m的水流称为雾状水。同样体积的水以雾状喷出，可以获得比直流水或开花水大得多的比表面积。一定量水的比表面积愈大，其灭火时的吸热冷却作用愈强。所以，雾状水具有吸热速度快、冷却效果好、灭火效率高等优点。用雾状水可扑救阴燃物质火灾、可燃粉尘（如面粉、煤粉、糖粉等）火灾、带电设备火灾，汽油、煤油、乙醇等低闪点石油产品火灾，浓硫酸、浓硝酸等场所的火灾。

（3）细水雾

所谓“细水雾”，是指在最小设计工作压力下、距喷嘴1m处的平面上，测得水雾最粗部分的水微粒直径Dv0.99不大于1000$\mu$m。细水雾灭火技术是利用细水雾喷头在一定水压下将水流分解成细小水雾滴进行灭火或防护冷却的一种固定式灭火技术，是在自动喷水灭火技术的基础上发展起来的，具有无环境污染（不会损耗臭氧层或产生温室效应）、灭火迅速、耗水量低、对防护对象破坏性小等特点。对于防治高技术领域和重大工业危险源的特殊火灾，如计算机房火灾、航空与航天飞行器舱内火灾以及现代大型企业的电器火灾等，细水雾展示出广阔的应用前景。

细水雾液滴的直径很小，增加了单位体积水微粒的表面积。而表面积的增大，更容易进行热吸收，冷却燃烧反应区。水微粒容易汽化，汽化后体积增大约1700倍。由于水蒸气的产生，既稀释了火焰附近氧气的浓度，窒息了燃烧反应，又有效地控制了热辐射。可以认为，细水雾灭火主要是通过高效的冷却与缺氧窒息的双重作用。

（4）水蒸气

在一些工厂水蒸气是生产过程中必需的，也可以很方便地用来灭火。水蒸气主要适用于容积在500m$^3$以下的密闭厂房，进行全淹没式窒息灭火，也适用于扑救高温设备和煤气管道泄漏造成的火灾。

#### 2.1.3.2 水应用的局限性

无论是何种水流形态，在用水灭火时都应注意以下问题。

① 不能用于扑救“遇水燃烧物质”的火灾。如：钾、钠、钙、镁等轻金属和碳化钙等物质的火灾绝对禁止用水扑救。

② 轻于水且不溶于水的可燃液体火灾，不能用直流水扑救。如汽油、煤油等火灾，因水往下沉而可燃液体仍然继续浮在水面上燃烧，所以不能用直流水扑救。但原油、重油可以用喷雾水流扑救；汽油也可使用喷雾水和水蒸气扑救。

③ 直流水不能扑救可燃粉尘（如：面粉、铝粉、煤粉、糖粉、锌粉等）聚集处的火灾，易引起粉尘爆炸。

④ 在没有良好接地设备或没有切断电源的情况下，不能用直流水扑救高压电器设备、线路的火灾。因为水具有一定的导电性能，特别是地下水含矿物质较多，其导电性能更强。但保持适当的距离，可用喷雾水扑救。

⑤ 储存大量浓硫酸、浓硝酸和盐酸的场所发生火灾，不能用直流水扑救，以免引起酸液飞溅。必要时可用雾状水扑救。

⑥ 某些高温生产装置设备着火时，不宜用直流水扑救。溶化的铁水、钢水引起的火灾，也不能用水扑救。

⑦ 贵重设备、精密仪器、图书、档案之类的火灾不能用水扑救，容易引起水渍损失，损坏设备。

## 2.1.4 性能指标及要求

### 2.1.4.1 理化性能

水系灭火剂的主要理化性能指标：凝固点、抗冻结、融化性、pH 值、表面张力、腐蚀率、毒性等。水系灭火剂的理化性能要求，见表 2-2。

表 2-2 水系灭火剂理化性能要求

| 项目 | 样品状态 | 要求 | 不合格类别 |
|---|---|---|---|
| 凝固点/℃ | 混合液 | 在特征值$^{+0}_{-4}$℃之内 | C |
| 抗冻结、融化性 | 混合液 | 无可见分层和非均相 | B |
| pH 值 | 混合液 | 6.0～9.5 | C |
| 表面张力/(mN/m) | 混合液 | 与特征值的偏差不大于±10% | C |
| 腐蚀率/[mg/(d·dm$^2$)] | 混合液 | Q235 钢片：≤15.0<br>LF21 铝片：≤15.0 | C |
| 毒性 | 混合液 | 鱼的死亡率不大于 50% | B |

### 2.1.4.2 灭火性能

水系灭火剂的灭火性能需使用灭火器进行测定，需分别测定其灭 A、B 类火的灭火级别。其灭火性能要求，见表 2-3。

表 2-3 水系灭火剂的灭火性能要求

| 项目 | 燃料类别 | 灭火级别 | 不合格类别 |
|---|---|---|---|
| 灭 B 类火性能 | 橡胶工业用溶剂油 | ≥55B(1.73m$^2$) | A |
| | 99%丙酮 | ≥34B(1.07m$^2$) | A |
| 灭 A 类火性能 | 木垛 | ≥1A | A |

注：灭火器容积为 6L，喷射时间和喷射距离应符合 GB 4351.1—2005 的要求。

## 2.1.5 评估方法

水系灭火剂的凝固点、抗冻结、融化性、pH 值、表面张力、腐蚀率等主要理化性能测定方法，参考国家标准 GB 15308—2006《泡沫灭火剂》，见本书 2.2 部分。

#### 2.1.5.1 毒性

（1）测试生物

试验鱼种应是斑马鱼（真骨鱼总目，鲤科），体长（30±5）mm，体重（0.3±0.1）g，选自同一驯养池中规格大小一致的幼鱼。试验前该鱼群应在与试验时相同的环境条件下，在连续曝气的水中至少驯养两周。试验前24h停止喂饲，整个试验期间也不喂食，每天清理粪便及食物残渣。驯养期间死亡率不得超过10%。试验鱼应无明显的疾病和肉眼可见的畸形。试验前两周不应对其做疾病处理。斑马鱼驯养的环境参数见《水质　物质对淡水鱼（斑马鱼）急性毒性测定方法》（GB/T 13267—91）。

（2）相关容器与试剂

2L玻璃烧杯，初次使用的试验容器，用前应仔细清洗。试验后，倒空容器，以适当的手段清洗，用水冲去痕量试验物质及清洁剂，干燥后备用。试验容器临用前用标准稀释水冲洗。

新配置的标准稀释水pH值为7.8±0.2，硬度为250mg/L左右（以$CaCO_3$计），用符合《实验室用超纯水技术指标标准》（GB/T 6682—2008）中要求的蒸馏水或去离子水，由下面4种溶液制备。

① 氯化钙溶液：将11.76g氯化钙（$CaCl_2 \cdot 2H_2O$）溶于水中并稀释至1L。

② 硫酸镁溶液：将4.93g硫酸镁（$MgSO_4 \cdot 7H_2O$）溶于水中并稀释至1L。

③ 碳酸氢钠溶液：将2.59g碳酸氢钠（$NaHCO_3$）溶于水中并稀释至1L。

④ 氯化钾溶液：将0.23g氯化钾（KCl）溶于水中并稀释至1L。

将以上四种溶液各取25mL，加以混合并用蒸馏水稀释至1L。将配置好的稀释水曝气至溶解氧浓度达到空气饱和值，并将pH值稳定在7.8±0.2。

（3）测定方法

按说明比例配成混合液，取12mL混合液倒入烧杯内，用标准稀释水稀释至2000mL。将10条健康的斑马鱼放入，在环境温度为（23±2）℃的条件下养96h，鱼的死亡率不大于50%，即为合格。

#### 2.1.5.2 灭火性能

测定水系灭火剂的灭火性能所需的仪器设备，见表2-4。

**表2-4　测定水系灭火剂的灭火性能所需仪器设备**

| 仪器及设备 | 要　求 |
|---|---|
| 秒表 | 分度值0.1s |
| 天平 | 精度1g |
| 量筒 | 分度值10mL |
| MPZ/6型手提储压或MSZ/6型手提储压式水型灭火器式泡沫灭火器 | 喷嘴见图2-1。灭火剂充装量(6±0.2)L,充入氮气压力(表压)(1.2±0.1)MPa。使用厂家提供的MPZ/6型或MSZ/6型灭火器及喷嘴的喷射时间和喷射距离性能应符合《手提式灭火器第1部分:性能和结构要求》(GB 4351.1—2005)的要求 |
| 灭火剂 | 取一定量的样品,首先进行抗冻结融化试验,然后,在(60±2)℃的环境中进行7天高温试验,最后在(20±5)℃的环境中放置24h或以上,充装灭火器 |

（1）测定灭A类火性能

① 测定模型　A类火试验模型由整齐堆放在金属支架上（或其他类似的支架上）的木条和正方形金属制的引燃盘构成，支架高（400±10）mm。木条应经过干燥处理，其含水率保持在10%～14%，木材的密度在含水率12%时应为0.45～0.55g/$cm^3$。木条的横截面为

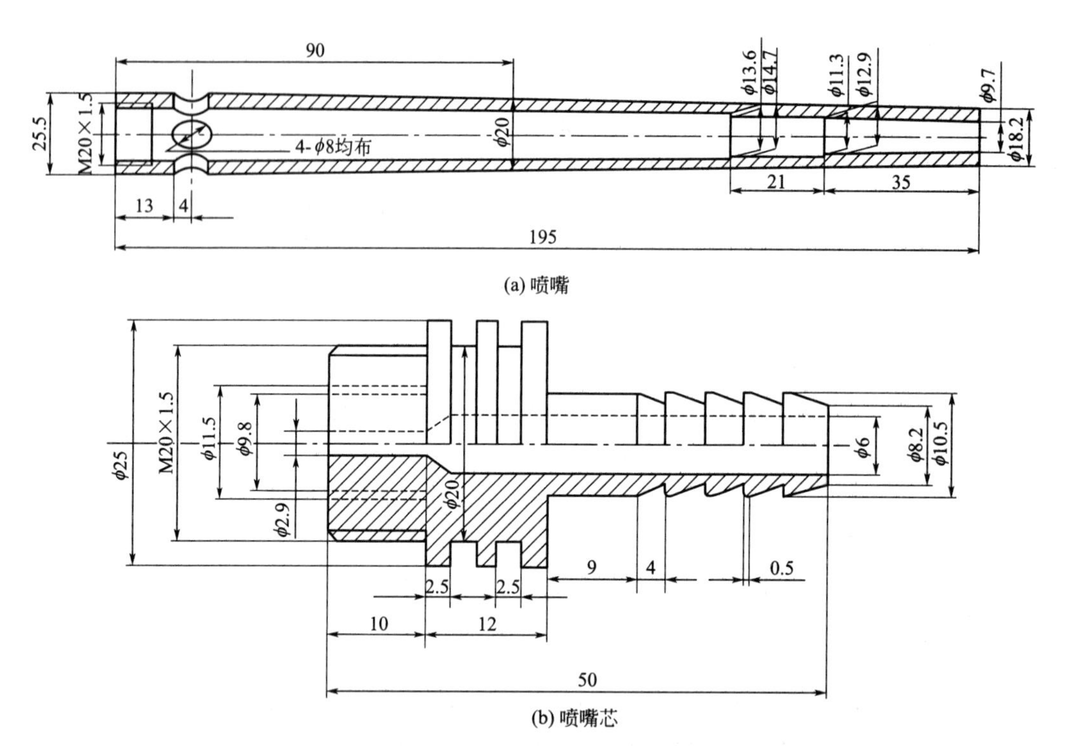

(a) 喷嘴

(b) 喷嘴芯

图 2-1　喷嘴（单位：mm）

正方形，边长（39±1）mm，木材长度（500±10）mm。木条分层堆放，上下层木条成直角排列，每层木条应间隔均匀。试验模型为正方形木垛，其边长等于木条的长度。试验模型的木条根数、层数、引燃盘尺寸和引燃油量应符合表 2-5 的规定。木垛的边缘木条应固定，以防止试验时被灭火剂冲散。引燃 A 类火试验模型用符合《橡胶工业用溶剂油》SH 0004—1990 中要求的 120 号溶剂油。

**表 2-5　水系灭火剂灭 A 类火的测定模型**

| 级别代号 | 木条根数/根 | 木条长度/mm | 木条排列 | 引燃盘尺寸/mm×mm×mm | 引燃油量/L |
|---|---|---|---|---|---|
| 1A | 72 | 500 | 12 层，每层六根 | 400×400×100 | 1.1 |
| 2A | 112 | 635 | 16 层，每层七根 | 535×535×100 | 2.0 |
| 3A | 144 | 736 | 18 层，每层八根 | 635×635×100 | 2.8 |
| 4A | 180 | 800 | 20 层，每层九根 | 700×700×700 | 3.4 |
| 6A | 230 | 925 | 23 层，每层十根 | 825×825×100 | 4.8 |
| 10A | 324 | 1100 | 27 层，每层十二根 | 1000×1000×1000 | 7.0 |

② 测定条件　灭 A 类火性能测试应在室内进行，室内应具有足够的空间，通风条件应满足木垛自由燃烧的要求。由专人操作，操作者可穿戴透明面罩和隔辐射热的防护服与手套。

③ 测定方法　在引燃盘内先倒入深度为 30mm 的清水，再加入燃料，将引燃盘放入木垛的正下方。点燃燃料，当燃料烧尽，可将引燃盘从木垛下抽出，让木垛自由燃烧。当木垛燃烧至其质量减少到原质量的 53%～57%时，则预燃结束。

预燃结束后即开始灭火。灭火应从木垛正面，距木垛不小于 1.8m 处开始喷射。然后接近木垛，并向顶部、底部、侧面等喷射，但不能向木垛的背面喷射。灭火时应使灭火器保持

最大开启状态并连续喷射，操作者和灭火器的任何部位不应触及模型。

④ 评定方法　火焰熄灭后10min内没有可见的火焰（但10min内出现不连续的火焰可不计），即为灭火成功。灭火试验中因木垛倒塌，则此次试验无效。灭火试验应进行3次，其中有2次灭火成功，则视为成功。若连续2次灭火成功，第3次可以免做。

（2）测定灭B类火性能

① 试验模型　B类火灭火试验模型由圆形盘内放入燃料构成，盘用钢板制成，模型尺寸应符合表2-6的规定。燃料为符合《橡胶工业用溶剂油》SH 0004—1990中要求的橡胶工业用溶剂油（适用于抗醇和非抗醇型）、99%丙酮（适用于抗醇型）。

**表2-6　水系灭火剂灭B类火测定模型**

| 级别代号 | 灭火器的最小喷射时间/s | 燃油体积①/L | 油盘尺寸 | | | |
|---|---|---|---|---|---|---|
| | | | 直径②/mm | 内部深度②/mm | 最小壁厚/mm | 火的近似面积/m² |
| 8B③ | — | 8 | 570±10 | 150±5 | 2.0 | 0.25 |
| 13B③ | — | 13 | 720±10 | 150±5 | 2.0 | 0.41 |
| 21B | 8 | 21 | 920±10 | 150±5 | 2.0 | 0.66 |
| 34B | 8 | 34 | 1170±10 | 150±5 | 2.5 | 1.07 |
| 55B | 9 | 55 | 1480±15 | 150±5 | 2.5 | 1.73 |
| (70B) | 9 | 70 | 1670±15 | (150)±5 | (2.5) | (2.20) |
| 89B | 9 | 89 | 1890±20 | 200±5 | 2.5 | 2.80 |
| 113B | 12 | 113 | 2130±20 | (200)±5 | (2.5) | (3.55) |
| 144B | 15 | 144 | 2400±25 | 200±5 | 2.5 | 4.52 |
| (183B) | 15 | 183 | 570±10 | (200)±5 | (2.5) | (5.75) |
| 233B | 15 | 233 | 570±10 | 200±5 | 2.5 | 7.32 |

① 水为1/3，车用汽油为2/3。

② 在盘的沿口测量。

③ 只适用于低温灭火试验。

注：每个油盘都用系列中的一数字表示，在系列中每一项等于前两项的和（带括号的级别其公比约为$\sqrt{1.62}$）。对更大的试验油盘可以按这个几何级数的规则构成。

② 测定条件　B类火灭火试验可在室外进行，风速不应大于3.0m/s。下雨、下雪或下冰雹时不应进行试验。试验时，油盘底部应与地面齐平，当油盘底部有加强筋时，必须使油盘底部不暴露于大气中。由专人操作，操作者可穿戴透明面罩和隔辐射热的防护服与手套。

③ 测定方法　橡胶工业用溶剂油火试验时，为了防止油盘变形，可加入清水，但盘内水深不应大于50mm，不应小于15mm。99%丙酮火试验时，不得加入清水。

点燃燃料，橡胶工业用溶剂油火预燃60s，99%丙酮火预燃120s。预燃结束后即开始灭火。在灭火过程中，灭火器可以连续喷射或间歇喷射，但操作者不得踏上或踏入油盘进行灭火。

④ 评定方法　火焰熄灭后1min内不出现复燃，且盘内还有剩余燃料，则灭火成功。灭火试验应进行3次，其中有2次灭火成功，则视为成功。若连续2次灭火成功，第3次可以免做。每次试验均应使用新的燃料，经燃烧后熄灭的燃料不得再次使用。

## 2.1.6　水系灭火剂及应用效果

### 2.1.6.1　强化水

强化水主要是添加了碱金属盐或有机金属盐的水系灭火剂。天津消防科研所测试了添加

$NH_4H_2PO_4$ 的强化水、添加 $K_2CO_3$ 的强化水与纯水灭木垛火的效果对比。图 2-2 和图 2-3 分别为强化水与水在灭火时间、所需水量的对比图。

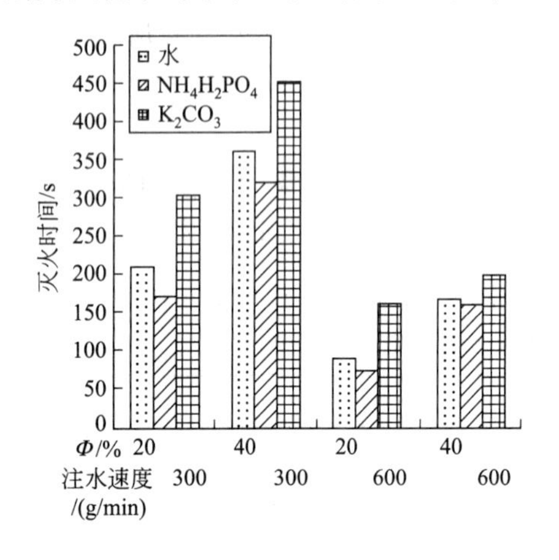

图 2-2　强化水与水灭火时间对比

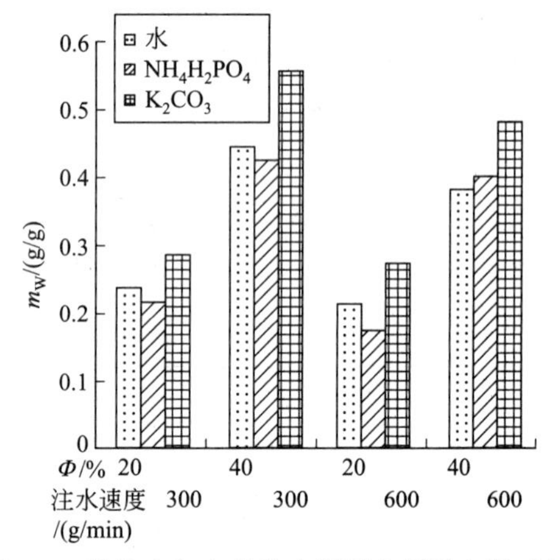

图 2-3　强化水与水单位木材灭火所需水量对比

从图中可以对比看出，添加 $NH_4H_2PO_4$ 的强化水在灭火时间和单位木材灭火所需水量等性能都明显强于纯水。这是因为添加了 $NH_4H_2PO_4$ 的强化水不仅保持了水优异的灭火性能，$NH_4H_2PO_4$ 在灭火过程受热分解会产生不燃性的气体 $NH_3$ 和有助于木材分解炭化的 $H_3PO_4$，具有较好的阻燃功能，两者的共同作用使强化水的灭火作用增强。而添加了 $K_2CO_3$ 的强化水并没有达到理想效果，原因是 $K_2CO_3$ 的阻燃效果不明显，水溶液的依数性又使得水的气化减缓，冷却效果减弱，灭火时间延长。综合分析得出，只有具备阻燃性能的强化水其灭火性能才会优于纯水。

六合安系列强化水系灭火剂主要由润湿剂、表面活性剂、阻燃剂、抗冻剂以及水等组成。其核心组分为不同成分复配形成的复合型阻燃剂，润湿剂和表面活性的加入降低了水的表面张力，改善了水的润湿性和渗透性。强化水灭火剂能灭 A、B 类火，具有冷却和渗透阻燃功能，大大降低了扑救后复燃的可能性。既可适用于灭火系统中，也可充装在多种型号的灭火器中，灭火级别高，灭火迅速，抗复燃性强，可生物降解，对人体无毒害，对眼睛、皮肤无刺激，灭火剂配方合理，生产工艺简单，储存期长，其多项技术指标（如灭火时间、灭火级别、析液时间等）优于国家标准，属高效环保灭火剂。6%～10%六合安系列强化水系灭火剂的主要性能，见表 2-7。

**表 2-7　强化水系灭火剂的主要性能**

| 指　　标 | | 实测结果 |
|---|---|---|
| pH 值(20℃) | | 8.4 |
| 流动点(普通型)/℃ | | −4.1 |
| 稳定性 | | 无离析发生 |
| 沉淀物体积% | 稳定性试验前 | 0.08<br>沉淀物能通过 180μm 筛 |
| | 稳定性试验后 | 0.10<br>沉淀物能通过 180μm 筛 |
| 表面张力(20℃)/(mN/m) | | 16.2 |
| 灭火能力(3L 液) | 灭 A 类火 | 1A |
| | 灭 B 类火 | 9B |

续表

| 指　　标 | 实测结果 |
|---|---|
| BOD(生物需氧量) | $1.61\times10^4$mg/L |
| COD(化学需氧量) | $2.81\times10^4$mg/L |
| 雄性大鼠急性经口 $LD_{50}$ | >1000mg/kg |
| 家兔急性皮肤刺激试验 | 家兔皮肤刺激反应评分积分为0<br>对皮肤无刺激 |
| 家兔急性眼刺激试验 | 家兔眼损伤程度评分积分为0<br>对眼黏膜无刺激 |

注：有关环保和毒理学的技术数据经中国预防医学科学院劳动卫生与职业病研究所和北京市环境保护科学研究院检测。

### 2.1.6.2　增稠水

在水中添加增稠性添加剂，增加水的黏性，使其在燃烧物表面特别是垂直表面附着力增大的一类灭火剂。如：MF-1灭火剂是在水中添加60%～70%的纳米$SiO_2$（10nm以下）、25%的聚乙烯醇及5%的硅油组成的增稠剂制备而成，它改善了水的流动性，是具有黏附特性的水系灭火剂，可在固体表面可形成1～5mm的稳定覆盖层，能快速扑灭火焰，防止复燃。这种灭火剂具有一定的屈服应力（7.7Pa），并具有剪切稀化的特性，因此可在物体表面形成稳定的覆盖层，且输送阻力较低，灭木材火灾实验所用的灭火时间是水的1/4。

相关研究人员指出，黏性水灭火剂应是具有一定的屈服应力的假塑性流体，提高黏性水灭火剂的屈服应力$\tau_y$，一方面可降低灭火剂在固体表面的流动速度，增加灭火剂在固体表面的停留时间；另一方面，可使灭火剂在物体表面形成稳定的覆盖层。但屈服应力$\tau_y$增加，流动阻力也有所增加。两方面综合考虑，屈服应力$\tau_y$在5～10Pa之间较为合适。此时黏性水灭火剂在垂直物体表面形成厚度为0.5～1.0mm的稳定覆盖层。

### 2.1.6.3　F-500

F-500微胞囊技术是美国危险控制技术公司（HCT）开发的新型高效灭火、防爆、环保多功能产品，它能够有效地扑灭火灾、降低易燃易爆气体浓度、消除危险的泄漏液体、清除油污。F-500已在美国、加拿大、英国等十余个国家得到了广泛的应用。

F-500属于一种两亲性表面活性剂分子，其分子结构中具有一个极性端（亲水）和一个非极性端（疏水），如图2-4所示。该极性端可溶于水中，非极性端却排斥水分子，而寻求与其他类型的分子结合，如烃类分子，一群F-500分子可围绕燃油分子排列，构成一个带负电荷的微胞“化学茧”。从而将烃类分子分散在水中，令其浓度过低致使无法燃烧。F-500不仅具有优越的性能和效率，而且对环境无害、无毒、无腐蚀性、可完全生物降解、无需特种设备，因此是火灾和危险材料控制领域的理想选择。

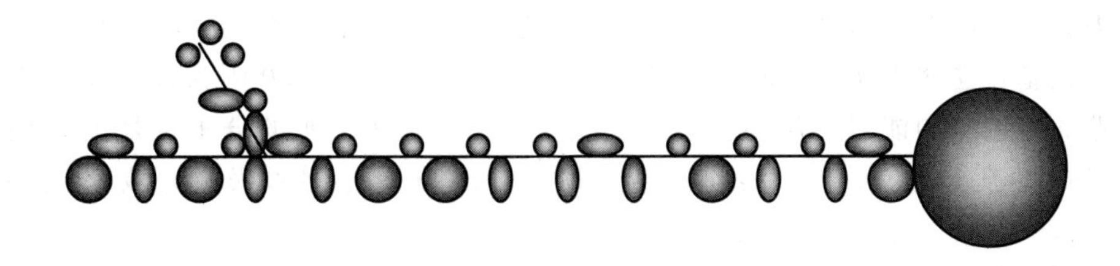

图2-4　F-500的分子结构

F-500灭火剂的主要理化性质，见表2-8。

表 2-8 F-500 灭火剂的理化性质

| 物理特性 | 要求 | 物理特性 | 要求 |
|---|---|---|---|
| 沸点 | 最低 250℉(121℃) | 与水的反应 | 无 |
| 相对密度 | 0.99±0.01 | 最低倾注点 | <17℉ |
| pH 值 | 7.0±0.1 | 冻结危害 | 无 |
| 表面张力/($dyn/cm^2$)① | <29.0@3.0%溶液 | 存储温度 | 35～130℉(2～54℃) |
| 黏度(72℉下 100%浓缩液) | 55cSt② | 蒸发速度(与水比较) | <1.0 |
| 水中可溶性 | 完全溶解 | | |

① $1dyn/cm^2=0.1N/m^2$。

② $1cSt=10^{-6}m^2/s$。

F-500 的灭火机理主要表现在以下 3 方面。

(1) 降低水的表面张力

F-500 把水的表面张力从 $72dyn/cm^2$ 降低到少于 $33dyn/cm^2$，该特点提供了相对于普通水的灭火优势。

表面张力降低导致更小水滴的形成。更小的水滴相当于更大的表面/体积比。火场中热量的减少是通过水滴与火的表面接触促进蒸发的热能吸收来实现的。增大的表面/体积比使得相同体积的水与火场有更多的表面接触，从而加快了水的热能吸收。表面张力的降低使得水扩展更快，增加了水的润湿表面积和水对燃料表面孔隙的渗透能力。

(2) F-500 独特的两亲性分子结构

F-500 独特的分子结构的第一个优点是快速的热量吸收。它通过降低水的表面张力，从而导致表面/体积比的增加。此外，F-500 分子的非极性端从水滴中伸出，F-500 水滴看起来就像插有针的针垫。当水滴集中作用在火上，F-500 分子充当了一个吸热设备，非极性“寻找热量”的尾端吸收热量，通过分子将它传到溶解在水滴内部的极性端。一旦热量被传送到溶解在水滴中的 F-500 极性端，极性端加热水滴内部的分子并将它们转变为蒸汽。这些蒸汽分子与附近的水分子接触，将蒸汽冷凝还原成水。水滴内部的这种循环的蒸发/冷凝状态变化过程吸收了大量的能量，从而导致了快速的降温，同时产生很少的蒸汽。F-500 独特结构的优势不仅有效使用了水滴的外部表面，还利用水滴的内部容量来完成降温。

F-500 独特的分子结构的第二个优点是微胞的形成和保持。F-500 分子的非极性尾端(疏水)从水滴中突出，寻求其他分子(比如燃烧过程释放出来的烃类分子)。当 F-500 水滴聚合，突出的非极性尾端围绕烃类分子，基本上把燃烧四要素的燃料元素包裹在球形微胞内(包裹对液相和气相燃料都有效)。微胞外表面带有负电荷，使它们互相排斥(就像电荷排斥)，烃类分子分散在水中，浓度过低而不能支持燃烧。

(3) 中断自由基链式反应

自由基是具有高能量的分子碎片。自由基高速碰撞 A 类、B 类燃料，便能释放出热量和更多的自由基，这就建立了一种传播燃烧过程的链式反应。F-500 因为其高分子量，在碰撞过程中吸收自由基的能量，从而抑制链式反应。比较起来，水的分子量是 18，而 F-500 的分子量稍微高于 500。当燃烧系统的能量因为自由基的高能量被吸收而减少，燃烧就停止了。

#### 2.1.6.4 法安德 2000

法安德 2000 是美国 FSP 公司研发的、完全基于水的多功能新型灭火剂。它可以作为灭火介质、冷却介质、危险品溢溅控制介质、毒性气体清除剂、蒸汽控制介质和生物降解介

质。法安德2000对于A、B、D类火情具备突出的控制/灭火能力，灭火效果是其他灭火剂的6～10倍以上。它的配比浓度为0.25%～1%即可灭A/B类火；6%时即可灭D类火（镁、钛、锌等可燃金属火）。法安德2000的主要应用范围，见表2-9。

**表2-9　法安德2000的主要应用范围**

| 项目 | 火情类别 | 法安德2000与水混合比例 | 适用水质 |
|---|---|---|---|
| A类 | 木材、纸张、棉花、干草/谷类、煤、橡胶、玻璃纤维、塑料等 | 0.25%～1% | 蒸馏水、淡水、海水、污水 |
| B类非极性溶剂 | 汽油、柴油、煤油、原油、Jet4/JP4/JP5/JP6等 | 1%～3% | |
| B类极性溶剂 | 甲醇、酒精、异丙醇、甲乙酮等 | 1%～3% | — |
| D类 | 镁、钛等金属 | 6% | |

注：法安德2000是一种浓缩液；配比浓度在0.25%～6%内自由调节；对于灭火战斗，法安德2000相对配比浓度越高，灭火效果越好。

法安德2000是一种无味、透明的液体。它的主要性质见表2-10。

**表2-10　法安德2000的主要性质**

| 性质 | 指标 | 性质 | 指标 |
|---|---|---|---|
| 外观 | 无色透明，加入红色颜料可辨识液体流向 | 冻结和融化危害 | 无（结冰后可融化还原使用，品质不受影响） |
| 气味 | 淡淡的香味 | 原液储存期限 | 无限期（无论是否开封；如开封，需确保原液未被污染） |
| pH值 | 7.3±0.2 | | |
| 密度/($kg/m^3$) | 1.041 | 水溶液储存期限 | 无期限 |
| 沸点/℃ | 132 | 应避免的环境 | 强氧化剂 |
| | | （普通型）储存温度/℃ | −7～70 |
| 蒸发速度 | 与水相同 | （耐寒型）储存温度/℃ | −40～70 |

法安德2000同时从灭火机理的四个方面（燃料、氧气、热量、自由基）出发，协同有效破坏燃烧的四个条件，可高效扑灭火灾。它的主要灭火作用表现为以下4方面。

（1）湿润、降低水的表面张力

法安德2000能够有效降低水的表面张力6～30倍（可减至1.8N/$m^2$），将凝聚的小水珠分散成更多更细小的水珠，增加润湿表面积，从而扩大蒸发面积。

（2）渗透冷却

在水中加入法安德2000灭火剂时，它的渗透能力及渗透程度大大增强，可以使得水珠能够通过物体表面的细小微孔迅速地渗透到可燃物质的内部及深处，使物体表面和内部都充满水珠，从而不仅仅覆盖在物质的表面，从而能够快速降低着火物质表面和内部的热量，能够快速有效扑灭物体深部位火灾，并且可以有效防止物体死灰复燃。

（3）在物体表面形成泡沫和乳膜、隔绝空气

法安德2000与水迅速融合后，遇到物体表面可立刻形成一层泡沫。泡沫层密度大，不易被风吹散，紧紧覆盖物体表面。同时在泡沫层下遇有可燃物质会形成一层乳膜，从而起到彻底隔绝空气的作用，阻止物体的继续燃烧。

（4）乳化

法安德2000可以破坏碳粒之间的链接，将碳粒、碳氢化合物分离成更小的微粒，并将各微粒包裹起来，既所谓的微包囊作用，将碳氢化合物乳化，促进其被生物降解，完全破坏物质燃烧条件，迅速扑灭火灾。

## 2.2 泡沫灭火剂及其效能评估

### 2.2.1 定义与分类

#### 2.2.1.1 定义

泡沫液是指可按适宜的浓度与水混合形成泡沫溶液的浓缩液体，又被称为泡沫原液或泡沫浓缩液。泡沫灭火剂在使用过程中，需通过比例混合器按规定比例与水混合形成泡沫混合液，再通过泡沫产生器与空气混合产生灭火泡沫，从而实现灭火的目的。

#### 2.2.1.2 分类

为了满足不同种类物质火灾扑救的需要，泡沫灭火剂有多种类型，且每种类型的泡沫灭火剂表现出不同的特性。

(1) 按泡沫产生机理

按照泡沫的产生机理，泡沫灭火剂可分为化学泡沫灭火剂和空气泡沫灭火剂。其中，化学泡沫灭火剂是酸性和碱性药剂的水溶液通过化学反应产生灭火泡沫，多用于充装在灭火器中，但因其结构复杂、保存期限短等缺点，已退出消防市场。空气泡沫灭火剂是能与水混合，通过机械方法与空气混合产生灭火泡沫，是现在广泛使用的泡沫灭火剂。

(2) 按混合比分类

按照泡沫液与水混合的比例，泡沫灭火剂可分为1.5%型、3%型、6%型等。

(3) 按发泡倍数分类

发泡倍数是指泡沫体积与构成该泡沫的泡沫溶液体积的比值。按其发泡倍数，泡沫灭火剂可分为低倍数泡沫灭火剂、中倍数泡沫灭火剂和高倍数泡沫灭火剂。其中，低倍数泡沫灭火剂的发泡倍数一般在20倍以下，中倍数泡沫灭火剂的发泡倍数在21～200倍之间，高倍数泡沫灭火剂的发泡倍数一般在201～1000倍之间。

(4) 按使用特点分类

按其使用场所和特点，泡沫灭火剂可分为A类泡沫灭火剂和B类泡沫灭火剂。B类泡沫灭火剂又可分为非水溶性泡沫灭火剂和抗溶性泡沫灭火剂。其中，非水溶性泡沫灭火剂适用于扑救非水溶性液体和受热熔化的固体可燃物（如汽油、煤油、柴油、原油、沥青、石蜡等）的火灾；抗溶性泡沫灭火剂既适用于扑救上述非水溶性可燃物的火灾，又适用于扑救水溶性可燃物（如醇、酯、醚、醛、酮、羧酸等）的火灾。

(5) 按合成泡沫的基质分类

泡沫灭火剂可分为蛋白型泡沫灭火剂和合成泡沫灭火剂。蛋白型泡沫灭火剂主要有普通蛋白泡沫、氟蛋白泡沫、成膜氟蛋白泡沫灭火剂、抗溶成膜蛋白泡沫灭火剂等；合成泡沫灭火剂主要有高倍数泡沫灭火剂，高、中、低倍通用泡沫灭火剂，水成膜泡沫灭火剂，抗溶水成膜灭火剂，A类泡沫等。

### 2.2.2 灭火原理

空气泡沫是由空气泡沫灭火剂的水溶液通过机械作用，充填大量空气后形成的无数小气泡。泡沫具有流动性、黏附性、持久性和抗烧性。由于空气泡沫密度远小于一般可燃液体，因而可以漂浮或黏附在易燃或可燃液体（或可燃固体，如设备）表面，或充满某一空间，形成一个致密的覆盖层。其灭火机理表现为以下几个方面。

（1）冷却作用

冷却作用是泡沫灭火的重要作用。当泡沫被施加到燃烧着的油品表面时，由于油品表面的热作用，泡沫中的水被汽化，吸收所接触部分油品表面的热量。随着泡沫的连续施加，在被冷却的油品表面上形成一个泡沫层，泡沫层逐渐扩大并最终将整个表面覆盖。当泡沫层的厚度增加到一定程度，并且油品表面被冷却到所产生的蒸气不足以维持燃烧时，火焰即被熄灭。

（2）窒息作用

泡沫的窒息作用主要表现在可以降低油品表面附近的氧浓度，直到使油品与大气中的氧完全隔开。泡沫刚刚施加到油品表面，这一作用即开始。泡沫受到热油品表面的作用以及火焰的热辐射作用，其中的水分在油品表面汽化，所产生的蒸汽使油品表面附近氧浓度降低，削弱了火焰的燃烧强度，这有助于泡沫在油品表面的积累和泡沫层的加厚。当泡沫层的厚度增加到足够厚时，完全抑制了油品的蒸发，并把油品与空气完全隔离开来，起到窒息灭火的作用。

（3）遮断作用

在泡沫灭火过程中，泡沫可使已被覆盖的油品表面与尚未被覆盖的油品表面的火焰隔离开，既可防止火焰与已被泡沫覆盖的油品表面直接接触，又可遮断火焰对这部分油品表面的热辐射，这既有助于泡沫冷却作用的发挥，又有助于窒息作用的加强。

（4）淹没作用

淹没作用是高倍数泡沫灭火的重要机理，利用泡沫把保护对象完全淹没，使淹没空间缺氧不能维持其继续燃烧，最终实现灭火。

## 2.2.3　常见类型

### 2.2.3.1　蛋白类泡沫灭火剂

蛋白类泡沫灭火剂是以含蛋白的原料水解浓缩液为基料，加入适量的稳泡剂、助溶剂、防腐剂及抗冻剂等添加剂而制成的泡沫液，也称蛋白浓缩液。这类泡沫液是一种黑褐色的黏稠液体，具有天然蛋白质分解后的臭味。泡沫液中还含有一定量的无机盐，如氯化钠、硫酸亚铁等。

蛋白泡沫灭火剂在燃料表面形成一个连续的泡沫层，通过泡沫和析出的混合液对燃料表面进行冷却，并通过泡沫层的覆盖作用使燃料与空气隔绝而使火灾熄灭。它所产生的空气泡沫相对密度较低（一般在0.1～0.5之间），流动性能好，抗烧性强，又不易被冲散，能迅速在非水溶性液体表面形成覆盖层，迅速将火扑灭。由于蛋白泡沫能黏附在垂直的表面上，因而也可以扑救一般固体物质的火灾。目前，蛋白泡沫灭火剂主要用于扑灭油类火灾。但是，使用蛋白泡沫灭火剂扑灭原油、重油储罐火灾时，要注意可能引起的油沫沸溢或喷溅。

蛋白泡沫灭火剂的种类很多，包括普通蛋白泡沫灭火剂、氟蛋白泡沫灭火剂、成膜氟蛋白泡沫灭火剂等。蛋白类泡沫灭火剂的种类及使用特点，见表2-11。

**表2-11　蛋白类泡沫灭火剂的种类及性质**

| 名称 | 定义 | 代号 | 主要组分 | 使用特点 | 适用范围 |
|---|---|---|---|---|---|
| 普通蛋白泡沫 | 由含蛋白水解浓缩液为基料，加入各种添加剂的起泡液体 | P | 水解蛋白、稳定剂、盐类添加剂、抗冻剂、防腐剂 | 成本低、稳定性好、对水质要求不高 | A、B类火灾 |

续表

| 名称 | 定义 | 代号 | 主要组分 | 使用特点 | 适用范围 |
|---|---|---|---|---|---|
| 氟蛋白泡沫 | 添加氟碳表面活性剂的蛋白泡沫液 | FP | 蛋白泡沫液、氟碳表面活性剂 | 成本相对较低、能抵抗油类的污染 | A、B类火灾，可采用液下喷射方式灭油罐火 |
| 成膜氟蛋白泡沫 | 可在某些烃类表面形成一层水膜的氟蛋白泡沫液 | FFFP | 氟碳表面活性剂、水解蛋白 | 灭火速度快、效率高 | A、B类火灾，可采用液下喷射方式灭油罐火 |
| 抗溶性氟蛋白泡沫 | 既可灭油类火也可灭醇类火的氟蛋白泡沫液 | FP/AR | 氟蛋白泡沫液、触变性多糖 | 能扑灭极性液体燃料火灾，成本相对较低、能抵抗油类的污染 | 极性液体燃料火灾，A、B类火灾，可采用液下喷射方式灭油罐火 |
| 抗溶性成膜氟蛋白泡沫 | 既可灭油类火也可灭醇类火的成膜氟蛋白泡沫液 | FFFP/AR | 氟碳表面活性剂、水解蛋白、触变性多糖 | 能扑灭极性液体燃料火灾，灭火速度快、效率高 | 极性液体燃料火灾，A、B类火灾，可采用液下喷射方式灭油罐火 |

由于受到高效新型灭火剂的冲击，蛋白泡沫灭火剂所占的市场份额有所下降，在我国迫切需要研究开发新型的蛋白泡沫灭火剂产品。李亚东等利用剩余活性污泥经酸、碱水解后制备水解蛋白质，浓缩配制成蛋白质泡沫灭火剂，既防止了剩余活性污泥的第二次污染，更因成本低、气味小这些优点为蛋白泡沫灭火剂提供了发展空间。唐宝华、韩宝玲等以一定比例将石墨或膨胀石墨添加到普通蛋白泡沫中，使泡沫具有最佳发泡率、稳定性与耐热性能，提高了灭火效率，由于石墨不会对环境造成二次污染，可作为绿色环保型产品，是未来蛋白泡沫的理想发展方向。

#### 2.2.3.2 合成类泡沫灭火剂

合成类泡沫灭火剂是指以表面活性剂的混合物和稳定剂为基料制成的泡沫液。合成泡沫灭火剂的种类，见表 2-12。

**表 2-12 合成类泡沫灭火剂的种类**

| 类型 | 定义 | 名称 | 主要成分 | 发泡倍数 | 混合比/% |
|---|---|---|---|---|---|
| 水成膜泡沫 | 能够在液体燃料表面形成一层抑制可燃液体蒸发的水膜的泡沫液 | AFFF | 氟碳表面活性剂、合成表面活性剂、醇或醚类 | 低倍数 | 3、6 |
| 抗溶性水成膜泡沫 | 既可灭油类火也可灭醇类火的水成膜泡沫液 | AFFF/AR | 氟碳表面活性剂、合成表面活性剂、触变性多糖 | 低倍数 | 3、6 |
| 高倍数泡沫 | 发泡倍数在 201 倍以上的泡沫液 | Hx | 合成表面活性剂、醇或醚类 | 中、高 | 1.5～6 |
| 凝胶型 | | — | 合成表面活性剂、触变性多糖 | 低倍数 | 6 |
| A 类泡沫 | 用于 A 类可燃物火灾的泡沫灭火剂 | — | 氟碳表面活性剂、碳氢表面活性剂 | 低倍数 | 0.1～1 |

### 2.2.4 应用

#### 2.2.4.1 储存

泡沫液的储存严重影响着泡沫的灭火性能，应按要求妥善保管。

泡沫液的储存期限。第一，蛋白泡沫液、氟蛋白泡沫液，在储存条件较好时，有效期可达 5 年以上。水成膜泡沫液的有效期可达 10 年。抗溶泡沫液的有效期仅为 1～2 年。高倍数泡沫液的有效期为 5 年。第二，是要注意泡沫液的储存温度，一般为 0～40℃，储存温度太高或太低都会影响泡沫液的质量和储存期限。第三，要注意保持储存场所通风干燥，避免受

到阳光的直射，要防止杂质和其他物质混入。

泡沫液储存容器应注意防腐。水成膜泡沫液、抗溶泡沫液的腐蚀性较大，对防腐涂料有特殊要求，应予以重视。

泡沫液一般不能预混，一旦与水混合必须一次使用完毕。水成膜泡沫液可以与水预先混合，但其有效期缩短为5年，这对泡沫灭火剂应用于灭火器非常有利。

#### 2.2.4.2 应用特点

由于不同类型的泡沫灭火剂具有不同的特性，组成与使用方法不同，所形成的灭火泡沫在可燃性液体液面上的流动性能、耐液污染性能、耐热抗烧性能等方面的各不相同，致使其灭火效力和应用特点也有很大差别。尤其是低倍数泡沫灭火剂和高倍数泡沫灭火剂，其发泡倍数相差较大，产生的泡沫特性存在明显的差别。

（1）低倍数泡沫灭火剂

低倍数泡沫灭火剂主要用于扑救可燃液体（如汽油、石油、苯等）火灾和固体物质（如木材、橡胶、纸张、塑料等）火灾。其主要应用范围是保护油罐、矿井、船舱和储有可燃液体及可燃固体材料的仓库，防护火灾对附近房屋和油罐的热辐射。同时由于低倍数泡沫具有良好的隔绝能力，在扑救可燃液体火灾时能防止复燃。

各种低倍数泡沫液的灭火应用特点比较，如表2-13所示。

**表2-13 各种低倍数泡沫液的灭火应用特点比较**

| 类型 | 泡沫液代号 | 析液特性 | 成膜性 | 流动性 | 耐液性 | | 封闭性 | 抗烧性 | 与干粉联用 | 用于液下喷射 | 综合灭火性能 |
|---|---|---|---|---|---|---|---|---|---|---|---|
| | | | | | 对非水溶性液体 | 对水溶性液体 | | | | | |
| 普通型 | P | 慢 | 不能 | 差 | 差 | — | 差 | 好 | 不能 | 不能 | 低 |
| | FP | 慢 | 不能 | 较好 | 好 | — | 好 | 好 | 能 | 能 | 中 |
| | AFFF | 快 | 能 | 好 | 好 | — | 好 | 差 | 能 | 能 | 较高 |
| | FFFP | 慢 | 能 | 好 | 好 | — | 好 | 好 | 能 | 能 | 高 |
| | Hx | 快 | 不能 | 较好 | 差 | — | 差 | 差 | 不能 | 不能 | — |
| 抗溶性 | 凝胶型 | 快 | 不能 | 较好 | 差 | 较好 | 差 | 差 | 不能 | 不能 | 低 |
| | FP/AR | 慢 | 不能 | 较好 | 好 | 较好 | 差 | 好 | 能 | 能 | 中 |
| | AFFF/AR | 慢 | 能 | 好 | 好 | 好 | 好 | 好 | 能 | 能 | 高 |
| | FFFP/AR | 慢 | 能 | 好 | 好 | 好 | 好 | 好 | 能 | 能 | 高 |

（2）中、高倍数泡沫（轻质泡沫）灭火剂的应用

中、高倍数泡沫灭火剂具有发泡倍数高、含水量少、泡沫比较轻等特点，因此适于以全淹没的方式进行灭火。该类灭火剂广泛应用于煤矿、坑道、飞机库、汽车库、船舶、仓库、地下室等有限空间，以及地面大面积油类火灾。

### 2.2.5 性能指标及要求

#### 2.2.5.1 泡沫性能

泡沫灭火剂的各项性能指标，从不同的角度评价了灭火剂的优劣和灭火性能。主要的性能指标如下所述。

（1）凝固点

凝固点是泡沫灭火剂能形成固体的最高温度。低于凝固点，泡沫灭火剂就很难使用了。

（2）pH值

pH值是衡量泡沫液中氢离子浓度的一个指标。$pH=-lg(H^+)$，其中$H^+$表示溶液

中的氢离子浓度，单位 mol/L。泡沫液的 pH 值一般在 6.0～9.5 之间，接近中性范围。pH 值过低或过高，泡沫液则呈较强的酸性或碱性，对容器的腐蚀性较大，不利于长期储存。

（3）黏度

黏度是衡量泡沫液流动性能的指标，也是泡沫灭火系统中比例混合装置设计所必须知道的一个流体动力学参数。黏度分为动力黏度和运动黏度。动力黏度是指不改变应变速度时，在均质各向同性的层流液体的两个平行面之间所产生的切变应力。根据泡沫灭火剂的黏度可以确定泡沫灭火剂在混合和吮吸过程中的性能。

（4）流动点

流动点是泡沫液能够保持流动状态的最低温度。它是确定泡沫储藏下限的参数。最低使用温度应高于凝固点 5℃的温度。

（5）沉降物

沉降物是指泡沫液中不溶固体的含量，一般用体积分数表示。

（6）沉淀物

沉淀物指除沉降物后的泡沫液（即完成沉降物测定后所得到的上层清液），再按规定的混合比与水配制成混合液时所产生的不溶性固体含量，以体积分数来表示。

（7）扩散系数

扩散系数是衡量泡沫液在另一种液体表面上扩散能力的参数。

（8）腐蚀性

腐蚀性是衡量泡沫液对包装容器、储存容器和泡沫灭火剂中金属材料腐蚀性的指标。

（9）发泡倍数

发泡倍数是衡量泡沫液发泡能力的一个指标。发泡倍数指泡沫体积与构成该泡沫的泡沫溶液体积的比值。发泡倍数是影响泡沫稳定性、流动性及灭火效果的综合性能指标。针对一种泡沫液，其发泡倍数应稳定在要求的范围内，以获得最佳的灭火效果。例如，普通蛋白泡沫液的发泡倍数应为 6～8 倍，氟蛋白泡沫液液下喷射时应为 3～4 倍。若泡沫发泡倍数太低，泡沫的密度较大，单位体积泡沫中含水量较大，泡沫的膜较厚，虽然泡沫具有较好的流动性，但析液快，不稳定，而且泡沫喷射到燃烧液体表面时，会对液面产生较大的冲击力，使泡沫潜入油品中夹带较多的燃油，降低抗烧性而不利于灭火；若泡沫发泡倍数较大，虽然可以提高泡沫的稳定性，减少对油面的冲击力，但泡沫膜太薄，含水量少，泡沫的冷却效果差，流动性能差，对灭火也不利。

（10）析液时间

析液时间是衡量泡沫稳定性的指标，主要有 25％析液时间和 50％析液时间两个参数。25％析液时间是指自泡沫中析出其质量 25％的液体所需要的时间。50％析液时间是指析出其质量 50％的液体所需要的时间。

泡沫生成后要经历一个由较小的气泡合并成较大的气泡的过程，在这个过程中，泡膜逐渐增厚。由于重力的作用，泡膜的部分液体就流到气泡的下方，逐渐脱离气泡而析出。气泡在不断地合并，液体也不断自泡沫中析出。稳定性好的泡沫，液体析出过程较慢，稳定性差的泡沫，液体析出过程较快。

低、中、高倍数泡沫液和泡沫溶液的性能要求，分别见表 2-14～表 2-16。A 类泡沫灭火剂泡沫液和泡沫溶液的性能要求，见表 2-17。

**表 2-14 低倍数泡沫液和泡沫溶液的物理、化学、泡沫性能**

| 项目 | 样品状态 | 要　　求 | 不合格类别 | 备注 |
|---|---|---|---|---|
| 凝固点/℃ | 温度处理前 | 在特征值$^{+0}_{-4}$℃之内 | C | |
| 抗冻结、融化性 | 温度处理前、后 | 无可见分层和非均相 | B | |
| 沉淀物/%(体积分数) | 老化前 | ≤0.25;沉淀物能通过180μm | C | 蛋白型 |
| | 老化后 | ≤1.0;沉淀物能通过180μm | C | |
| 比流动性 | 温度处理前、后 | 泡沫液流量不小于标准参比液的流量或泡沫液的黏度值不大于标准参比液的黏度值 | C | |
| pH 值 | 温度处理前、后 | 6.0～9.5 | C | |
| 表面张力/(mN/m) | 温度处理前 | 与特征值的偏差①不大于±10% | C | 成膜型 |
| 界面张力/(mN/m) | 温度处理前 | 与特征值的偏差不大于1.0mN/m或不大于特征值的10%,按上述两个差值中较大者判定 | C | 成膜型 |
| 扩散系统/(mN/m) | 温度处理前、后 | 正值 | B | 成膜型 |
| 腐蚀率/[mg/(d·dm$^2$)] | 温度处理前 | Q235钢片:≤15.0 | B | |
| | | LF21铝片:≤15.0 | | |
| 发泡倍数 | 温度处理前、后 | 与特征值的偏差不大于1.0或不大于特征值的20%,按上述两个差值中较大者判定 | B | |
| 25%析液时间/min | 温度处理前、后 | 与特征值的偏差不大于20% | B | |

① 本标准中的偏差，是指二者差值的绝对值。

**表 2-15 中倍数泡沫液和泡沫溶液性能**

| 项目 | 样品状态 | 要　　求 | 不合格类别 | 备注 |
|---|---|---|---|---|
| 凝固点/℃ | 温度处理前 | 在特征值$^{+0}_{-4}$℃之内 | C | |
| 抗冻结、融化性 | 温度处理前、后 | 无可见分层和非均相 | B | |
| 沉淀物(体积分数)/% | 老化前 | ≤0.25;沉淀物能通过180μm | C | |
| | 老化后 | ≤1.0;沉淀物能通过180μm | C | |
| 比流动性 | 温度处理前、后 | 泡沫液的黏度值不大于标准参比液的黏度值 | C | |
| pH 值 | 温度处理前、后 | 6.0～9.5 | C | |
| 表面张力/(mN/m) | 温度处理前 | 与特征值的偏差不大于10% | C | 成膜型 |
| 界面张力/(mN/m) | 温度处理前 | 与特征值的偏差不大于1.0mN/m或不大于特征值的10%,按上述两个差值中较大者判定 | C | 成膜型 |
| 扩散系统/(mN/m) | 温度处理前、后 | 正值 | B | 成膜型 |
| 腐蚀率/[mg/(d·dm$^2$)] | 温度处理前 | Q235钢片:≤15.0 | B | |
| | | LF21铝片:≤15.0 | | |
| | 温度处理前、后适用淡水 | ≥50 | B | |
| 发泡倍数 | 温度处理前、后适用海水 | 特征值<100时,与淡水测试值的偏差不大于10%;特征值≥100时,不小于淡水测试值的0.8倍,不大于淡水测试值的1.1倍 | B | |
| 25%析液时间/min | 温度处理前、后 | 与特征值的偏差不大于20% | B | |
| 50%析液时间/min | 温度处理前、后 | 与特征值的偏差不大于20% | B | |
| 1%抗烧时间/s | 温度处理前、后 | ≥30 | A | |

**表 2-16 高倍数泡沫液和泡沫溶液性能**

| 项目 | 样品状态 | 要　　求 | 不合格类别 | 备注 |
|---|---|---|---|---|
| 凝固点/℃ | 温度处理前 | 在特征值$^{+0}_{-4}$℃之内 | C | |
| 抗冻结、融化性 | 温度处理前、后 | 无可见分层和非均相 | B | |
| 沉淀物(体积分数)/% | 老化前 | ≤0.25;沉淀物能通过180μm | C | |
| | 老化后 | ≤1.0;沉淀物能通过180μm | C | |
| 比流动性 | 温度处理前、后 | 泡沫液流量不小于标准参比液流量,或泡沫液的黏度值不大于标准参比液的黏度值 | C | |

续表

| 项目 | 样品状态 | 要　　求 | 不合格类别 | 备注 |
|---|---|---|---|---|
| pH 值 | 温度处理前、后 | 6.0～9.5 | C | |
| 表面张力/(mN/m) | 温度处理前 | 与特征值的偏差不大于 10% | C | 成膜型 |
| 界面张力/(mN/m) | 温度处理前 | 与特征值的偏差不大于 1.0mN/m 或不大于特征值的 10%，按上述两个差值中较大者判定 | C | 成膜型 |
| 扩散系统/(mN/m) | 温度处理前、后 | 正值 | B | 成膜型 |
| 腐蚀率/[mg/(d·dm²)] | 温度处理前 | Q235 钢片：≤15.0<br>LF21 铝片：≤15.0 | B | |
| 发泡倍数 | 温度处理前、后适用淡水 | ≥201 | B | |
| | 温度处理前、后适用海水 | 不小于淡水测试值的 0.9 倍不大于淡水测试值的 1.1 倍 | B | |
| 50%析液时间/min | 温度处理前、后 | ≥10min，与特征值的偏差不大于 20% | B | |

**表 2-17　A 类泡沫液和泡沫溶液性能**

| 项目 | 样品状态 | 要求 | 不合格类别 |
|---|---|---|---|
| 凝固点/℃ | 温度处理前 | $(T_N-4)\leq$凝固点$\leq T_N$ | C |
| 抗冻结、融化性 | 温度处理前、后 | 无可见分层和非均相 | B |
| 比流动性 | 温度处理前、后 | 泡沫液流量不小于标准参比液流量，或泡沫液的黏度值不大于标准参比液的黏度值 | C |
| pH 值 | 温度处理前、后 | 6.0～9.5 | C |
| 腐蚀率/[mg/(d·dm²)] | 温度处理前 | Q235 钢片：≤15.0<br>LF21 铝片：≤15.0 | B |
| 表面张力/(mN/m) | 温度处理前 | 在混合比为 1.0%的条件下，表面张力≤30.0 | C |
| 润湿性 | 温度处理前 | 在混合比为 1.0%的条件下，润湿时间≤20.0s | A |
| 25%析液时间/min | 温度处理前、后 | 在混合比为 $H_A$、发泡倍数与特征值 $F_A$ 偏差不大于 20%的条件下，25%析液时间与特征值 $T_A$ 偏差不大于 30% | B |

注：应测量混合比为 0.3%和 0.6%时的润湿时间。

### 2.2.5.2　灭火性能

(1) 抗烧时间

抗烧时间是指自点燃抗烧罐至一定燃料表面被引燃所需的时间。它是衡量低倍数泡沫热稳定性和抵抗火焰辐射能力的指标，间接反映泡沫流动性和抗烧性的好坏。泡沫的流动性和抗烧性能好，抗烧时间长，在使用过程中就能更好地发挥泡沫的灭火性能。抗烧时间有 25%抗烧时间和 50%抗烧时间两种。

(2) 90%火焰控制时间和灭火时间

90%火焰控制时间和灭火时间是衡量泡沫灭火性能的指标。90%火焰控制时间是指灭火时，从喷射泡沫开始，到 90%燃烧面积的火焰被扑灭的时间。灭火时间是指从喷射泡沫开始，到火焰全部熄灭的时间。灭火时间要用规定的燃料、燃烧面积和混合液供给强度来测量。

低、中、高倍数泡沫对非水溶性液体燃料的灭火性能要求，分别见表 2-18～表 2-20。

**表 2-18　低倍数泡沫液应达到的最低灭火性能级别**

| 泡沫液类型 | 灭火性能级别 | 抗烧水平 | 不合格类型 | 成膜性 |
|---|---|---|---|---|
| AFFF/非 AR | Ⅰ | D | A | 成膜型 |
| AFFF/AR | Ⅰ | A | A | 成膜型 |

续表

| 泡沫液类型 | 灭火性能级别 | 抗烧水平 | 不合格类型 | 成膜性 |
|---|---|---|---|---|
| FFFP/非 AR | Ⅰ | B | A | 成膜型 |
| FFFP/AR | Ⅰ | A | A | 成膜型 |
| FP/非 AR | Ⅱ | B | A | 非成膜型 |
| FP/AR | Ⅱ | A | A | 非成膜型 |
| P/非 AR | Ⅲ | B | A | 非成膜型 |
| P/AR | Ⅲ | B | A | 非成膜型 |
| S/非 AR | Ⅲ | D | A | 非成膜型 |
| S/AR | Ⅲ | C | A | 非成膜型 |

**表 2-19 中、高倍数泡沫液灭火性能**

| 类型 | 项目 | 样品状态 | 要求 | 不合格类别 |
|---|---|---|---|---|
| 中倍数泡沫 | 灭火时间/s | 温度处理前、后 | ≤120 | A |
| | 1%抗烧时间/s | 温度处理前、后 | ≥30 | A |
| 高倍数泡沫 | 灭火时间/s | 温度处理前、后 | ≤150 | A |

**表 2-20 各灭火级别对应的灭火时间和抗烧时间**

| 灭火性能级别 | 抗烧水平 | 缓施放[1] | | 强施放[2] | |
|---|---|---|---|---|---|
| | | 灭火时间/min | 抗烧时间/min | 灭火时间/min | 抗烧时间/min |
| Ⅰ | A | 不要求 | 不要求 | ≤3 | ≥10 |
| | B | ≤5 | ≥15 | ≤3 | 不测试 |
| | C | ≤5 | ≥10 | ≤3 | |
| | D | ≤5 | ≥5 | ≤3 | |
| Ⅱ | A | | | ≤4 | ≥10 |
| | B | ≤5 | ≥15 | ≤4 | 不测试 |
| | C | ≤5 | ≥10 | ≤4 | |
| | D | ≤5 | ≥5 | ≤4 | |
| Ⅲ | B | ≤5 | ≥15 | | |
| | C | ≤5 | ≥10 | 不测试 | |
| | D | ≤5 | ≥5 | | |

① 通过挡板、罐壁或其他表面间接地将泡沫施放到液体燃料表面上的供泡方式。

② 将泡沫直接施放到液体燃料表面上的供泡方式。

抗醇泡沫灭火剂既可以用来扑救非水溶性液体火灾，也可用来扑救水溶性液体火灾。抗醇泡沫灭火剂对水溶性液体燃料的灭火性能要求，见表 2-21、表 2-22。

**表 2-21 抗醇泡沫液应达到的最低灭火性能级别**

| 泡沫液类型 | 灭火性能级别 | 抗烧水平 | 不合格类型 | 成膜性 |
|---|---|---|---|---|
| AFFF/AR | ARⅠ | B | A | 成膜型 |
| FFFP/AR | ARⅠ | B | | 成膜型 |
| FP/AR | ARⅡ | B | | 非成膜型 |
| P/AR | ARⅡ | B | | 非成膜型 |
| S/AR | ARⅠ | B | | 非成膜型 |

**表 2-22 各灭火级别对应的灭火时间和抗烧时间**

| 灭火性能级别 | 抗烧水平 | 灭火时间/min | 抗烧时间/min |
|---|---|---|---|
| ARⅠ | A | ≤3 | ≥15 |
| | B | ≤3 | ≥10 |
| ARⅡ | A | ≤5 | ≥15 |
| | B | ≤5 | ≥10 |

A 类泡沫灭火剂按产品性能可分为两类：一类是适用于扑救 A 类火灾及隔热防护的 A 类泡沫灭火剂，代号为 MJAP；另一类是适用于扑救 A 类火灾、非水溶性液体燃料火灾及隔热防护的 A 类泡沫灭火剂，代号为 MJABP。A 类泡沫液的灭火性能应满足表 2-23 和表 2-24 的要求。

表 2-23 A 类泡沫液灭火性能

| 类型 | 项目 | 样品状态 | 要求 | 不合格类别 |
|---|---|---|---|---|
| A 类泡沫 | 隔热防护性能 | 温度处理前或后 | 在混合比为 $H_0$ 的条件下，25%析液时间≥20min，且发泡倍数≥30 倍 | A |
| | 灭 A 类火性能 | 温度处理前或后 | 在混合比为 $H_A$、发泡倍数与特征值 $F_A$ 偏差不大于 20%的条件下，灭火时间≤90s，且抗复燃时间≥10min | A |
| MJABP 型 A 类泡沫液 | 25%析液时间 | 温度处理前、后 | 在混合比为 $H_A$、发泡倍数与特征值 $F_A$ 偏差不大于 20%的条件下，25%析液时间与特征值 $T_A$ 偏差不应大于 30% | B |
| | 灭非水溶性液体火性能 | 温度处理前或后 | 在混合比为 $H_A$、发泡倍数与特征值 $F_A$ 偏差不大于 20%的条件下，灭火性能级别≥ⅢD | A |

表 2-24 MJABP 型 A 类泡沫液对非水溶性液体的灭火性能级别

| 灭火性能级别 | 缓施放 | | 强施放 | |
|---|---|---|---|---|
| | 灭火时间/min | 25%抗烧时间/min | 灭火时间/min | 25%抗烧时间/min |
| ⅠA | 无要求 | | ≤3 | ≥10 |
| ⅠB | ≤5 | ≥15 | ≤3 | 无要求 |
| ⅠC | ≤5 | ≥10 | ≤3 | |
| ⅠD | ≤5 | ≥5 | ≤3 | |
| ⅡA | 无要求 | | ≤4 | ≥10 |
| ⅡB | ≤5 | B | ≤4 | 无要求 |
| ⅡC | ≤5 | C | ≤4 | |
| ⅡD | ≤5 | D | ≤4 | |
| ⅢB | ≤5 | ≥15 | 无要求 | |
| ⅢC | ≤5 | ≥10 | | |
| ⅢD | ≤5 | ≥5 | | |

### 2.2.5.3 其他性能

泡沫液长期储存时要定期检查其质量是否变坏，要检查在特殊情况下的应用情况以及使用硬水、高温或低温条件下储存等质量情况。如出现表 2-25 中的情况之一时，该泡沫液即被判定为温度敏感性泡沫液。

表 2-25 泡沫液温度敏感性的判定

| 项目 | 判 定 条 件 |
|---|---|
| pH 值 | 温度处理前、后泡沫液的值偏差(绝对值)大于 0.5 |
| 表面张力(成膜型) | 温度处理后泡沫液的表面张力低于温度处理前的 0.95 倍或高于温度处理前的 1.05 倍 |
| 界面张力(成膜型) | 温度处理前后的偏差不大于 0.5mN/m，或温度处理后数值低于温度处理前的 0.95 倍或高于温度处理前的 1.05 倍，按两者中较大者判定 |
| 发泡倍数 | 温度处理后的发泡倍数低于温度处理前的 0.85 倍或高于温度处理前的 1.15 倍 |
| 25%析液时间(50%析液时间) | 温度处理后的数值低于温度处理前的 0.8 倍或高于温度处理前的 1.2 倍 |

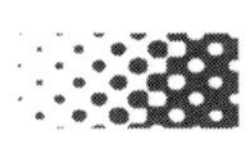

当A类泡沫灭火剂出现表2-26所列情况之一时，即判定为温度敏感性泡沫液。

表2-26 A类泡沫液温度敏感性的判定条件

| 项目 | 判定条件 |
|---|---|
| pH值 | 温度处理前、后泡沫液的pH值偏差(绝对值)大于0.5 |
| 25%析液时间 | 在混合比为$H_A$、发泡倍数与特征值$F_A$偏差不大于20%的条件下，温度处理后的25%析液时间低于温度处理前的0.78倍或高于温度处理前的1.3倍 |

## 2.2.6 评估方法

### 2.2.6.1 泡沫性能

(1) 凝固点

泡沫灭火剂的凝固点在凝点测定器中进行测定。相关仪器及装置列于表2-27。

表2-27 泡沫液凝固点性能测定仪器及装置

| 仪器及装置 | 要求 |
|---|---|
| 磨口凝点测定管 | — |
| 半导体凝点测定器 | 控温精度±10℃，−25～−30℃或低于试样凝固点10℃，见图2-5 |
| 凝点用温度计 | 分度值10℃ |

泡沫液凝固点的测定方法如下：

① 开动半导体凝点测定器，调整冷阱温度至试验温度。把凝点测定管的外管装入冷阱，浸入深度不应少于100mm。

② 在干燥、洁净的凝点测定管的内管中注入待测泡沫液，管内液面高度约为50mm。用软木塞或胶塞把凝点用温度计固定在内管中央，温度计的毛细管下端浸入液面3～5mm，并把内管装入外管中。

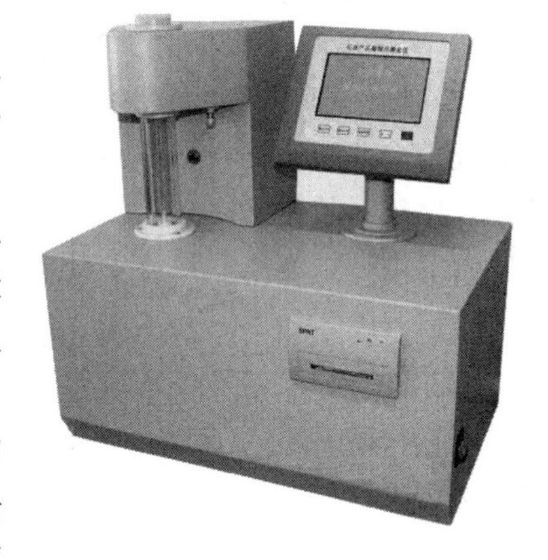

图2-5 半导体凝点测定器

③ 当内管中样品的温度降至0℃时开始观察样品的流动情况，以后每降低1℃观察一次。每次观察的方法是把内管从外管中取出并立即将其倾斜，如样品尚有流动则立即放回外管中（每次操作时间不应超过3s），继续降温做下一次观察。当样品温度降至某一温度，取出内管，观察到样品不流动时，立即使内管处于水平方向，如样品在5s内仍无任何流动，则记录温度。此温度即为样品的凝固点。

④ 每组分别进行两次试验，其结果的差值不应超过1℃，取较高的值作为试验结果。如其结果的差值超过1℃，则应进行第三次试验。

(2) 抗冻结、融化性

泡沫灭火剂的抗冻结、融化性能在冷冻室中进行测定。测定方法如下：

① 将样品搅拌均匀，充满储存容器并密封。并将密封好的样品放置在(60±2)℃的环境中7天，然后在(20±5)℃的环境中放置1天。

② 将冷冻室温度调至低于样品凝固点(10±1)℃。

③ 将处理好的样品装入塑料或玻璃容器，密封放入冷冻室，保持24h。

④ 冷冻结束后，取出样品，在(20±5)℃的室温下放置24～96h。再重复三次，进行四个冻结、融化周期处理。观察样品有无分层和非均相现象。

(3) 沉淀物

测定泡沫液沉淀物的相关仪器及装置，见表 2-28。

**表 2-28 泡沫液沉淀物的测定仪器及装置**

| 仪器及装置 | 要　求 |
|---|---|
| 电动离心机 | 离心加速度为(6000±600)m/s$^2$ |
| 刻度离心试管 | 容量 50mL,最小分度值 0.1mL |
| 筛子 | 符合 GB/T 6003.1—2012 要求,孔径 180μm |
| 电热鼓风干燥箱 | 控温精度±2℃ |
| 秒表 | 分度值 0.1s |
| 洗瓶 | — |

泡沫液沉淀物的测定方法如下：

① 从温度处理前的样品中取两个样品，一个直接试验，另一个经老化试验并冷却后再进行试验。老化条件为：将样品密封，于 (60±3)℃温度下保持 (24±2)h，然后冷却至室温。

② 将每个样品分装于两个 50mL 刻度离心试管，对称放入离心机，离心分离 (10±1)min。取出离心试管，读取沉淀物体积并换算成体积分数。取两个试管读数的平均值作为测定结果。

③ 用洗瓶将沉淀物冲洗到筛网上，观察沉淀物是否能全部通过筛网。

(4) 比流动性

① 牛顿型泡沫液　对于牛顿型泡沫液可通过旋转黏度计测定泡沫液的动力黏度来确定其比流动性。即在不同温度条件下，采用规定的转子和转速，测定标准参比液的黏度值，并绘制成标准曲线；再在泡沫液的最低使用温度下测定样品的黏度值，将得到的结果与标准曲线进行比较，从而确定其比流动性。要求泡沫液的黏度值应不大于标准参比液的黏度值。

测定牛顿型泡沫液比流动性的相关仪器及装置，如表 2-29 所示。

**表 2-29 牛顿型泡沫液比流动性的测定仪器及装置**

| 仪器及装置 | 要　求 | 仪器及装置 | 要　求 |
|---|---|---|---|
| 旋转黏度计 | 精度±5% | 温度计 | 精度±1℃ |
| 恒温水浴 | 精度±1℃ | 秒表 | 精度 0.1s |
| 低温冷阱 | 精度±1℃ | | |

牛顿型泡沫液比流动性的测定方法如下。

a. 依据表 2-30 绘制标准参比液的温度-黏度的标准曲线。

**表 2-30 标准参比液的测定条件**

| 温度/℃ | 10 | 6 | 0 | −6 | −10 | −15 | −20 |
|---|---|---|---|---|---|---|---|
| 转子 | 3 | 3 | 3 | 3 | 3 | 3 | 4 |
| 转速/(r/min) | 60 | 30 | 30 | 30 | 12 | 6 | 12 |
| 黏度/mPa·s | 740 | 1140 | 1560 | 2940 | 5660 | 16640 | 36400 |

b. 将装有适量样品的烧杯置于恒温水浴或低温冷阱中，将样品冷却到泡沫液的最低使用温度。根据表 2-31 中泡沫液的最低使用温度，按表选择旋转黏度计的转子和转速，进行黏度测定。

**表 2-31 待测定泡沫液的测定条件**

| 最低使用温度/℃ | 10～8 | 7～3 | 2～−2 | −3～−7 | −8～−12 | −13～−17 | −18～−20 |
|---|---|---|---|---|---|---|---|
| 转子 | 3 | 3 | 3 | 3 | 3 | 3 | 4 |
| 转速/(r/min) | 60 | 30 | 30 | 30 | 12 | 6 | 12 |

c. 取两次试验结果的平均值作为测定结果，并与标准曲线比较。

② 非牛顿型泡沫液　测定非牛顿型泡沫液比流动性的相关仪器及装置，如表 2-32 所示。

表 2-32　非牛顿型泡沫液比流动性的测定仪器及装置

| 仪器及装置 | 要求 | 仪器及装置 | 要求 |
|---|---|---|---|
| 流动性测定装置 | 见图 2-6 | 电子天平 | 精度 1g |
| 压力表 | 精度 0.001MPa | 秒表 | 精度 0.1s |
| 测温计 | 分度值 0.5℃ | | |

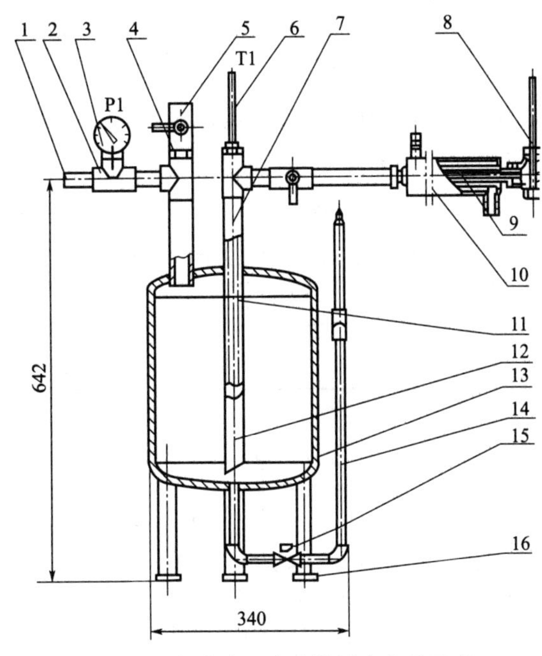


图 2-6　泡沫液比流动性测定装置示意

1—进气管；2—不锈钢三通（G3/4in）；3—压力表（0～0.1MPa）；4—外丝；5—球阀（G3/4in）；6,8—温度计；7—泡沫液进管；9—导液管（$\phi16\times8.5$）；10—水循环套管；11—温度计保护管；12—泡沫液排出管；13—泡沫液储罐；14—排液管；15—电磁阀；16—储罐支架

1in=2.54cm，下同

牛顿型泡沫液比流动性的测定方法如下。

a. 配备标准参比液：质量分数为 90％的丙三醇水溶液，15℃时 90％丙三醇水溶液的密度为 1.2395g/mL。

b. 分别测定标准参比液在 10℃、5℃、0℃、－5℃、－10℃、－15℃、－20℃下的流量，并绘制出标准曲线。标定步骤如下：在罐中装满标准参比液，使之冷却至规定的温度；调节罐内压力，使其稳定在（0.050±0.002）MPa，打开阀门，待液体温度 $T_1$ 与 $T_2$ 的偏差小于 1℃时，收集排出的液体，收集时间约 60s，记录温度 $T_1$；收集时间和液体质量，计算流量（L/min）。

c. 测定比流动性。对温度处理前、后的泡沫液分别进行两次试验，样品的温度（$T_1$）应控制在凝固点加 5℃，取其流量的平均值为测定结果。将泡沫液的测定结果与标准参比液的标准曲线相比较，确定样品的比流动性。

d. 共进行两次试验，取平均值为测定结果。

(5) pH 值

测定泡沫液 pH 值的相关仪器及装置，如表 2-33 所示。

**表 2-33　泡沫液 pH 值的测定仪器**

| 仪器及装置 | 要　求 | 仪器及装置 | 要　求 |
|---|---|---|---|
| 酸度计<br>温度计 | 精度 0.1pH<br>分度值 1.0℃ | pH 缓冲剂 | 用以校准酸度计 |

泡沫液 pH 值的测定方法如下。

① 分别取温度处理前、后的泡沫液 30mL，注入干燥、洁净的 50mL 烧杯中，将电极浸入泡沫液中，在 (20±2)℃条件下测定 pH 值。

② 共进行两组实验，取平均值为测定结果。两次试验结果之差不大于 0.1pH。

(6) 表面张力、界向张力及扩散系数

测定泡沫液表面张力的相关仪器及试剂，见表 2-34。

**表 2-34　泡沫液表面张力的测定仪器**

| 仪器及试剂 | 要　求 | 仪器及试剂 | 要　求 |
|---|---|---|---|
| 表面张力仪<br>温度计 | 分度值 0.1mN/m，见图 2-7<br>分度值 1.0℃ | 量筒<br>环己烷 | 100mL，分度值 10mL；10mL，分度值 0.1mL<br>纯度 99% |

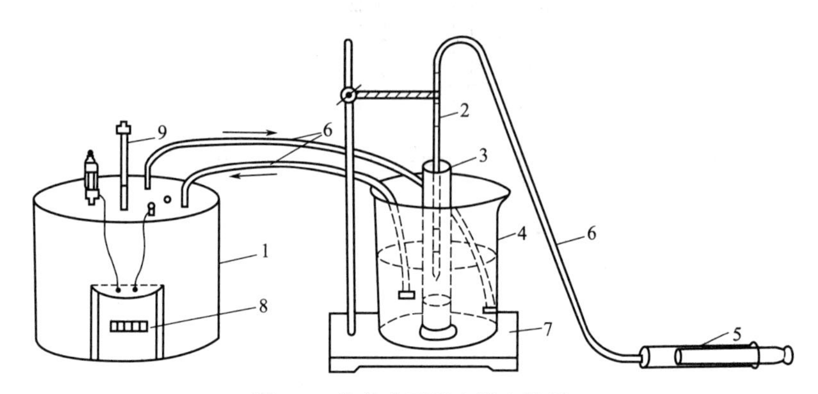


图 2-7　液体表面张力测定装置

1—恒温器；2—毛细管；3—装液筒；4—恒温水浴；5—注射器；
6—乳胶管；7—铁架台；8—电源；9—接点温度计

测定泡沫液表面张力的测定方法如下。

① 分别取温度处理前、后的泡沫液，注入干燥、洁净的烧杯中，用符合国家标准《分析实验室用水规格和试验方法》(GB/T 6682—2008) 要求中的三级水按推荐浓度配制泡沫溶液。

② 在泡沫溶液温度为 (20±1)℃条件下，测定表面张力。测完表面张力后，在泡沫溶液上加 5～7mm 厚的 (20±1)℃的环己烷，等待 (6±1)min 后，测定界面张力。

③ 每次测定试验共进行两组，取平均值为测定结果。

测定结果的确定方法如下：

按公式(2-1) 计算确定扩散系数。

$$S=\gamma_c-\gamma_f-\gamma_i \tag{2-1}$$

式中　$S$——扩散系数，mN/m；

　　$\gamma_c$——环己烷的表面张力，mN/m；

　　$\gamma_f$——泡沫溶液的表面张力，mN/m；

　　$\gamma_i$——泡沫溶液与环己烷之间的界面张力，mN/m。

（7）润湿性

对于A类泡沫液需测定其润湿性。测定A类泡沫液润湿性的相关仪器及材料，见表2-35。

**表2-35　测定A类泡沫液润湿性的相关仪器**

| 仪器及材料 | 要　求 |
|---|---|
| 烧杯 | 容量1000mL |
| 温度计 | 分度值1℃ |
| 秒表 | 分度值0.1s |
| 量筒 | 分度值10mL |
| 浸没夹 | 由直径约2mm的不锈钢丝制成，其尺寸见图2-8 |
| 棉布圆片 | 直径30mm，且应为未经退浆、煮练和漂白处理的原坯布。为了不使棉布表面沾污脂肪和汗渍而影响测量，应避免用手指触摸棉布 |

A类泡沫液润湿性的测定方法如下。

① 在温度15～25℃、相对湿度（65±2）%的条件下，在玻璃干燥器隔板下盛放亚硝酸钠饱和溶液作为恒湿器，将制备好的棉布圆片置于恒温器中，于室温下平衡24h后使用。

② 试验前将烧杯用铬酸洗液浸池过夜，再用符合国家标准《分析实验室用水规格和试验方法》（GB/T 6682—2008）中要求的三级水冲洗至中性。

③ 将温度处理前、后的样品按混合比分别为0.3%、0.6%和1.0%的要求，用三级水配制泡沫溶液1000mL，控制泡沫液的温度在18～22℃范围内。

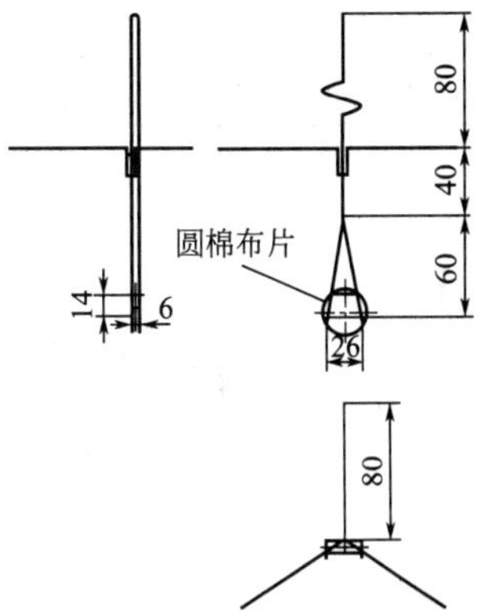

图2-8　浸没夹（单位：mm）

④ 用量筒取800mL待测泡沫溶液转移至1000mL烧杯中，并用滤纸除去烧杯内液面的泡沫，在试验过程中应保持溶液温度在18～22℃范围内，试验应在泡沫溶液配制15min后至2h内进行。

⑤ 试验前用无水乙醇清洗浸没，使其保持干净。试验时，首先用少量待测泡沫溶液冲洗浸没夹。调节浸没夹柄上平面三叉臂滑动支架的位置，使夹持的棉布圆片中心距液面约40mm。浸没夹应仅张开约6mm，以使棉布圆片保持近于垂直。

⑥ 用浸没夹夹住棉布圆片，浸入待测泡沫溶液，当布片下端一接触溶液，立即启动秒表，将同平面三叉臂放在烧杯口上，并使浸没夹张开。

⑦ 当布片开始自动下沉时，停止秒表。操作图解如图2-9所示。

⑧ 使用同一泡沫溶液连续重复测量，共10次，每次测量后弃去用过的棉布圆片，取10次测量值的算术平均值作为所测泡沫溶液的润湿时间的测量结果。

（8）发泡倍数和25%析液时间

① 低倍数泡沫液　测定低倍数泡沫液的发泡倍数和25%析液时间的相关仪器及装置，见表2-36。

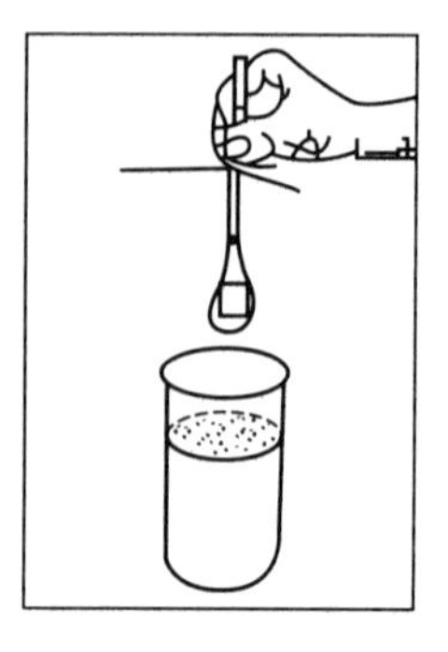
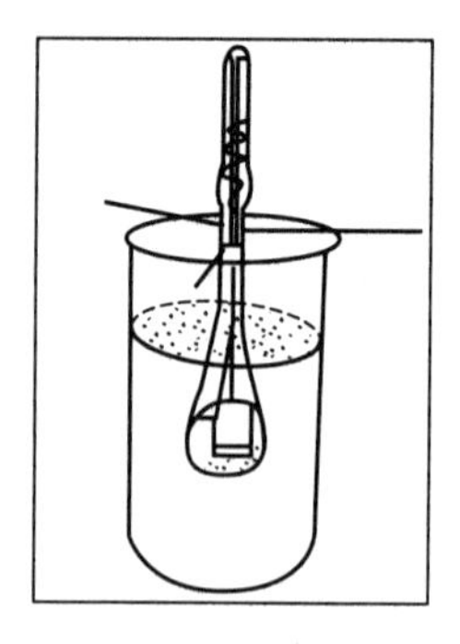

图 2-9 操作图解

表 2-36 低倍数泡沫液发泡倍数和 25%析液时间的测定仪器及装置

| 仪器及装置 | 要 求 |
|---|---|
| 泡沫枪 | 见图 2-10，当用水标定时，在(0.63±0.03)MPa 压力下，水流量为(11.4±0.4)L/min |
| 泡沫收集器 | 见图 2-11，泡沫收集器表面可采用不锈钢、铝、黄铜及塑料材料制作 |
| 析液测定器 | 见图 2-12，塑料或黄铜制作。用水标定泡沫接收罐的容积，精确至 1mL |
| 温度计 | 分度值 1℃ |
| 量筒 | 分度值 10mL |
| 天平 | 精度±0.5g |
| 秒表 | 分度值 0.1s |
| 低倍数泡沫产生系统 | 见图 2-13 |

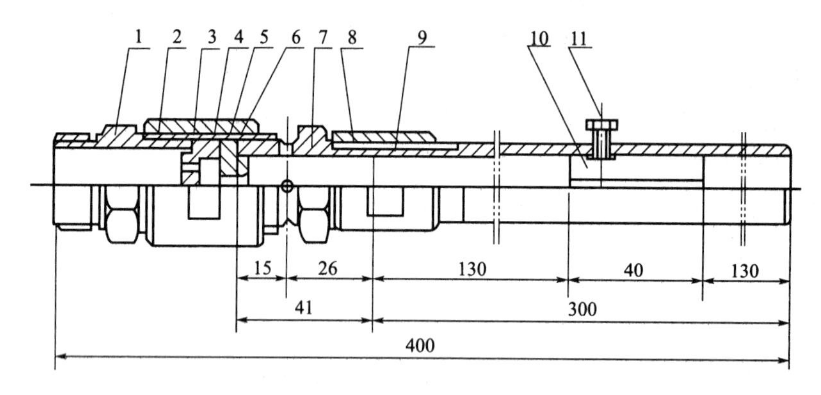


图 2-10 标准泡沫枪示意（单位：mm）

1,7—外丝接头；2,8—内丝接头；3,6—聚四氟乙烯垫圈；4—三孔孔板；

5—单孔孔板；9—接管；10—十字头；11—螺栓

低倍数泡沫液发泡倍数和 25%析液时间的测定方法如下。

a. 将温度处理前、后的样品分别按使用浓度用淡水配制泡沫溶液（若泡沫液适用于海水，则用符合要求的海水配制），使产生的泡沫温度在 15～20℃范围内。

b. 启动空气压缩机，调节泡沫枪入口压力为（0.63±0.03)MPa，确保泡沫枪的流量。

c. 用水润湿泡沫接收罐的内壁、擦净、称重（$m_3$）。

d. 将泡沫枪水平放置在泡沫收集器前，使泡沫枪前端至泡沫收集器顶沿距离为（2.5±0.3）m，喷射泡沫并调节泡沫枪的高度，使泡沫打在泡沫收集器中心。经过（30±5)s 的喷射达到稳定后，用泡沫接收罐接收泡沫，同时启动秒表，刮平并擦去析液测定器外溢泡沫，称重（$m_4$），按公式(2-2) 计算 25%析液质量（$m_5$）：

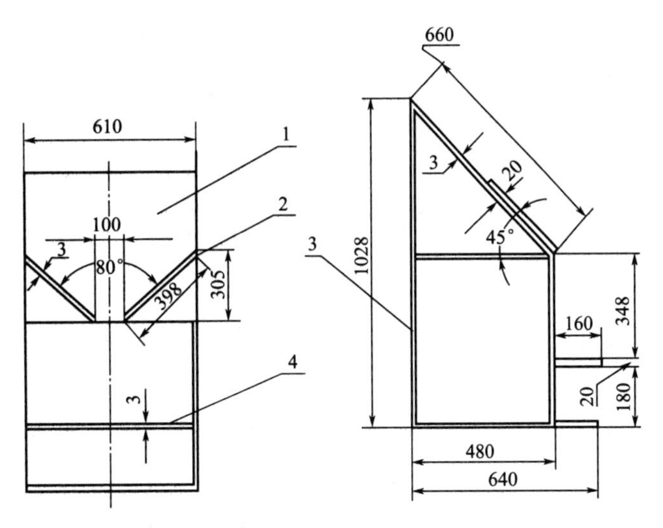


图 2-11　低倍泡沫收集器示意（单位：mm）

1—泡沫接收器；2—泡沫挡板；3—支架；4—析液测定器支架

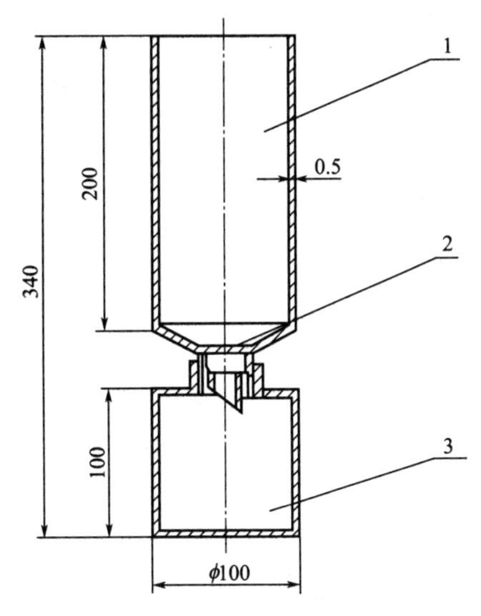


图 2-12　低倍泡析液测定器示意（单位：mm）

1—泡沫接收罐；2—滤网（孔径 0.125mm）；3—析液接收罐

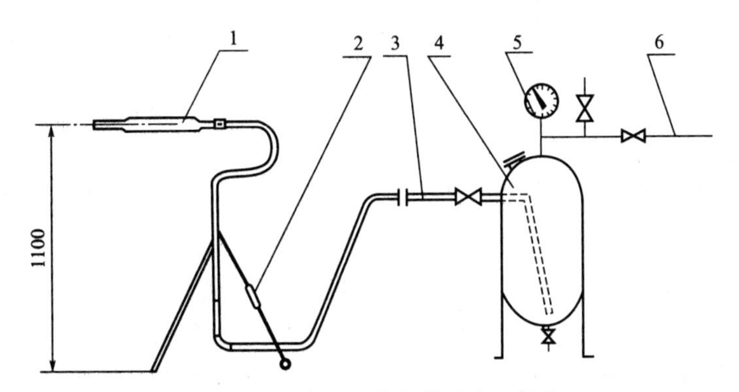


图 2-13　低倍泡沫产生系统安装示意（单位：mm）

1—标准泡沫枪；2—可调支架；3—泡沫液输送管；

4—耐压储罐；5—压力表（0～1MPa）；6—进气管

$$m_5=(m_4-m_3)/4 \tag{2-2}$$

式中 $m_3$——析液测定器的质量，g；

$m_4$——析液测定器充满泡沫时的质量，g。

e. 取下析液测定器的析液接收罐，放在天平上，同时将泡沫接收罐放在支架上，注意保持析液中不含泡沫，当析出液体的质量为 $m_5$ 时卡停秒表，记录25%析液时间。

f. 按公式(2-3) 计算发泡倍数 $E$。

$$E=\rho V/(m_4-m_3) \tag{2-3}$$

式中 $\rho$——泡沫液的密度，g/mL，取 $\rho=1.0$g/mL；

$V$——泡沫收集器容积，L。

② 高、中倍数泡沫液　测定高、中倍数泡沫液的发泡倍数和25%析液时间的相关仪器及装置，见表2-37。

**表 2-37　中、高倍数泡沫液发泡倍数和25%析液时间的测定仪器**

| 仪器及装置 | 要　求 |
|---|---|
| 泡沫收集器 | 中倍数泡沫收集器：见图2-14(a)，容积($V$)为200L，容积精度为±2L，底部有9个排液孔。可采用不锈钢、塑料等材料制作<br>高倍数泡沫收集器：见图2-14(b)，容积($V$)为500L，容积精度为±5L，底部有9个排液孔。可采用不锈钢、塑料等材料制作 |
| 泡沫产生系统 | 中倍数泡沫产生系统(见图2-13)：带有标准中倍泡沫产生器(图2-15)。当泡沫产生器用水标定时，在(0.5±0.01)MPa压力下，水流量为(3.25±0.15)L/min<br>高倍数泡沫产生系统(见图2-13)：带有标准高倍泡沫产生器(图2-16)。当泡沫产生器用水标定时，在(0.5±0.01)MPa压力下，水流量为(6.1±0.1)L/min |
| 量筒 | 分度值10mL |
| 温度计 | 分度值1℃ |
| 秒表 | 分度值0.1s |
| 台秤 | 精度0.01kg |

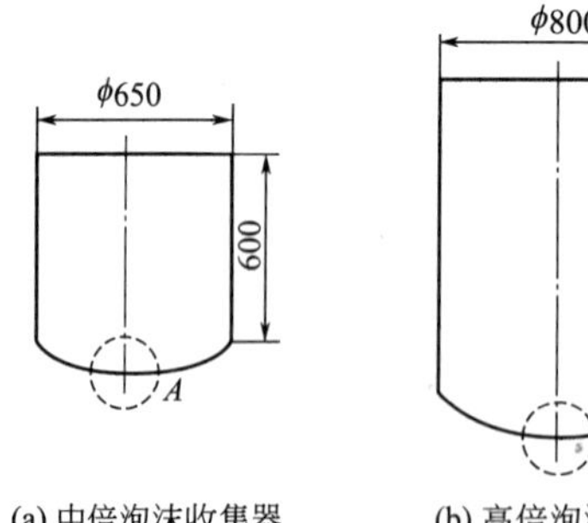


(a) 中倍泡沫收集器

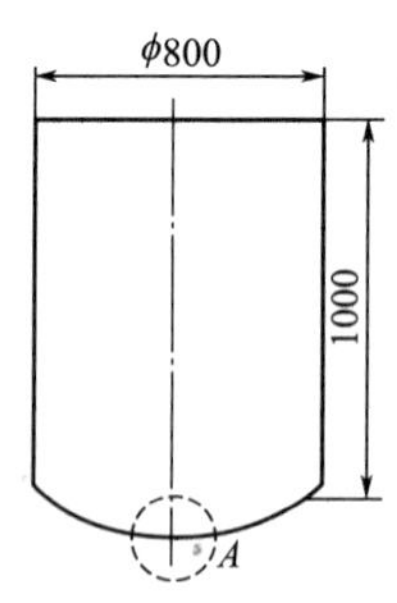


(b) 高倍泡沫收集器

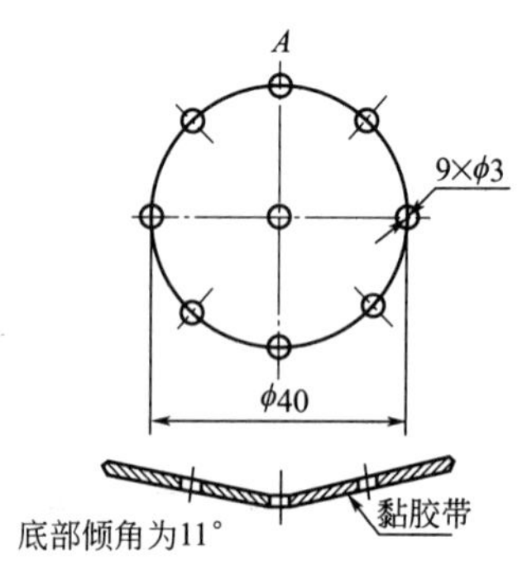


(c) 泡沫收集器底部

图2-14　泡沫收集器（单位：mm）

中、高倍数泡沫液发泡倍数和25%析液时间的测定方法如下。

a. 将温度处理前、后的样品分别按使用浓度用淡水配制泡沫溶液，若泡沫液适用于海水，则用符合要求的人工海水配制泡沫溶液。人工海水由下列组分构成（配制人工海水用的化学试剂均为化学纯）。

在1L淡水中加入：氯化钠（NaCl），25.0g；氯化镁（$MgCl_2\cdot6H_2O$），11.0g；氯化

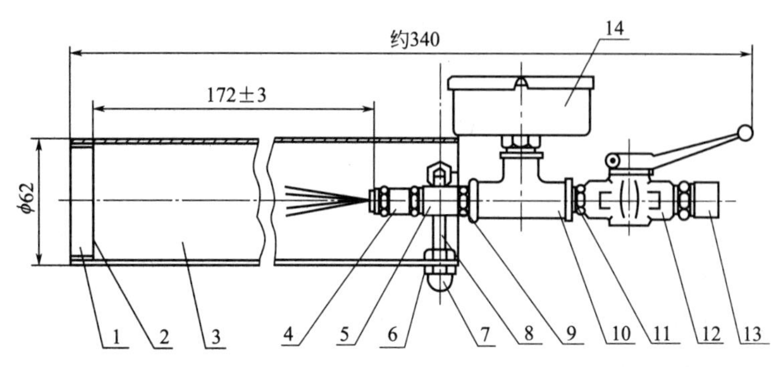


图 2-15 中倍泡沫产生器（单位：mm）

1—压环；2—不锈钢网，丝径 0.4mm，孔径 0.658mm；3—外壳；4—喷嘴；5—套环；6,7—螺母；8—螺栓；9,11—螺纹接头；10—三通接头；12—开关阀；13—连接管；14—压力表

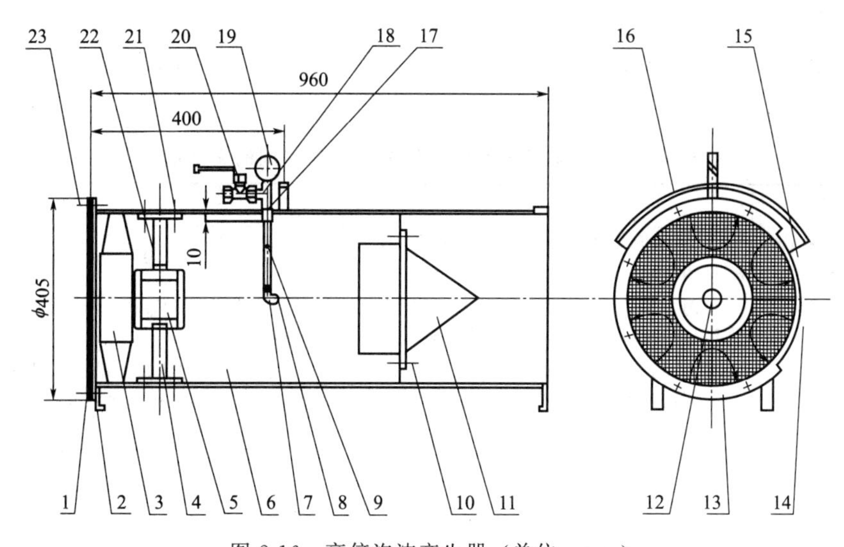


图 2-16 高倍泡沫产生器（单位：mm）

1—压环；2—金属孔板；3—风扇；4—支架；5—电机；6—外壳；7—弯头；8—喷嘴；9—导管；10,14,15,21～23—螺栓；11—筛网；12—螺母；13—检查盖；16—手柄；17—螺纹接头；18—三通接头；19—压力表；20—开关阀

钙（$CaCl_2 \cdot 2H_2O$），1.6g；硫酸钠（$Na_2SO_4$），4.0g。

b. 用胶带封堵泡沫收集器底部的排液孔。润湿泡沫收集器内壁，并擦净、称重（$m_1$）。启动泡沫产生系统，调节泡沫产生器入口压力为（0.5±0.01）MPa。

c. 收集泡沫于收集器中，当泡沫充满收集器一半时启动秒表。当收集器完全充满泡沫时，停止收集泡沫，并且沿泡沫收集器上沿刮平泡沫。称量此时收集器质量（$m_2$）。按公式（2-4）计算发泡倍数 $E$。

$$E=\rho V/(m_2-m_1) \tag{2-4}$$

式中 $\rho$——泡沫液的密度，kg/L，取$\rho=1.0$kg/L；

$V$——泡沫收集器容积，L；

$m_1$——泡沫收集器质量，kg；

$m_2$——泡沫收集器充满泡沫时的质量，kg。

d. 泡沫液按公式(2-5) 计算25%析液体积$V_1$（L），按公式(2-6) 计算50%析液体积$V_2$（L）。

$$V_1=\frac{m_2-m_1}{4\rho} \tag{2-5}$$

$$V_2=\frac{m_2-m_1}{2\rho} \tag{2-6}$$

式中　$m_1$——泡沫收集器质量，kg；

$m_2$——泡沫收集器充满泡沫时的质量，kg；

$\rho$——泡沫液的密度，kg/L，取$\rho$=1.0kg/L。

e. 将泡沫收集器放在支架上，除去封堵在排液孔上的胶带，将析出的泡沫溶液收集到量筒中。注意保持析液中不含泡沫。

f. 当析出的泡沫溶液体积为$V_1$时，秒表所示时间即为25%析液时间。当析出的泡沫溶液体积为$V_2$时，卡停秒表，记录50%析液时间。

③ A类泡沫液　测定A类泡沫液的发泡倍数和25%析液时间的相关仪器及装置，见表2-38。

**表2-38　A类泡沫液发泡倍数和25%析液时间的测定仪器**

| 仪器及装置 | 要　求 |
|---|---|
| 标准压缩空气泡沫系统 | 见图2-17,其中气液混合室的构造见图2-18 |
| 泡沫收集器 | 见图2-11,同低倍泡沫收集器 |
| 析液测定器1 | 见图2-19,不锈钢、铝或镀锌铁板制作。用水标定泡沫接收罐的容积,精确至50mL,用于测定发泡倍数特征值大于20倍泡沫溶液的25%析液时间和发泡倍数 |
| 析液测定器2 | 见图2-12,同低倍泡沫收集器,塑料或黄铜制作。用水标定泡沫接收罐的容积,精确至1mL。用于测定发泡倍数特征值不大于20倍泡沫溶液的25%析液时间和发泡倍数 |
| 温度计 | 分度值1℃ |
| 量筒 | 分度值10mL |
| 天平1 | 精度5g,量程不低于20kg,用于测定发泡倍数特征值大于20倍泡沫溶液的泡沫性能试验 |
| 天平2 | 精度±0.5g,量程不低于2kg,用于测定发泡倍数特征值不大于20倍泡沫溶液的泡沫性能试验 |
| 秒表 | 分度值0.1s |
| 泡沫出口 | 见图2-17,长度20cm,根据调整发泡倍数的需要可分别选择DN15和DN20两种规格的泡沫出口 |

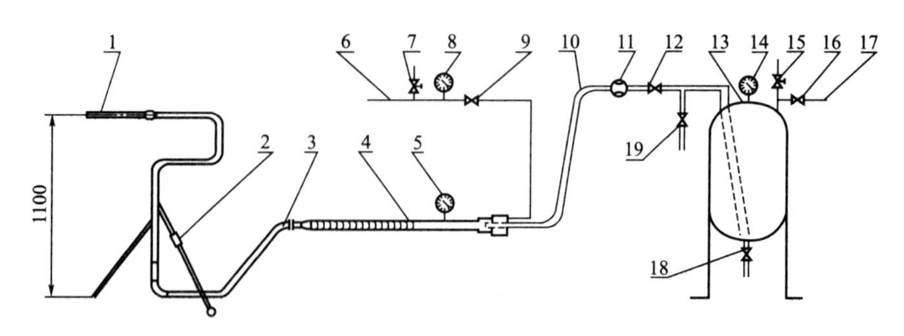


图2-17　标准压缩空气泡沫灭火系统安装示意（单位：mm）

1—泡沫出口；2—可调支架；3—泡沫输送管；4—气液混合室；

5,8,14—压力表（0～1.60MPa）；6,17—进气管；7,15—针形阀；

9,12,16,18,19—球形阀；10—泡沫溶液输送管；11—液体流量计；13—耐压储罐

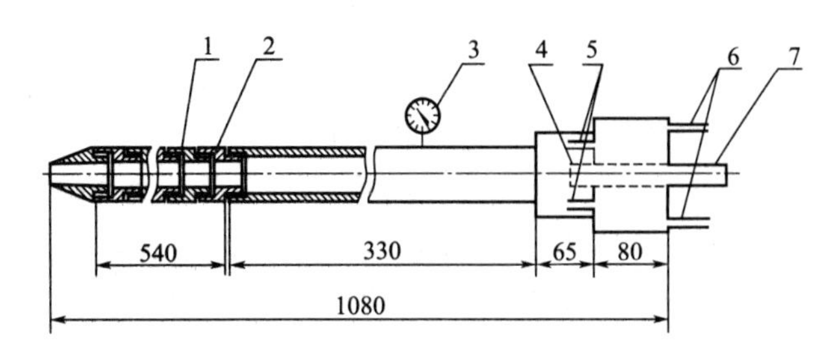


图 2-18　气液混合室安装示意（单位：mm）

1—筛网坚固件（共 16 个）；2—筛网（孔径为 0.425mm）；3—压力表（0～1.60MPa）；4—泡沫溶液喷嘴；5—气体喷管（共 6 个）；6—进气管；7—泡沫溶液输送管

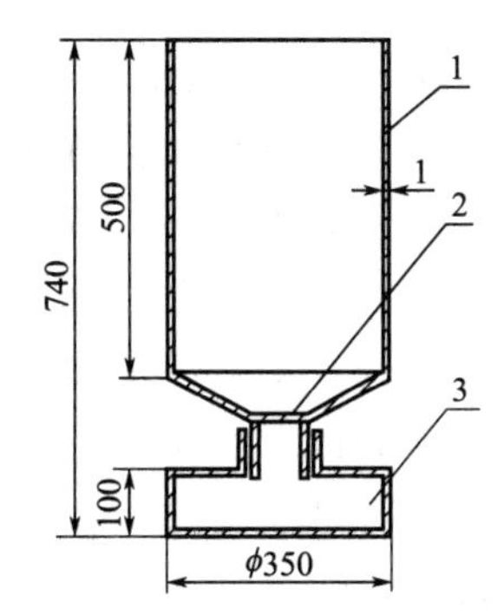


图 2-19　析液测定器 1 示意（单位：mm）

1—泡沫接收罐；2—滤网（孔径为 0.125mm）；3—析液接收罐

测定 A 类泡沫液的发泡倍数和 25％析液时间的方法如下。

a. 将温度处理前、后的样品分别用淡水配制泡沫溶液（若泡沫液适用于海水，则用符合要求的海水配制，同低倍数泡沫液）按相应混合比特征值配制泡沫溶液，使产生的泡沫温度在 15～20℃范围内。

b. 启动压缩空气泡沫系统，调节进气管压力和耐压储罐压力，确保泡沫溶液的出口流量达到（11.4±0.4）L/min。压缩空气泡沫系统的启动方法如下。

ⓐ 试验设备的安装：标准压缩空气泡沫系统的安装、连接如图 2-17 所示。

ⓑ 操作方法：按混合比要求配制泡沫溶液，并将其注入耐压储罐 13，将阀门 7、9、12、15、18、19 关闭，阀门 16 保持开启状态；启动空气压缩机，观察压力表 8、14 的升压情况。开启阀门 7，通过阀门 7 调整进气管压力，使压力稳定在要求范围内。开启阀门 15，通过阀门 15 调整耐压储罐压力，使压力稳定在要求范围内；开启阀门 9、12，此时压缩空气泡沫从泡沫输送管中喷出。调节阀门 7，使进气管压力稳定在要求范围内。继续调节阀门 15，确保液体流量在（11.4±0.4)L/min 范围内（液体实时流量通过液体流量计 11 显示）。待泡沫喷射稳定，并且液体流量稳定在要求范围内时，即可进行泡沫性能和灭火性能测试。

性能测试完毕后，关闭空气压缩机，并关闭阀门 7、9、12、15。剩余泡沫溶液经由阀门 18 从耐压储罐中排出，同时将储罐泄压；全部试验完毕后，使用清水冲洗标准压缩空气泡沫系统的管路及耐压储罐两遍。

c. 用水润湿泡沫析液测定器接收罐的内壁、擦净、称重（$m_1$）；析液测定器 1 使用天平 1 称重，析液测定器 2 使用天平 2 称重。

d. 收集泡沫。

ⓐ 若待测A类泡沫灭火剂的泡沫溶液发泡倍数特征值大于20，则在喷射泡沫并达到稳定后，直接将泡沫出口对准析液测定器1的上口，接收泡沫；

ⓑ 若待测A类泡沫灭火剂的泡沫溶液发泡倍数特征值大于20，则在喷射泡沫并达到稳定后，将泡沫出口水平放置在泡沫收集器前，使泡沫出口前端至泡沫收集器顶沿距离为(2.5±0.3) m，喷射泡沫并调节泡沫出口高度，使泡沫打在泡沫收集器中心。喷射达到稳定后，用析液测定器2接收泡沫。

e. 刮平并擦去析液测定器外溢泡沫，称重（$m_2$）。

f. 按公式(2-3) 计算发泡倍数。

g. 当按混合比特征值 $H_A$ 或 $H_B$ 所测定的发泡倍数 $E$ 与对应发泡倍数特征值 $F_A$ 或 $F_B$ 的偏差不大于20%时，则固定此试验条件。继续测定25%析液时间。当按混合比特征值 $H_A$ 或 $H_B$ 所测定的发泡倍数 $F$ 与对应发泡倍数特征值 $F_A$ 或 $F_B$ 的偏差大于20%时则，调整标准压缩空气泡沫系统，直至该偏差不大于20%，固定此试验条件，继续测定25%析液时间。

h. 测定25%析液时间：重复上述b～d步骤，在收集泡沫d试验的同时，启动用于记录25%析液时间的秒表；取下析液测定器的析液接收罐，放在天平上，同时将泡沫接收罐放在支架上，注意保持析液中不含泡沫，当析出液体的质量为 $m_3$ 时卡停称表，记录25%析液时间。按公式(2-2) 计算获得此参数数值。

### 2.2.6.2 灭火性能

泡沫灭火剂的泡沫性能指标合格的前提下，可开展灭火性能评价试验。

(1) 基本条件

① 泡沫液　对温度敏感性泡沫液，需进行温度处理后，再进行灭火性能试验。温度敏感性泡沫液的温度处理流程，如图2-20所示。

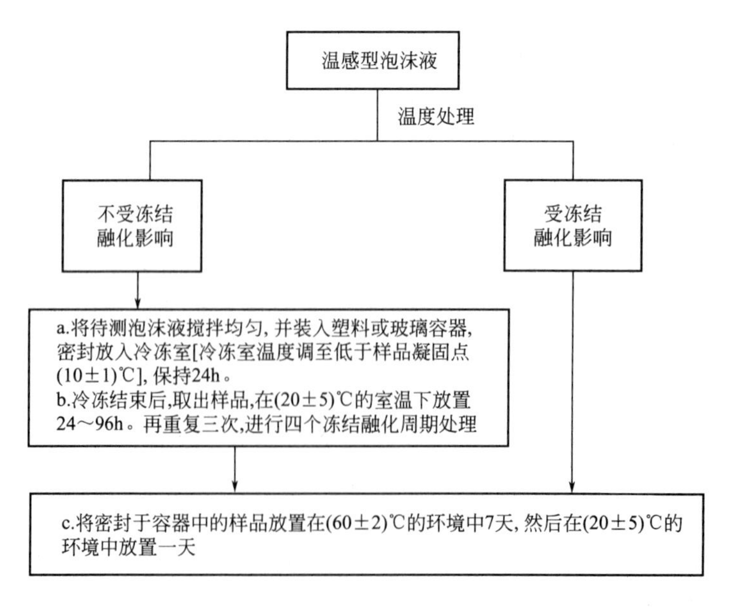


图2-20　温感型泡沫液温度处理流程

对非温度敏感性泡沫液，应将其充满储存容器并密封，才能进行灭火性能试验。

② 试验序列

a. 对不适于海水的泡沫液，使用淡水配制泡沫溶液并按供应商声明的灭火等级进行二次试验，两次成功即为合格。如果前两次试验全部成功或失败，可免做第三次试验。

b. 对适于海水的泡沫液，前两次试验中，第一次试验用淡水配制泡沫溶液，第二次试验用人工海水配制泡沫溶液。人工海水由下列组分构成（配制人工海水用的化学试剂均为化学纯）。

在 1L 淡水中加入：25.0g 氯化钠（NaCl）；11.0g 氯化镁（$MgCl_2 \cdot 6H_2O$）；1.6g 氯化钙（$CaCl_2 \cdot 2H_2O$）；4.0g 硫酸钠（$Na_2SO_4$）。

如果两次试验全部成功或失败，则终止试验。如果一次失败，则重复该试验。如果第一次重复试验成功则进行第二次重复试验，否则终止试验。泡沫液灭火性能成功的条件是下述情况之一：前两次试验都成功；前两次试验只有一次成功且两次重复试验都成功。

③ 试验条件

环境温度：10～30℃；

泡沫温度：15～20℃；

燃料温度：10～30℃；

风速：不大于 3m/s（接近油盘处）。

④ 泡沫溶液的配制　应按样品的使用浓度用淡水配制泡沫溶液。若泡沫液适用于海水，还应用人工海水配制泡沫溶液。配制浓度与淡水相同。

⑤ 试验记录参数　室内或室外；环境温度；泡沫温度；风速；90%控火时间；99%控火时间；灭火时间；25%抗烧时间；1%抗烧时间（仅适用于中倍泡沫液）。

(2) 低倍数泡沫液灭非水溶性液体燃料火的效能评估

① 缓施放灭火试验　低倍数泡沫液灭非水溶性液体火灾效能的测定仪器，见表 2-39。

**表 2-39　低倍数泡沫液灭非水溶性液体火灾的效能测定仪器**

| 仪器及装置 | 要　求 |
|---|---|
| 钢质油盘 | 面积约为 4.52m²，内径(2400±25)mm，深度(200±15)mm，壁厚 2.5mm |
| 钢质挡板 | 长(1000±50)mm，高(1000±50)mm |
| 泡沫枪 | 其见图 2-10 |
| 钢质抗烧罐 | 内径(300±5)mm，深度(250±5)mm，壁厚 2.5mm |
| 风速仪 | 精度 0.1m/s |
| 秒表 | 分度值 0.1s |
| 燃料 | 橡胶工业用溶剂油，符合 SH 0004 的要求 |

低倍数泡沫液灭非水溶性液体火灾效能的测定方法如下：将油盘放在地面上并保持水平，使油盘在泡沫枪的下风向，加入 90L 淡水将盘底全部覆盖。泡沫枪水平放置并高出燃料面 (1±0.05)m，使泡沫射流的中心打到挡板中心轴线上并高出燃料面 (0.5±0.01)m。加入 (144±5)L 燃料使自由盘壁高度为 150mm，加入燃料在 5min 内点燃油盘，预燃 (60±5)s，开始供泡，并记录灭火时间。

灭火成功的条件：

a. 对Ⅲ级泡沫液，所有火焰全部熄灭；

b. 对Ⅰ级和Ⅱ级泡沫液，残焰减少到只有一个或在盘边 0.1m 范围内有几个闪焰，其高度不超过油盘上沿 0.15m，有一个聚集的火焰前锋（即在不计任何火焰间距离的条件下，火焰沿盘边方向的总长度不超过 0.5m），而且在抗烧试验前的等待时段内火焰强度不再增加。

供泡（300±2)s 后停止供泡，等待（300±10)s，将装有（2±0.1)L 燃料的抗烧罐放在油盘中央并点燃。当油盘 25%的燃料面积被引燃时，记录 25%抗烧时间。

② 强施放灭火试验　除油盘不带钢质挡板外，其他与缓施放灭火试验相同，见表 2-39。

按着缓施放灭火试验的方式将油盘放在泡沫枪的下风向，泡沫枪的位置应使泡沫的中心射流落在距远端盘壁（1±0.1)m 处的燃料表面上。

加入燃料在 5min 之内点燃，预燃（60±5)s 后开始供泡，供泡（180±2)s 后停止供泡；如果火被完全扑灭，则记录灭火时间；如果火焰仍未被扑灭，等待观察残焰是否全部熄灭并记录灭火时间。停止供泡后，等待（300±10)s，将装有（2±0.1)L 燃料的抗烧罐置于油盘中心并点燃。记录自点燃抗烧罐至油盘 25%的燃料面积被引燃的时间，即 25%抗烧时间。

（3）中倍数泡沫液的灭火效能

中倍数泡沫液的灭火效能试验所需仪器、燃料，如表 2-40 所示。中倍数泡沫灭火试验装置，如图 2-21 所示。

**表 2-40　中倍数泡沫液灭火效能测定仪器**

| 仪器及装置 | 要　求 |
|---|---|
| 钢质油盘 | 面积约 1.73$m^2$，直径(1480±15)mm，深度(150±10)mm，壁厚 2.5mm |
| 泡沫产生系统 | 见图 2-13 |
| 钢质抗烧罐 | 直径(150±5)mm，高(150±5)mm，壁厚 2.5mm，带一个支架能使其直接挂在油盘的边缘的外侧 |
| 风速仪 | 精度 0.1m/s |
| 温度计 | 分度值 1℃ |
| 秒表 | 分度值 0.1s |
| 燃料 | 120# 橡胶工业用溶剂油，符合 SH 00004 的要求 |

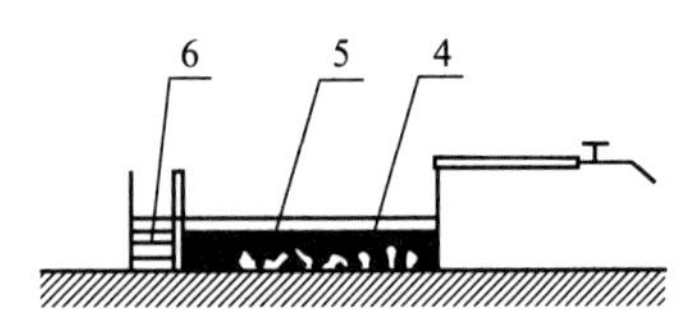


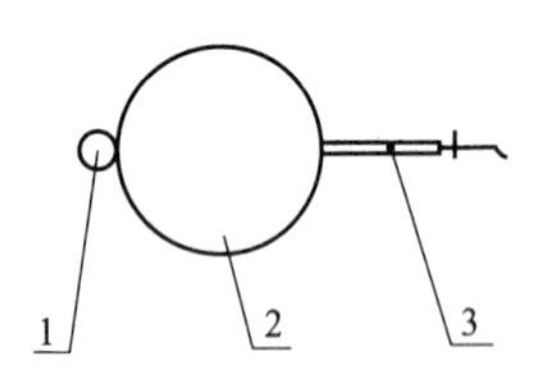


图 2-21　中倍数泡沫灭火试验示意

1—抗烧罐；2—油盘；3—中倍数泡沫产生器；4，6—燃料；5—水

中倍数泡沫液灭火效能的测定方法如下：

① 将油盘放置在地面上并保持水平。加入 30L 水及（55±2)L 燃料，使自由盘壁的高度为 100mm。将装有（0.9±0.1)L 燃料的抗烧罐挂在油盘的下风侧。如图 2-21 所示安装中倍泡沫产生器，水平放置在油盘上风侧。在施加燃料的 5min 内点燃油盘。当整个燃料表面布满火焰不少于 45s 后，安装好泡沫产生器。

② 当预燃时间达到（60±5)s，开始供泡。供泡时间（120±2)s。

③ 记录从开始供泡至火焰熄灭的时间间隔即为灭火时间。

④ 供泡结束后，抗烧用内火焰应继续燃烧，直到油盘内泡沫层上出现悬浮火焰，记录该时间间隔为 1%抗烧时间。

（4）高倍数泡沫液的灭火效能

高倍数泡沫液的灭火效能试验中所需的泡沫产生系统如图 2-13；油盘、风速计、温度计、秒表及燃料同中倍数泡沫灭火试验装置（见表 2-40）；泡沫拦网由 0.021mm（5 目）不锈钢网构成，见图 2-22。

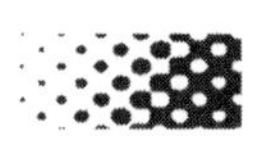

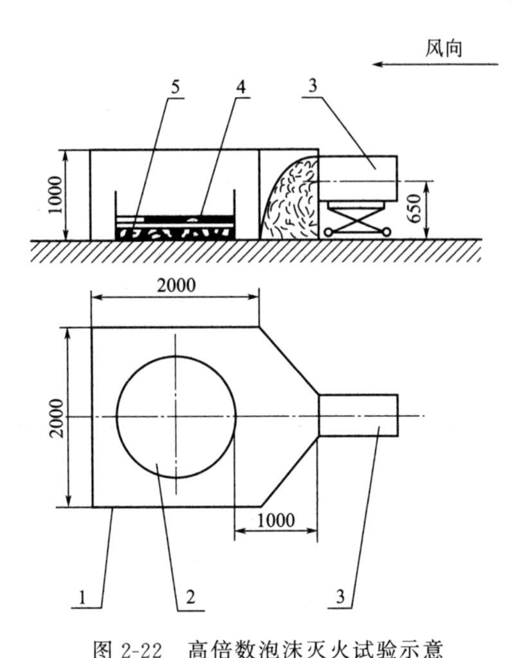


图 2-22　高倍数泡沫灭火试验示意

1—泡沫拦网；2—油盘；3—高倍数泡沫产生器；4—燃料；5—水

高倍数泡沫液灭火效能的测定方法如下：

① 将油盘放置在地面上并保持水平。加入 30L 水及（55±2）L 燃料，使自由盘壁的高度为 100mm。按图 2-12 在油盘周围布置泡沫拦网和高倍泡沫产生器，高倍泡沫产生器水平放正在油盘上风侧。在施加燃料的 5min 内点燃油盘。当预燃时间（从整个燃料表面布满火焰开始计时）达到 45s 时，在距油盘一定距离处打开泡沫产生器产生泡沫。

② 当预燃时间达到（60±5)s，将泡沫产生器对准拦网开口，开始供泡。供泡时间(120±2)s。

③ 记录从开始供泡至火焰熄灭的时间间隔即为灭火时间。

（5）抗醇泡沫液的灭火效能

抗醇泡沫液灭非水溶性液体燃料火的效能评估试验与低倍数泡沫液灭非水溶性液体燃料火的效能评估试验方法相同，详见 2.2.6.2(2) 部分。

抗醇泡沫液灭水溶性液体燃料火灾所需仪器、燃料，如表 2-41 所示。

**表 2-41　抗醇泡沫液灭水溶性液体燃料火灾的试验仪器**

| 仪器及装置 | 要　求 |
|---|---|
| 钢质油盘 | 面积 1.73m²，内径(1480±15)mm，深度(150±10)mm，壁厚 2.5mm |
| 钢质挡板 | 高(1000±50)mm，宽(1000±50)mm，壁厚 2.5mm |
| 抗烧罐 | 内径(300±5)mm，深度(250±5)mm，壁厚 2.5mm |
| 燃料 | 纯度不小于 99%的工业酮(符合 GB/T 6026 标准，不低于一等品) |

抗醇泡沫液灭水溶性液体燃料火灾效能的测定方法如下：

① 将油盘放在地面上并保持水平，使油盘在泡沫枪的下风向。将泡沫枪水平放置并高出燃料面（1±0.05)m，使泡沫射流的中心打到挡板中心轴并高出燃料面（0.5±0.1)m。加（125±5)L 燃料，使自由盘壁高度约为 78mm。加入燃料在 5min 内点燃油盘，预燃(120±5)s，开始供泡。并记录灭火时间。

② 供泡（180±2)s（灭火性能级别为Ⅰ级的泡沫液）或（300±2)s（灭火性能级别为Ⅱ级的泡沫液），停止供泡等待（300±10)s，将装有（2±0.1)L燃料的抗烧罐放在油盘中央并点燃。记录25%抗烧时间。

（6）A类泡沫液的灭火效能

① 灭A类火灾效能　A类泡沫灭A类火灾所需设备及材料，如表2-42所示。

表2-42　A类泡沫灭A类火灾所需设备及材料

| 设备及材料 | 要　求 |
|---|---|
| 标准压缩空气泡沫系统 | 见图2-17 |
| 木垛 | 规格为2A |
| 引燃盘 | 规格为535mm×535mm×100mm |

灭A类火灾的测定方法如下：

a. 试验中将标准压缩空气泡沫系统中的泡沫出口和可调支架卸下，直接使用泡沫输送管喷射泡沫。首先启动压缩空气泡沫系统，调节进气管压力和耐压储罐压力，确保泡沫溶液出口流量达到要求，并调整相应发泡倍数，使其与特征值 $F_A$ 的偏差不大于20%，同时应视泡沫喷射距离而相应调整泡沫出口管径，确保泡沫喷射距离不小于3m。

b. 在引燃盘内先倒入深度为30mm的清水，再加入2L符合要求的橡胶工业用溶剂油。将引燃盘放入木垛的正下方。

c. 点燃橡胶工业用溶剂油，引燃2min，然后将油盘从木垛下抽出。同时启动压缩空气泡沫系统，按要求调整压力和流量。同时让木垛继续自由燃烧。当木垛燃烧至其质量减少到原来量的53%～57%时，则预燃结束。

d. 预燃结束后即开始灭火。灭火应从木垛正面，距木垛不小于1.8m处开始喷射，然后接近木垛（操作者和灭火设备的任何部位不应触及木垛），并向木垛正面、顶部、底部和两个侧面等喷射，但不能在木垛的背面喷射。灭火时应保证流量不变。可见火焰全部熄灭后，停止施加泡沫，记录灭火时间。

e. 灭火时间不大于90s，且停止施加泡沫10min内没有可见的火焰（但10min内出现不持续的火焰可不计），即为灭A类火成功。如灭火试验中木垛倒坍，则此次试验为无效，应重新进行。

② 灭非水溶性液体火灾效能　A类泡沫液灭非水溶性液体火灾效能的测试方法，与低倍数泡沫液相同，可参见2.2.6.2(2）部分。

#### 2.2.6.3　其他性能

隔热防护性能试验是测试A类泡沫灭火剂在混合比为特征值 $H_G$ 的条件下的发泡倍数和25%析液时间，具体的试验设备、温度条件参见2.2.6.1(8）部分。测试时，应调整标准压缩空气泡沫系统状态，使被检验A类泡沫液达到尽可能高的发泡倍数。

## 2.3　干粉灭火剂及其效能评估

### 2.3.1　定义及特点

干粉灭火剂是由基料（一种或多种灭火成分）和少许具有特定功能的填料、助剂等添加剂组成的固体粉末。其中，基料泛指易于流动的干燥微细粉末，可借助有一定压力的气体喷成粉末形式灭火的物质，一般为无机盐，含量高达90%以上。添加剂主要用于改善干粉灭

火剂的流动性、防潮性、防结块等物理性能，一般含有流动促进剂和防结块剂，如：滑石粉、云母粉、有机硅油等。

干粉灭火剂具有灭火效率高、灭火速度快、适用温度范围广、优良的电绝缘性能、对环境无特殊要求、无毒、无污染、安全等特点，在多个领域内，特别是缺水的地区得以广泛应用。

## 2.3.2 灭火机理

干粉灭火剂平时储存于干粉灭火器或干粉灭火设备中，灭火时依靠加压气体（二氧化碳或氮气）的压力将干粉从喷嘴喷出，形成雾状粉流，射向燃烧物。当干粉与火焰接触时，发生一系列的物理、化学作用，将火扑灭。

（1）对有焰燃烧的抑制作用

燃烧反应是一种链式反应，反应中产生的·OH 和 H·是维护燃烧链式反应的活性基团，它们与燃料分子作用，不断生成新的活性基团和氧化物，同时放出大量的热，维护燃烧反应的继续进行。

干粉灭火剂的灭火组分（无机盐）是燃烧反应的非活性物质，当把它们喷射到燃烧区时，干粉粉末 M 与火焰接触，便与火焰中的活性自由基·OH 和 H·接触而把它瞬时吸附在自己的表面，发生如下反应：

$$\mathrm{M(粉末)+OH\cdot \longrightarrow MOH}$$

$$\mathrm{MOH+H\cdot \longrightarrow M+H_2O}$$

通过上述反应，M 与·OH 和 H·反应形成了不活泼的水，消耗了燃烧反应中的活性基团·OH 和 H·。当大量的粉末以雾状形式喷向火焰时，火焰中的自由基被大量吸附和转化，使自由基数量急剧减少，抑制能量产生，当自由基的销毁速度大于生成速度时，链式反应过程终止，最终使火焰熄灭。干粉粉末的这种灭火作用称为抑制作用。由于这种抑制作用是在粉粒-燃烧气体组成的多相体系中进行的，即 $OH^-$ 和 $H^+$ 在粉粒的表面结合成水分子，因此又称为非均相抑制作用。

（2）烧爆作用

某些化合物（如含有一个结晶水的草酸钾 $K_2C_2O_4\cdot H_2O$，尿素与氢氧化钠、氢氧化钾的反应产物 $NaC_2H_2H_3O_3$，$KC_2N_2H_3O_3$ 等）当与火焰接触时，其粉料受高热的作用，可以爆裂成许多更小的颗粒，这种现象称为“烧爆”。由于烧爆，使火焰中的粉末比表面积或者蒸发量急剧增大，与火焰的接触面积大大增加，因而表现出很高的灭火效能。氨基干粉的灭火效力为碳酸氢钠干粉的 3～4 倍，烧爆现象是其主要原因之一。

（3）其他灭火作用

干粉灭火时，还存在着物理灭火作用。浓云般的粉雾包围了火焰，可以减少火焰对燃料的热辐射；粉末受高温的作用放出结晶水或发生分解，可以吸收火焰的一部分能量，而且分解生成的不活泼气体，稀释燃烧区的氧浓度，从而达到冷却与窒息的作用。当然，这些作用对灭火的影响远不如抑制作用大。

对于多用干粉灭火剂，除了上述几种灭火作用外，还因它与火焰接触后，生成的多聚磷酸盐在着火物表面上形成一定厚度的玻璃层状物，它可以渗透到可燃物的细孔内，并阻止空气与可燃物的接触而起到防火层的作用；此外，磷酸铵盐分解放出的氨对火焰也能起类似卤代烷那样的均相负催化作用，还可以使燃烧物表面炭化，这种炭化层是热的不良导体，可以减缓燃烧过程，降低火焰温度。

金属干粉灭火剂的主要作用机理是隔绝和“屏蔽”，虽然作用较弱，沉落在固体可燃材料表面上的干粉还有冷却作用；投放干粉灭火剂的方式应使其在固体可燃材料表面上能形成较厚的一层干粉，使火焰的空气动力和燃烧区的气流尽量少带走干粉。

## 2.3.3 常见类型

干粉灭火剂按照基料的不同，可分为金属碳酸盐、氯化盐类干粉，如钾、钠、钡，磷酸盐类的磷铵干粉；根据其使用范围，可分为普通干粉、多用干粉、金属干粉等。

### 2.3.3.1 普通干粉灭火剂

普通干粉灭火剂，又称为BC类干粉灭火剂。它主要用于扑救可燃液体火灾、可燃气体火灾以及带电设备火灾。其主要品种（以基料分类）有：

① 以碳酸氢钠为基料的干粉，也称为小苏打干粉灭火剂或钠盐干粉灭火剂。一般为白色，特点是产品成本低、应用范围广、灭火速度快，但其流动性和斥水性差，但经全硅化防潮工艺处理后可得以改善。

② 以碳酸氢钠为基料，又添加增效基料的改性钠盐干粉，一般为黑灰色，其灭火效率比钠盐干粉高出近一倍。

③ 以碳酸氢钾为基料的紫钾盐干粉，一般为淡紫色，其灭火效率比钠盐干粉高一倍。此外，还有以氯化钾、硫酸钾为基料的钾盐干粉。

④ 以尿素和碳酸氢钠（或碳酸氢钾）的反应产物为基料的氨基干粉（或称毛耐克斯Monnex干粉），其灭火效率高于钾盐干粉一倍。

这类干粉颗粒微细，具有很大的比表面积（在3000～6000$cm^2/g$之间），浓雾般的干粉颗粒以较大的表面积接触火焰，可实现快速灭火。干粉颗粒中碱金属离子对火焰的抑制作用由小到大的顺序为：锂→钠→钾→铷→铯。上述干粉中，碳酸氢钠干粉使用量最大，氨基干粉的灭火效率最高。

表2-43列举了某BC类干粉的配方。

**表2-43　BC类干粉配方**

| 原材料 | 碳酸氢钠 | 疏水白炭黑 | 硅油 | 云母 | 水 |
|---|---|---|---|---|---|
| 质量分数/% | 82.0 | 2.2 | 0.3 | 2.0 | 适量 |
| 原材料 | 碳酸钙 | 活性白土 | 汽油 | 滑石粉 | |
| 质量分数/% | 9.0 | 2.5 | 0.3～0.4 | 4.0 | |

### 2.3.3.2 多用干粉灭火剂

多用干粉灭火剂又称为ABC干粉，它不仅适用于扑救可燃液体、可燃气体和带电设备火灾，还适用扑救一般固体物质火灾。这类干粉多以磷酸盐为基料，一般为淡红色。其灭火效率大致与钠盐干粉相当。主要品种有：

① 以磷酸盐（如磷酸二氢铵、磷酸氢二铵、磷酸铵和焦磷酸盐）为基料的干粉。该产品成本高、价格较贵、使用不是很广泛。

② 以硫酸铵与磷酸铵盐的混合物为基料的干粉。

③ 以聚磷酸铵为基料的干粉。

表2-44列举了某ABC类干粉的配方。

表 2-44 ABC 类干粉配方

| 原材料 | 磷酸一铵 | 疏水白炭黑 | 硅油 | 云母 | 水 |
|---|---|---|---|---|---|
| 质量分数/% | 70.0 | 2.5 | 0.35 | 1.5 | 适量 |
| 原材料 | 碳酸钙 | 活性白土 | 汽油 | 硫酸铵(氯化钠) | |
| 质量分数/% | 7.0 | 3.5 | 0.45 | 15 | |

#### 2.3.3.3 金属干粉灭火剂

金属干粉灭火剂又称D类干粉或特种干粉灭火剂，主要用来扑救钾、钠、镁等活泼金属火灾。这类干粉通常是以氯化钠、石墨、干砂为基料。有的金属干粉也可以用于扑救B、C类火灾。

### 2.3.4 应用

#### 2.3.4.1 储存

干粉灭火剂应储存在通风、阴凉、干燥处，并密封储存。储存温度最高不得高于55℃，最好不要超过40℃。干粉灭火剂堆放不宜过高，以防压实结块。

干粉灭火剂在充装时，应在干燥的环境或天气中进行。充装前，尤其是充装不同类型的干粉储罐，应吹扫干净；充装完毕后，应及时将装粉口密闭。

在标准规定的环境储存，干粉灭火剂的有效储存期一般为5年。

#### 2.3.4.2 应用特点

普通干粉灭火剂应用过程，存在以下问题。

(1) 抗复燃能力低

干粉灭火剂对燃烧物的冷却作用小，而且基本上不具备覆盖和防止燃料蒸发的作用。因此，在一些条件复杂或燃烧时间较长的火灾现场，干粉喷射完毕后，往往又会引起复燃。一旦发生复燃，迅即达到灭火前的自由燃烧状态。因此干粉灭火剂在使用过程中，往往与水、泡沫灭火剂联合使用。在与泡沫灭火剂联合灭火过程中，要注意灭火剂之间的兼容性。

(2) 降低能见度

干粉灭火剂粉粒很细，喷射后粉粒弥散在空气中，在一定程度上降低了能见度，对灭火救援工作会产生一定影响。

另外，干粉灭火剂对人的呼吸道有一定的刺激作用，人长时间处于干粉粉雾中时会窒息。因此，在喷射干粉时被粉雾笼罩的区域内不得有人、畜停留。

### 2.3.5 性能指标及要求

#### 2.3.5.1 基本性能指标

(1) 密度

松密度是指干粉在不受振动的疏松状态下，粉末的质量与其填充体积（包括粉粒之间的空隙）的比值。松密度是干粉灭火器、干粉储罐充装干粉灭火剂数量的重要参数之一。

填充密度是指干粉在经受一定条件的振实后，粉末的质量与其填充体积（包括粉粒之间的空隙）的比值。填充密度是用于测定干粉比表面积的参数之一，它除了与干粉基料的密度有关外，还与粉末的黏度分布和添加剂的性质有关。

密度是指干粉灭火剂的真实密度，即粉末的质量与其实际占有体积（不包括粉粒之间的空隙）的比值。干粉的密度与其基料的密度密切相关。干粉的密度可用比重瓶测得。

（2）粒度、比表面积和粒度分布

粒度和比表面积是从不同角度衡量干粉粉粒大小的指标。粒度是指干粉粉粒的直径大小；比表面积是指单位质量的干粉粉粒的表面积总和。粒径越小，比表面积越大。粒度分布是指不同直径的粉粒在干粉所占的质量分数。干粉灭火剂的粒度分布与其灭火效果间存在重要的关联。相关研究表明：干粉灭火剂在灭火过程中并不是所有颗粒都能在高温下分解起到灭火作用，而是小于一定粒径的颗粒在火焰中才能完全分解，产生化学过程吸收热量。即每种灭火颗粒都存在一个临界粒径，粒径小于该值的颗粒能起到灭火作用，大于临界粒径的颗粒则具有较大的动量，根据空气动力学理论可以带动微小颗粒更多地进入火焰中心，而不是被热气流吹走，从而保证了灭火效率。因此对于某一种配方的干粉灭火剂而言，应存在粒度分布的最佳配比。

（3）含水率

含水率指干粉中含有水分的质量分数。测定含水率常用的方法有常压加热干燥法、减压加热干燥法和常温干燥法。

（4）吸湿率

吸湿率指一定量的干粉灭火剂暴露于规定的潮湿环境（20℃，相对湿度78%）中，增湿一段时间（24h）后，吸水增重的百分数。吸湿率是衡量干粉灭火剂抗吸湿能力的指标，吸湿率越小，抗吸湿能力越强。

（5）流动性

流动性是衡量干粉灭火剂在常压下是否易于流动的指标。干粉的流动性好坏，对其喷射性能有较大的影响。

（6）结块趋势

结块趋势是衡量干粉灭火剂是否易于黏结和结块的指标。结块趋势以针入度和斥水性表示。其中斥水性是指干粉灭火剂与水直接接触时的疏水性能，可用倾注法测量。

（7）低温特性

低温特性是衡量干粉灭火剂在低温情况下流动性能的指标。低温性能好的干粉应不结块，自由流下时间不应大于5s。

（8）充填喷射率

充填喷射率是衡量干粉灭火剂在模拟实用情况下流动性能的指标。

（9）电绝缘性能

电绝缘性能指干粉灭火剂在一定容器中振实情况下的击穿电压。测定该项目是为了保证产品在灭电气火灾时具有一定的安全性。这与含水率大小有关。

（10）灭火性能

灭火性能是衡量干粉灭火剂实际灭火效率的指标。它是在规定的灭火试验装置中，使用一定的喷粉强度和喷粉时间，扑救一定模型的某种燃料火灾的灭火能力。三次试验两次灭火即为合格。

#### 2.3.5.2 基本性能指标

各类干粉灭火剂的主要性能要求，见表2-45。

表 2-45　各类干粉灭火剂的技术性能指标

| 项　　目 | | 指　　标 | | |
|---|---|---|---|---|
| | | BC类干粉 | ABC类干粉 | D类干粉 |
| 主要组分含量/% | | 厂方公布值±3 | 厂方公布值±3 | 特征值±3 |
| 松密度/(g/mL) | | ≥0.85,厂方公布值±0.1 | ≥0.80,厂方公布值±0.1 | 特征值±0.1 |
| 含水率/% | | ≤0.20 | ≤0.20 | ≤0.20 |
| 吸湿率/% | | ≤2.00 | ≤3.00 | — |
| 抗结块性(针入度)/mm | | ≥16.0 | ≥16.0 | ≥16.0 |
| 斥水性 | | 无明显吸水,不结块 | 无明显吸水,不结块 | 无明显吸水,不结块 |
| 流动性 | | — | — | ≤8.0 |
| 粒度分布/% | 0.250mm | 0 | 0.0 | 0.0 |
| | 0.250～0.125mm | 厂方公布值±3 | 厂方公布值±3 | 厂方公布值±3 |
| | 0.125～0.063mm | 厂方公布值±6 | 厂方公布值±6 | 厂方公布值±6 |
| | 0.063～0.040mm | 厂方公布值±6 | 厂方公布值±6 | 厂方公布值±6 |
| 底盘 | | ≥70.0 | ≥50.0 | — |
| 耐低温性/s | | ≤5.0 | ≤5.0 | ≤5.0 |
| 电绝缘性/kV | | ≥5.00 | ≥5.00 | — |
| 颜色 | | 白色 | 黄色 | — |
| 喷射性能/% | | ≥90 | ≥90 | — |
| 腐蚀性 | | | | 无明显锈蚀 |
| 灭A类火灾效能 | | | 三次灭火试验，至少两次灭火成功 | |
| 灭B、C类火灾效能 | | 三次灭火试验，至少两次灭火成功 | 三次灭火试验，至少两次灭火成功 | |
| 灭D类火灾效能 | | | | 镁火灭火成功<br>钠火灭火成功<br>三乙基铝火灭火成功 |

## 2.3.6　评估方法

### 2.3.6.1　组分含量

组分含量的测定结果应准确至0.1%。

(1) BC类干粉

碳酸氢钠含量的测定方法有两种，一种是滴定法，一种是灼烧法。

① 滴定法（仲裁法）　干粉灭火剂试样破坏硅膜后，加热蒸馏水溶解过滤，取其滤液，分别以甲酚红-百里酚蓝和溴甲酚绿-甲基红为指示液，用盐酸标准溶液滴定。滴定法测定干粉灭火剂组分含量的相关试剂及仪器，见表2-46。

表 2-46　滴定法测定干粉组分含量相关试剂及仪器

| 仪器及试剂 | 要　　求 |
|---|---|
| 丙酮 | 分析纯 |
| 三级水 | 符合GB/T 6682—2008的规定 |
| 溴甲酚绿乙醇溶液 | 0.1% |
| 甲基红乙醇溶液 | 0.2% |
| 溴甲酚绿-甲基红混合指示剂 | 将溴甲酚绿乙醇溶液(0.1%)与甲基红乙醇溶(0.2%)按3∶1体积比混合,摇匀 |
| 甲酚红钠盐水溶液 | 0.1% |
| 百里酚蓝钠盐水溶液 | 0.1% |
| 甲酚红-百里酚蓝混合指示剂 | 将甲酚红钠盐水溶液(0.1%)与百里酚蓝钠盐水溶液(0.1%)按1∶3体积比混合,摇匀 |

续表

| 仪器及试剂 | 要　　求 |
|---|---|
| 盐酸标准滴定溶液 | 用盐酸(按 GB/T 622—2006 的规定)配制浓度约为 0.1mol/L 的水溶液 |
| 天平 | 0.2mg |
| 容量瓶 | 500mL |
| 移液管 | 50mL |
| 滴定管 | 50mL |
| 锥形瓶 | 250mL |

滴定法测定干粉灭火剂组分含量的方法如下：

a. 待测溶液制备。称取干粉灭火剂试 2g，精确至 0.0002g，置于 100mL 烧杯中，加 (3～4)mL 丙酮并不断搅拌。待丙酮挥发后，加入少量热三级水［(60～70)℃］溶解过滤，用约 250mL 三级水洗涤不溶物，将滤液和洗涤液均收集在 500mL 容量瓶中，用三级水稀释至 500mL，摇匀，即为待测溶液 A。

b. 用移液管吸取 50mL 溶液 A，移入 250mL 锥形瓶中，加 5 滴甲酚红-百里酚蓝混合指示剂，用盐酸标准溶液滴定至试验溶液的颜色由紫色变为黄色，读取消耗盐酸标准溶液的体积 $V_1$。

c. 再加入 10 滴溴甲酚绿-甲基红混合指示剂，用盐酸标准溶液滴定至试验溶液的颜色由绿色变为暗红色。

d. 煮沸 2min，溶液颜色变回绿色，冷却至室温。用盐酸标准溶液继续滴定至暗红色为终点，读取消耗盐酸标准溶液的体积 $V_2$。

e. 试样中碳酸氢钠含量 $x_1$（%）按式(2-7) 计算：

$$x_1=\frac{c(V_2-2V_1)\times 0.8401}{m_0}\times 100 \tag{2-7}$$

式中　$m_0$——试样质量，g；

$c$——盐酸标准滴定溶液实际浓度，mol/L；

$V_1$——第一次滴定所消耗盐酸标准滴定溶液的体积，mL；

$V_2$——滴定所消耗盐酸标准滴定溶液的总体积，mL。

取差值不超过 0.2%的两次试验结果的平均值作为测定结果。

② 灼烧法　灼烧法测定干粉灭火剂组分含量的相关仪器，见表 2-47。

**表 2-47　灼烧法测定干粉组分含量的相关仪器**

| 仪器 | 要　求 | 仪器 | 要　求 |
|---|---|---|---|
| 天平 | 0.2mg | 称量瓶 | $\phi$50mm×30mm |
| 马弗炉 | 分度值 20℃ | 干燥器 | $\phi$220mm |

灼烧法测定干粉灭火剂组分含量的方法如下：

a. 将干粉灭火剂置于真空干燥箱内，在真空度 0.095～0.096MPa、温度 (50±2)℃，干燥 1h。

b. 在已恒重的三只称量瓶中，分别称取已干燥的干粉灭火剂试样 5g，称准至 0.0002g。

c. 将称量瓶免盖置于马弗炉内，在温度 270～300℃，灼烧 1h。

d. 取出称量瓶，加盖置于干燥器中，静置 45min 称量，称准至 0.0002g。

e. 碳酸氢钠含量 $x_2$（%）按式(2-8) 计算：

$$x_2=\frac{(m_1-m_2)\times 2.709}{m_1}\times 100 \tag{2-8}$$

式中 $m_1$——灼烧前干粉灭火剂试样质量，g；

$m_2$——灼烧后残留物质量，g。

取三次试验结果的平均值作为测定结果。

(2) ABC类干粉

磷酸二氢铵溶液中的正磷酸根离子在酸性介质中和喹钼柠酮试剂生成黄色磷钼酸喹啉$[(C_9H_7N)_3\cdot H_3PO_4\cdot 12Mo_3]$沉淀，经过滤、洗涤、干燥后，称量所得沉淀的重量。

测试ABC干粉灭火剂组分含量的相关试剂及仪器，见表2-48。

**表2-48 滴定法测定干粉组分含量相关试剂及仪器**

| 仪器及试剂 | 要求 | 仪器及试剂 | 要求 |
|---|---|---|---|
| 钼酸钠 | 分析纯 | 硝酸溶液 | 1+1溶液 |
| 柠檬酸 | 分析纯 | 天平 | 0.2mg |
| 硝酸 | 分析纯 | 坩埚式滤器 | 4号,容积30mL |
| 三级水 | 符合GB/T 6682—2008的规定 | 带刻度烧杯 | 容量400mL |
| 喹啉 | 不含还原剂 | 电热恒温干燥箱 | 精度±2℃ |
| 丙酮 | 分析纯 | 封闭电炉 | — |

测定干粉灭火剂组分含量的方法如下。

① 喹钼柠酮试剂的制备

溶液1——将70g钼酸钠置于400mL烧杯中，加入100mL三级水溶解；

溶液2——将60g柠檬酸置于1000mL烧杯中，加入100mL三级水溶解后，加入85mL硝酸；

溶液3——把溶液1加到溶液2中，混匀；

溶液4——在400mL烧杯中，将35mL硝酸和100mL三级水混合，然后加入5mL喹啉。

把溶液4加到溶液3中，混匀，静置一夜，用滤纸或棉花过滤，滤液加入280mL丙酮，用三级水稀释至1000mL，混匀，储存在棕色容量瓶内，放在暗处，避光，避热。

② 待测溶液制备 称取磷酸铵盐干粉灭火剂试样1g，精确至0.0002g，置于100mL烧杯中，加2mL丙酮并不断搅拌。待丙酮挥发后，加入少量热三级水（60～70℃）溶解过滤，用约250mL三级水洗涤不溶物，将滤液和洗涤液均收集在500mL容量瓶中，用三级水稀释至500mL，摇匀，即为待测溶液A。

③ 用移液管吸取25mL溶液A移入400mL烧杯中，加入10mL硝酸溶液，用三级水稀释至100mL，预热近沸。加入40～45mL喹钼柠酮试剂，盖上表面皿，在封闭电炉上微沸1min或置于沸水浴中保温至沉淀分层，取出烧杯，冷却至室温，冷却过程转动烧杯3～4次。

④ 用预先在（180±2)℃下干燥45min的坩埚式滤器过滤，先将上层清液滤完，然后用约100mL三级水洗涤沉淀，将沉淀连同滤器置于（180±2)℃电热恒温干燥箱内干燥45min。移入干燥器中冷却45min，称量。

⑤ 试样中磷酸二氢铵含量$x_1$（%）按式(2-9)计算：

$$x_1=\frac{m_1\times 1.0396}{m_0}\times 100 \tag{2-9}$$

式中　$m_0$——试验时所取试样质量，g；

$m_1$——磷钼酸喹啉沉淀质量，g。

取差值不大于0.5%的两次试验结果的平均值作为测定结果。

(3) 其他测定方法

目前主要用以上方法测量干粉灭火剂中有效成分含量，但该方法涉及溶解、过滤、滴定、蒸发等，测量时间周期长，过程复杂，不能满足灭火剂产品质量现场执法检测的要求。为满足消防安全领域中灭火剂产品质量的快检需求，胡爱琴等提出了一种近红外漫反射光谱快速测量ABC干粉灭火剂主要有效成分磷酸二氢铵（$NH_4H_2PO_4$）及识别ABC干粉灭火剂与ABC干粉灭火剂的新方法，认证了用近红外光谱建立快速定量检测和识别干粉灭火剂种类方法的可行性。

近红外光谱分析技术具有无损，速度快，可测量固体粉末、液体等样品，适合现场和在线分析等优点，被广泛应用于医药、食品分析、石油化工和农业等领域。该测定过程使用聚光科技制造的SupNIR-2750型近红外光谱仪采集光谱，波长范围为1000～2500nm，分辨率为10nm，扫描次数40，以陶瓷板为背景，采集近红外漫反射光谱。使用Matlab7.11编写PLS及SIMCA算法程序和进行光谱数据处理。

测定结果表明，近红外光谱与ABC干粉灭火剂中磷酸二氢铵含量之间存在着较好的线性相关性；基于PLS校正的近红外分析ABC干粉灭火剂中磷酸二氢铵含量的结果与标准方法的结果接近。近红外光谱结合SIMCA方法可以有效地分辨ABC干粉灭火剂和BC干粉灭火剂粉末。因此，近红外光谱用于干粉灭火剂有效成分含量快速测定和种类识别是可行的。

该方法与标准方法相比，该方法无需样品预处理，单个样品检测时间为2min，非常适合于消防产品成分的快速测定、种类的现场甄别。

#### 2.3.6.2　松密度

粉体的堆积密度不仅取决于颗粒的形状、尺寸与尺寸分布，还取决于粉体的堆积方式。常用的堆积密度有松动堆积密度和紧密堆积密度。松动堆积即松密度，指在重力作用下慢慢沉积后的堆积。

松密度是粉体质量$m$除以该粉体所占容器的体积$V$求得的密度，亦称堆密度，即$\rho=m/V$。目前常用的测试方法主要有量体积法和振筛称重法两种。

(1) 量体积法

量体积法是将一定质量的粉末置于一有刻度容器中记录体积后算得松密度，普通干粉灭火剂测量松密度即是采用这种方法。

量体积法测定干粉灭火剂松密度的相关仪器，见表2-49。

**表2-49　量体积法所用仪器**

| 仪　　器 | 条　　件 |
|---|---|
| 天平 | 感量0.2g |
| 具塞量筒 | 量程250mL,分度值2.5mL |
| 秒表 | 分度值0.1s |

量体积法测定干粉灭火剂松密度的方法如下：称取干粉灭火剂试样100g，精确至0.2g，置于具塞量筒中。以2s一个周期的速度，上下颠倒量筒10个周期。将具塞量筒垂直于水平面静置3min后，记录试样的体积。松密度$\rho$（g/mL）按式(2-10)计算：

$$\rho=\frac{m_0}{V} \tag{2-10}$$

式中　$m_0$——干粉灭火剂试样的质量，g；

$V$——干粉灭火剂试样所占的体积，mL。

取差值不超过 0.04g/mL 的两次试验结果的平均值作为测定结果。

（2）震筛称重法

震筛称重法是向一定体积的容器中添装粉末，称量装满后的粉末质量求得松密度。可采用震筛装置进行试验测定，如图 2-23 所示。该装置测量容器的体积为 135mL，筛子为 80 目的标准筛。通过震动杆使筛子摆动来达到使粉末落下的目的。

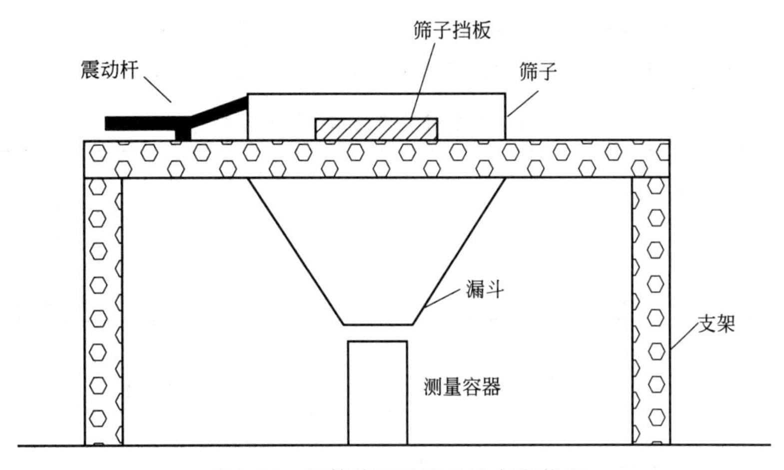


图 2-23　震筛称重法测量松密度装置

震筛称重法测定松密度的方法如下：先将测量容器称重，记录其质量 $m_0$，取足量干粉灭火剂粉末置于筛中，以 60 次/min 的震动频率左右震动筛子，以使粉末能够通过下面的漏斗进入一定体积 $V$ 的测量容器中直至粉末装满容器，称量此时的容器质量 $m_1$。按照式(2-11）计算松密度$\rho$（g/mL)：

$$\rho=\frac{m_1-m_0}{V} \tag{2-11}$$

式中　$m_0$——容器质量，g；

$m_1$——装满粉后容器质量，g；

$V$——测量容器容积，mL。

### 2.3.6.3　含水率

测定干粉灭火剂含水率的相关仪器，见表 2-50。

表 2-50　测定含水率所用仪器

| 仪器 | 条件 | 仪器 | 条件 |
|---|---|---|---|
| 天平 | 感量 0.2mg | 干燥器 | $\phi$220mm |
| 称量瓶 | $\phi$50mm×30mm | 真空干燥箱 | 控温精度±20℃ |

测定干粉灭火剂含水率的方法：在已恒重的称量瓶中，称取干粉灭火剂试样 5g，记录其质量为 $m_1$，精确至 0.2mg。将称量瓶免盖置于温度（50±2)℃，真空度 0.095～0.096MPa 的真空干燥箱内 1h。取出称量瓶加盖置于干燥器内，静置 15min 后称量质量

$m_2$，精确至0.2mg。含水率$H$（%）按式(2-12)计算：

$$H=\frac{m_1-m_2}{m_1}\times100 \qquad (2\text{-}12)$$

式中　$m_1$——干燥前干粉灭火剂试样质量，g；

　　　$m_2$——干燥后干粉灭火剂试样质量，g。

取差值不超过0.02%的两次试验结果平均值作为测定结果。

### 2.3.6.4 吸湿率

干粉灭火剂在有效储存期内一般不会发生结块现象，吸湿是干粉灭火剂结块的主要原因，结块是吸湿的必然结果。干粉灭火剂结块时将影响灭火剂的储存及其流动性等，会影响灭火剂的喷放性能，从而影响其灭火效能。

采用重量法测定干粉灭火剂的吸湿率。相关仪器及试剂见表2-51。

**表2-51　测定吸湿率所用仪器及试剂**

| 仪器(或试剂) | 条件 | 仪器(或试剂) | 条件 |
|---|---|---|---|
| 天平 | 感量0.2mg | 真空干燥箱 | 控温精度±20℃ |
| 称量瓶 | $\phi$50mm×30mm | 氯化铵 | 化学纯 |
| 干燥器 | $\phi$220mm | 恒温恒湿系统 | 饱和氯化铵恒湿系统(如图2-24所示)或调温调湿箱 |

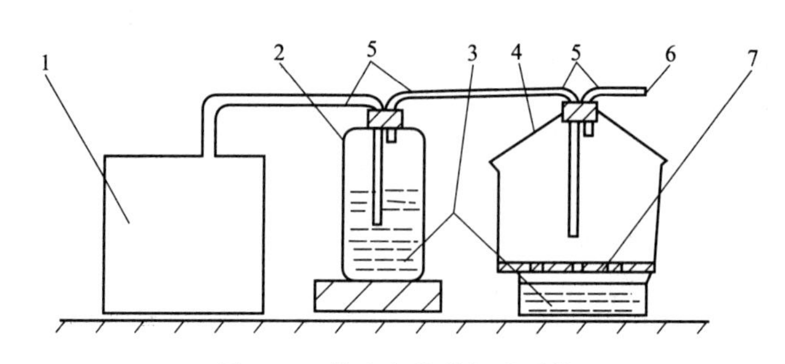


图2-24　饱和氯化铵恒湿系统

1—供气稳压缓冲装置；2—广口瓶；3—饱和氯化铵溶液；4—$\phi$250mm恒湿器；

5—内径6mm玻璃管；6—空气出口；7—恒湿器孔板

注：控制5L/min流量的空气（湿度为78%）通过恒湿器

测定干粉灭火剂吸湿率的方法如下：在已恒重的称量瓶中，称取干粉灭火剂试样5g，精确至0.2mg。将称量瓶免盖置于温度（21±3)℃，相对湿度78%的恒温恒湿环境内24h。取出称量瓶加盖置于干燥器内，静置15min后称量，精确至0.2mg。吸湿率$X$（%）按式(2-13)计算：

$$X=\frac{m_4-m_3}{m_3}\times100 \qquad (2\text{-}13)$$

式中　$m_3$——吸湿前干粉灭火剂试样质量，g；

　　　$m_4$——吸湿后干粉灭火剂试样质量，g。

取差值不超过0.05%的两次试验结果平均值作为测定结果。

### 2.3.6.5 抗结块性

结块性是物质从松散状态转变为团块的一种性质，抗结块性是衡量粉末是否易于黏结和结块的一个指标。影响结块的自身因素主要有化合物化学成分、结晶形式、颗粒大小和其中

的含水量。影响结块的外界条件主要包括外界湿度、储存温度、压力和时间。各种水溶性无机化合物，均有最大相对湿度，达到最大相对湿度时，该化合物必然吸湿，称为临界相对湿度。高于临界相对湿度时，无机化合物吸水，直至潮解形成饱和溶液。温度对无机化合物结块也有影响。若其他条件不变，仅是温度升高，则使对结块产生影响的化学反应速度增快。无机化合物受到较大的压力时，颗粒接触更紧密，单个粒子的变形使接触面积增大。这些均是引起结块的原因。

干粉灭火剂结块趋势以针入度和斥水性表示。目前通常用针入度法表征粉末抗结块性，该方法所用的仪器及试剂，见表 2-52。

**表 2-52 针入度法所用仪器及试剂**

| 仪器(或试剂) | 条　件 |
|---|---|
| 针入度仪 | 精度 0.1mm，标准针与针杆质量之和为(50.00±0.05)g |
| 震筛机 | 震动频率 4.28～4.92Hz，震击频率 0.52～0.55Hz，震击高度 4.0mm |
| 烧杯 | 100mL |
| 秒表 | 分度值 0.1s |
| 电热恒温干燥箱 | 精度±2℃ |
| 氯化铵 | 化学纯 |
| 恒温恒湿系统 | 饱和氯化铵恒湿系统(如图 2-24 所示)或调温调湿箱 |

测定准备：在干燥、洁净的烧杯中，装满干粉灭火剂试样，用刮刀刮平表面。将烧杯置于震筛机上，用夹具夹紧，震动 5min；取下烧杯，在温度为 (21±3)℃，相对湿度为 78%的条件下增湿 24h；然后移入温度为 (48±3)℃的电热恒温干燥箱内干燥 24h。

测定针入度：测定时，针尖要贴近试样表面，针入点之间、针入点与杯壁之间的距离不小于 10mm。针自由落入试样内 5s 后，记录针插入试样的深度（以 mm 计）。每只烧杯的试样测三个针入点。

取九次试验结果的平均值作为测定结果。

#### 2.3.6.6 斥水性

测定干粉灭火剂斥水性所用的仪器及试剂，见表 2-53。

**表 2-53 测定干粉灭火剂斥水性所用仪器及试剂**

| 仪器(或试剂) | 条件 | 仪器(或试剂) | 条件 |
|---|---|---|---|
| 氯化钠 | 化学纯 | 吸量管 | 0.5mL |
| 培养皿 | $\phi$70mm | 干燥器 | $\phi$220mm |

测定方法：在培养皿中放入过量的干粉灭火剂试样，用刮刀刮平表面。在干粉表面三个不同点用吸量管各滴 0.3mL 三级水。将培养皿放在温度为 (20±5)℃，盛有饱和氯化钠溶液（相对湿度 75%）的干燥器内 1h。取出培养皿，逐渐倾斜，使水滴滚落。观察干粉灭火剂试样，有无明显吸水、结块现象。

#### 2.3.6.7 粒度分布

粒径是粒子的一维几何尺寸，球形粒子的直径就是粒径，而非球形粒子的粒径一般用等效球体的直径表示，称为等效球体直径或当量直径。干粉灭火剂的粒度分布的检测方法主要有：筛分法、气流筛分法、激光粒度法、显微镜法、沉降法、电阻法等。

(1) 筛分法

筛分法是利用筛子来测定颗粒粒度大小的方法。可以用一个筛子来控制颗粒粒径的通过率，也可以选择一组不同筛孔直径的标准筛，按照孔径由小至大依次叠加，再加上最下面的底盘和最上面的顶盖，固定在震筛机上，经一定频率和时间的震动来获得粒度分布的结果。该方法所用的仪器，见表 2-54。

表 2-54　筛分法所用仪器

| 仪器 | 条　件 |
|---|---|
| 天平 | 感量 0.2g |
| 秒表 | 分度值 0.1s |
| 震筛机 | 震动频率 4.28～4.92Hz，震击频率 0.52～0.55Hz，震击高度 4.0mm |
| 套筛 | 网孔尺寸分别为 0.250mm、0.125mm、0.063mm、0.040mm，一个顶盖和一个底盘 |

测定方法：称取干粉灭火剂试样 50g，精确至 0.2g，放入 0.250mm 顶筛内，下面依次为 0.125mm、0.063mm、0.040mm 的筛和底盘，盖上顶盖。将套筛固定在震筛机上，震动 10min。取下套筛，分别称量留在每层筛上和底盘中的干粉灭火剂质量。

干粉灭火剂在每层筛和底盘中的质量分数 $X_L$（%）按式(2-14) 计算：

$$X_L=\frac{m_1}{m_2}\times 100 \tag{2-14}$$

式中　$m_1$——干粉灭火剂试样在每层筛和底盘中的质量，g；

$m_2$——干粉灭火剂试样的质量，g。

取回收率大于 98%的两次试验结果的平均值作为测定结果。

筛分法具有原理简单、操作方便等特点，但也存在一些缺点，如：无法获知颗粒真实的粒径分布大小，测量范围也应在 45μm 以上，更适用于大颗粒检测，无法检测干粉灭火剂中起灭火作用的微小颗粒的分布情况。强烈的震动过程易使小颗粒黏结成团给实验结果造成一定误差、小尺寸的筛网易被灭火剂颗粒堵塞、不易清洗，同时筛网的强度低、易破损的问题也给实际工作带来一定困难。

（2）气流筛分法

气流筛分法是采用携带粉体的气流冲击筛网实现颗粒粒径的有效分离的方法。该方法由于融合了气流分级的作用可以部分克服传统筛分法的缺点，使样品在测试过程中不易结块、堵塞筛网，因此检测结果具有更高的可信度和准确性。

筛分机是一种广泛应用于将多分散物料分为两种或两种以上粒度级别的设备。新型气流筛分机是结合气流分级机与有网筛分机的优势而创新研制的一种新型设备，如图 2-25 所示。其工作过程为：气流夹带粉体物料经进料口切向进入筛分机，气固两相沿螺旋形蜗壳进入筛分机的内部空间。固相粉粒在气流黏性力的作用下具有随气流旋转运动的趋势，又具有沿切线方向作直线运动的惯性。在气流筛分机中，气流夹带粉体物料进入筛分机主体内，在离心力和流体阻力的作用下，绝大部分颗粒往外运动与筛网发生碰撞，在运动过程中，不断与筛网发生碰撞，其中部分小于筛孔直径的颗粒透过筛网成为细颗粒，大颗粒及另外一部分没有透过筛网的小颗粒从粗粉口排出，极小部分超细粉体颗粒在气流阻力的作用下往中心方向运动而不与筛网发生碰撞，直接随气流从粗粉口排出。

气流筛分机应用组合分级概念，其分级指标取决于颗粒在筛分机内的分散与分离的环境和条件，也即流场特性和固体物料性质，而流场特性取决于筛分机结构及操作参数。

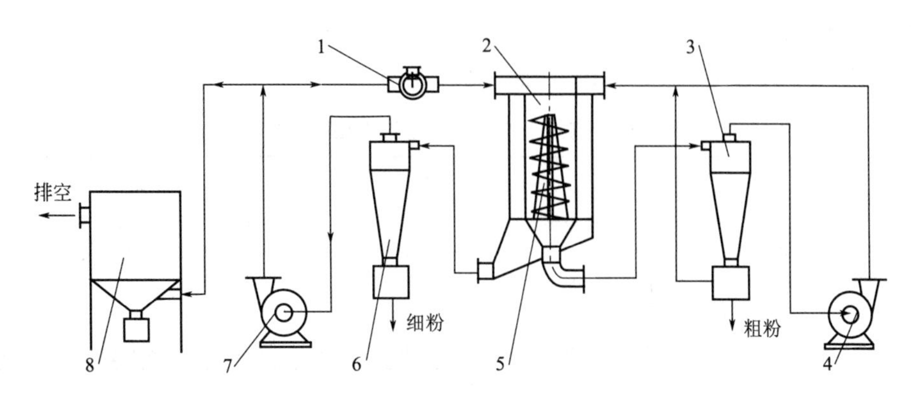


图 2-25 气流筛分法流程

1—进料器；2—气流筛分机；3,6—旋风分离器；4,7—循环风机；5—导流器；8—袋式除尘器

(3) 激光粒度法

激光粒度测量方法的理论依据是 Fraunhofer 衍射理论和完全的米氏光散射理论。光照射颗粒时，衍射和散射的情况跟光的波长及颗粒的大小有关，因此当用单色性很好并且波长固定的激光作为光源时，就可以消除波长的影响，从而得出衍射、散射情况跟颗粒粒径分布的对应关系。

马尔文激光粒度测量过程：激光发出的单色光，经光路变换成为平面波的平行光，平行光经过试样槽，遇到散布其中的颗粒，发生衍射和散射，从而在后方产生光强的相应分布，被信息接收器接收并转化为电信号，进而经过复杂的程序处理得出颗粒粒径的精确分布。

激光粒度法的最大优点是能够实现精确测量、过程快速、自动化程度高、测试结果信息量大，但仪器成本较高、对操作人员有一定要求。英国 Malvern 公司的“Mastersizer2000”型激光粒度仪可以测量 0～2000$\mu$m 范围内的粒径大小，特别适用于超细干粉灭火剂的 90% 粒径的检测。对于常规粒径 ABC、BC 干粉灭火剂，其粒径分布较宽，实际测试样品与仪器的理论模型存在一定偏差，因此会使激光粒度法所测结果与其他检测方法相比偏大，而且随着干粉灭火剂表面不规则度的增加，结果偏差也更大，所以有一定的局限性。

其他颗粒粒度检测方法，如显微镜法、沉降法及电阻法，由于其技术的局限性，不能直接应用于现有干粉灭火剂粒度检测工作，但依据每种方法具有的分析特点，可以作为生产厂家及检验单位的科研辅助设备，针对大颗粒或超细颗粒粒度分布的研究手段，实现干粉灭火剂粒度分布的最佳配比。

### 2.3.6.8 耐低温性

测定干粉灭火剂耐低湿性所用的仪器，见表 2-55。

**表 2-55 测定干粉灭火剂耐低温性所用仪器**

| 仪器 | 条件 | 仪器 | 条件 |
|---|---|---|---|
| 低温试验仪 | 精度±1℃ | 天平 | 感量 0.2g |
| 试管 | $\phi$20mm×150mm | 秒表 | 分度值 0.1s |

测定方法：称取干粉灭火剂试样 20g，精确至 0.2g，放在干燥、洁净的试管中。将试管加塞后，放入−55℃环境中 1h。取出试管，使其在 2s 内倾斜直到倒置。用秒表记录试样全部流下的时间。取三次试验结果的平均值作为测定结果。

### 2.3.6.9 电绝缘性

测定干粉灭火剂电绝缘性所用的仪器，见表 2-56。

**表 2-56 测定干粉灭火剂电绝缘性所用仪器**

| 仪器 | 条 件 |
| --- | --- |
| 试验杯 | 见图 2-26。杯体由不吸潮的高绝缘性材料制成。电极的任何部位与试验杯的距离不小于 13mm。试验杯顶部与电极顶部距离不小于 32mm。平板电极为抛光的黄铜板，直径为 25mm，厚度不小于 3mm，边缘成直角，电极间距为(2.50±0.01)mm |
| 升压变压器 | 输出电压可连续升到 5kV 以上 |
| 跌落试验台 | 最大跌落高度 30mm，最大允许负荷 50kg，频率范围 0～1.667Hz，连续可调下落加速度大于 9.3m/s$^2$ |

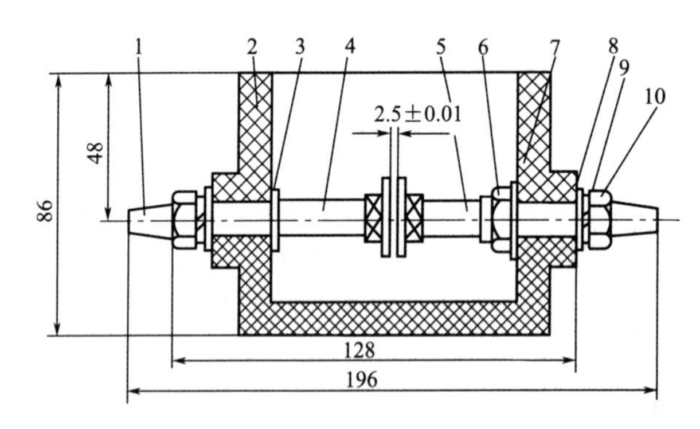


图 2-26 测定电绝缘性用试验杯（单位：mm）

1—香蕉插头；2—杯体；3—挡片；4,5—电极；6—调节螺母；
7—调节垫片；8—垫片；9—弹簧垫片；10—紧固螺母

测定方法：将试验杯装满干粉灭火剂试样，放在跌落台上夹紧。在 1Hz 的频率、下落高度为 15mm 的条件下跌落 500 次。用升压变压器将电压加到圆盘形电极上，在漏电流 1mA 挡的状态下迅速匀速升压直至击穿为止。记录击穿电压值。取两次试验结果的平均值作为测定结果。

### 2.3.6.10 喷射性能

（1）方法一（仲裁检验）

可使用干粉专用喷射器测定干粉灭火剂的喷射性能。该方法所用的仪器，见表 2-57。

**表 2-57 测定干粉灭火剂喷射性能所用仪器（一）**

| 仪器 | 条 件 |
| --- | --- |
| 干粉专用喷射器 | 见图 2-27。喷射器容量 2.25kg，推进气体二氧化碳(40±4)g，喷射器内高度 375mm，内径 90mm，喷射管内径 10mm，喷嘴直径 4.25mm |
| 跌落试验台 | 最大跌落高度 30mm，最大允许负荷 50kg，频率范围 0～1.667Hz，连续可调下落加速度大于 9.3m/s$^2$ |
| 电热鼓风干燥箱 | 精度±2℃ |
| 台秤 | 精度 5g |

测定方法：将质量为（2.250$D_b$±10）的干粉灭火剂试样装入专用喷射器（其中 $D_b$ 为试样的松密度，g/mL），并将二氧化碳储气瓶装到喷射器的器头上，然后把器头紧固在专用喷射器上。将喷射器固定在跌落试验台上，以 0.417Hz 的频率，从（25.0±1.5)mm 的高度跌落 250 次。将喷射器放在（4±2)℃的干燥箱内 8h。取出喷射器，充压 5s 后开始喷射，

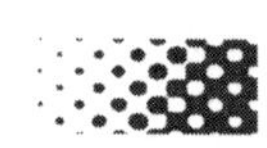

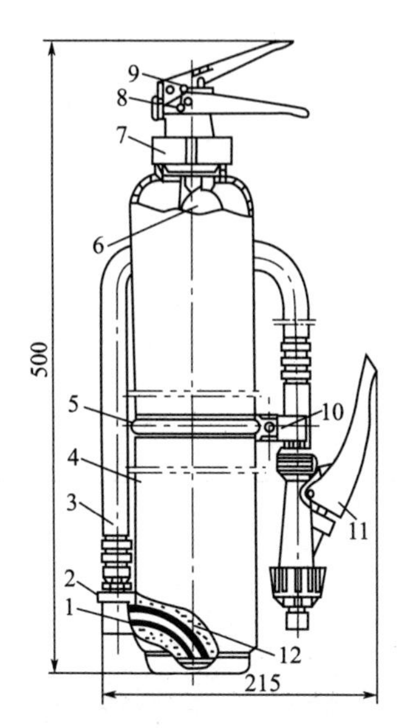


图 2-27 干粉专用喷射器（单位：mm）

1—出粉管；2—出粉接头；3—胶管总成；4—瓶体；5—箍带；6—$CO_2$ 气瓶；7—气头总成；8—铅封；9—保险丝；10—自攻螺丝；11—压把总成；12—干粉灭火剂

直至压力消失。称量喷射器内剩余的干粉灭火剂质量。喷射率 $X_p$（%）按式(2-15) 计算：

$$X_p = \frac{m_1}{m_2} \times 100 \tag{2-15}$$

式中 $m_1$——喷射前喷射器内干粉灭火剂的质量，g；

$m_2$——喷射后喷射器内干粉灭火剂试样的质量，g。

取三次试验结果的平均值作为测定结果。

(2) 方法二

可使用干粉灭火器测定干粉灭火剂的喷射性能。该方法所用的仪器，见表 2-58。

**表 2-58 测定干粉灭火剂喷射性能所用仪器（二）**

| 仪器 | 条件 | 仪器 | 条件 |
|---|---|---|---|
| 干粉灭火器 | 8kg、储压式 | 台秤 | 精度 0.05g |
| 振动台 | 振幅 3mm，频率 10～80Hz | 秒表 | 分度值 0.1s |
| 电热鼓风干燥箱 | 精度±2℃ | | |

测定方法：将 8kg 干粉灭火剂试样装入干粉灭火器，充压至工作压力。将干粉灭火器固定在振动台上，在振幅 1.27mm、频率 34Hz 的条件下，振动 30min。将干粉灭火器放在(54±3)℃的干燥箱内 24h。取出干粉灭火器，静置至室温，喷射至压力消失。衡量干粉灭火器内剩余的干粉灭火剂质量。并用方法一的计算公式进行结果处理。

#### 2.3.6.11 灭火效能

(1) 灭 A 类火灾效能

测定干粉灭火剂灭 A 类火性能所用的仪器、材料，见表 2-59。

测定条件：试验温度为 0～30℃，风速不大于 3m/s。

测定方法：在油盘内倒入 3.8L 燃料点燃，引燃木垛。当油盘内的燃料烧尽后，撤出油盘。在点燃燃料的同时开始计时，当木垛燃烧到失重 40%左右时（预燃时间约为 6.5～7.0min）

表 2-59 测定干粉灭火剂灭 A 类火性能所用仪器及材料

| 仪器及材料 | 条件 |
| --- | --- |
| 干粉灭火器 | 3kg，初始压力(1.4±0.1)MPa，喷嘴直径 $\phi$4mm，喷管内径 $\phi$10mm，长度 320mm，筒体直径 $\phi$4mm，容积 3.8L，虹吸管内径 $\phi$12mm，虹吸管距筒底距离 13～16mm |
| 木材湿度仪 | 量程 0～10% |
| 钢质油盘 | 686mm×686mm×102mm，盘壁厚度 2.5mm |
| 木垛与支架 | 见图 2-28 |
| 松木 | 78 根(13 层，每层 6 根)。规格($38^{+3}_{-1}$)mm×($38^{+3}_{-1}$)mm×(651±10)mm，含水率 9%～13%，无节子 |
| 燃料 | 90 号车用无铅汽油 |
| 风速仪 | — |
| 秒表 | 分度值 0.1s |

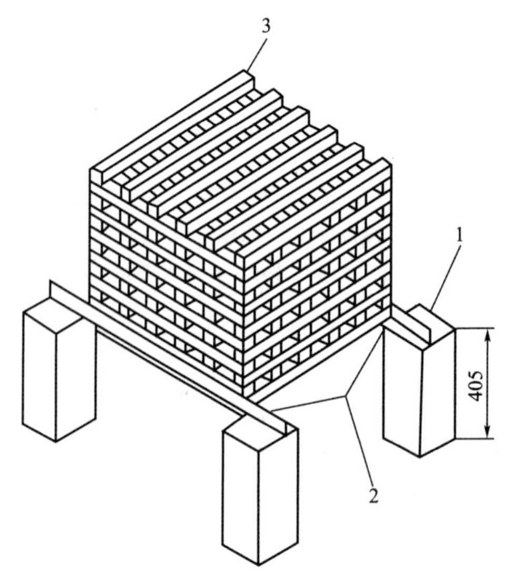


图 2-28 A 类火木垛与支架（单位：mm）

1—水泥方柱；2—65mm×40mm×5mm 角钢；3—木垛

开始灭火。开始时，从距离木垛不小于 1.8m 处喷射，以后操作者可以随意向木垛的前面、顶面和两侧面喷射，但不允许从木垛的背面喷射。灭火后计时，到 15min 时观察木垛有无复燃、阴燃现象。

灭火后 15min 木垛不复燃、阴燃即为灭 A 类火试验成功。灭火试验应进行三次。若连续两次灭火成功，第三次可免试。

（2）灭 B、C 类火灾效能

测定干粉灭火剂灭 B、C 类火性能所用的仪器、材料，除无需使用松木、木垛与支架外，钢质油盘尺寸为：直径（1750±20）mm，高（200±15）mm，盘壁厚度 2.5mm。其他与灭 A 类火性能相同。

测定条件：试验温度为 0～30℃，风速不大于 3m/s。

测定方法：将油盘置于水平地面下，使油盘上沿与地面在同一水平面上，加 29L 水后倒入 60L 燃料，并使油盘中各点的燃料深度不小于 15mm，但液体深度不大于 50mm。点火、预燃时间 60s。用灭火器灭火。开始时操作者与油盘的距离不应小于 1.5m，以后操作者可以任意移动灭火，但不允许操作者接触油盘。火焰全部熄灭即为灭 B 类火试验成功。灭火试验应进行三次，若连续两次灭火成功，第三次可免试。

干粉灭火剂若具有灭B类火灾的灭火效能，即认为其具有灭C类火灾的灭火效能。

## 2.4 气体灭火剂及其效能评估

### 2.4.1 定义及分类

以气体形态应用于灭火的物质称为气体灭火剂。气体灭火剂具有挥发快、不导电、喷射后无残留物的特点，因此常用来保护一些特别重要的、不能用水等其他灭火剂进行保护的物质火灾。

由于气体灭火剂种类繁多，不同的灭火剂表现出不同的灭火机理。气体灭火剂按其主要灭火机理分为物理性灭火和化学性灭火两大方面，其中物理作用灭火的气体灭火剂主要有惰性气体、二氧化碳等，化学作用灭火的灭火剂主要有七氟丙烷和三氟碘甲烷等；按其储存形式可以分为压缩气体和液化气体两类，其中压缩气体灭火剂有IG01、IG100、IG55和IG541，液化气体灭火剂包括卤代烃类灭火剂和二氧化碳灭火剂。

### 2.4.2 灭火机理

（1）化学抑制作用

化学抑制作用主要表现为终止链式反应。以卤代烃类灭火剂为例，当灭火剂释放时，遇到高温火焰被分解，生成卤素自由基（X·），与火焰中的OH·、$H^+$自由基结合生成水、HX和X·。在反应中X·反复再生，不被消耗，而OH·、$H^+$自由基则被迅速消耗掉。卤素自由基对火焰化学抑制的作用因卤元素的不同而不同，化学抑制作用由小到大的顺序是氟→氯→溴→碘，这也是大多数不含溴的哈龙替代物的灭火效力低于哈龙的原因。

（2）窒息灭火作用

窒息灭火作用是在燃烧物周围建立起一定的灭火介质浓度，使燃烧因缺氧窒息而灭火。以二氧化碳灭火剂为例，当利用二氧化碳灭火剂扑救某局部物体火灾时，由于二氧化碳的释放，使得燃烧物体周围的空气被置换，由于得不到持续的氧气供给而使燃烧终止。

（3）惰化灭火作用

当空气中氧含量低于某一值时，燃烧将不能维持。此时的氧含量称为维持燃烧的极限氧含量，这种通过降低氧浓度的灭火作用为惰化作用。当惰性气体的设计浓度达到35%～40%时，可将周围空气中氧气的体积浓度降至10%～14%，此时燃烧将不能维持。IG01、IG55、IG100和IG541等惰性气体灭火剂的灭火机理主要是惰化灭火作用。

（4）冷却作用

气体灭火剂在与高温火焰接触过程中，会发生分解反应或相态变化。如：喷射出的液态和固态二氧化碳在汽化过程中要吸热，具有一定的冷却作用。当二氧化碳液体储存温度为27℃时，完全喷射后大约有25%的二氧化碳转化为干冰，它的平均吸热效果约为279.2kJ/kg。当二氧化碳液体的储存温度为－18℃时它全部喷射完后，约有45%转化为干冰，其平均吸热率约为395.4kJ/kg。但相比于依靠冷却作用灭火的水灭火剂，气体的冷却作用较小。

### 2.4.3 常用类型及特点

（1）二氧化碳灭火剂（$CO_2$）

$CO_2$在常温常压下是一种无色、无味、不导电的气体。它的化学性质稳定，在常温常压下不会与一般的物质（碱金属和轻金属除外）发生化学反应。$CO_2$主要通过窒息作用灭火，并且在释放过程中会吸收一部分热量，具有少量的冷却降温作用。$CO_2$ 设计灭火体积浓度为 34%～75%，适合于灭液体火灾、石蜡等可熔化固体火灾、电气火灾等。但 $CO_2$ 灭火剂施放后遗留产物会在大气中存活一段时间，对大气温室效应有一定影响，对人身健康安全也有危害。$CO_2$ 体积浓度在空气中达到 4%～6%时，可使人感到剧烈头痛，超过 20%，人就会死亡。因此，$CO_2$ 灭火剂不适于有人工作、居住的场所灭火。

$CO_2$ 必须液化才便于储存、运输，其储存方式有高压液化储存的高压系统和低温液化储存的低压系统。高压系统实际应用时需要的储瓶组数多，储瓶间占地面积大，同时压力过高，对储存环境的温度要求比较严格，在夏季尤其要注意环境温度升高而导致钢瓶爆炸的危险，所以一般要求储瓶间不可被阳光直接照射。低压系统应用时需将 $CO_2$ 温度降至－18～－20℃以实现液化，所以需额外配备制冷设备。同时，$CO_2$ 从液态汽化的过程中容易形成干冰，干冰又能直接升华成气体，在升华时气体剧烈膨胀，体积的成倍增长会使输送管道被严重破坏，而且低温使管道发生冷脆断裂，会对人员和保护区形成伤害和破坏。

二氧化碳灭火剂具有来源广、价格低、不导电、灭火后不污损仪器设备的优点，经实践证明该灭火剂具有较好的灭火效果。

（2）氮气灭火剂（IG100）

氮气是无色、无味、不导电的气体，其密度近似等于空气密度。其无毒、无腐蚀，且不参与燃烧反应，也不与其他物质反应。氮气来源广泛、价格低廉，在环境保护方面，氮气对臭氧的耗损潜能值（ODP）为零，作为空气的一部分，对全球温室效应的影响值（GWP）为零。

氮气的灭火原理为降低氧气浓度，使其不支持燃烧。氮气灭火不产生任何化学反应，对防护区内的精密仪器和珍贵资料无腐蚀作用，不导电，火灾后的现场易于清理。氮气以气态方式储存，喷放时，不会使室内温度急剧下降，这样既不会出现存储珍贵数据资料的纸张和磁盘发脆而损坏的现象，也不会产生冷凝水影响电器设备和精密仪器的使用寿命。

氮气灭火剂虽具有经济、环保等诸多优点，但该灭火剂在应用过程仍存在一定问题。一方面氮气灭火剂以气态形式储存，储存压力较高。因此，该灭火剂对系统中设备的耐压性要求较高，导致系统成本相对增加。另一方面氮气灭火剂主要以物理方式进行灭火，灭火浓度较高，使得灭火剂的用量较大，这样不仅使储存容器数量多，占地面积大，投资较大。也会使灭火剂的喷射时间较长，一般在 1～2min 之间，所以在一些火灾发展迅速的场所应用受到限制。

（3）烟烙尽灭火剂（IG541）

烟烙尽灭火剂又称惰性气体灭火剂，简称 IG541，它是由氮气（52%）、氩气（40%）和二氧化碳气体（8%）混合而成。IG541 中的三种惰性气体在灭火过程中经高温不会产生有害分解物，不存在腐蚀，以气态方式储存，喷放时环境温度变化较小，对人体不会产生意外伤害。此外，在缺氧环境中二氧化碳的浓度增加 2%～5%就能使人加快、加深呼吸，在单位时间内，使人脑细胞获得足够的氧。因此烟烙尽气体中二氧化碳气体的作用就是人为地使着火区域中二氧化碳浓度上升至缺氧环境下人体呼吸所需浓度，也因此决定了 IG541 不同于其他惰性灭火剂，不会对人体造成伤害。因此，适用于一些重要的经常有人停留、有贵重设备场所。

IG541 灭火时所需的体积浓度较大，一般为 37.5%～42.8%。但较其他气体灭火系统来说，可以输送更长的距离，可以连接更多的保护区域。但因排放持续时间相对较长（1～

2min)，所以在某些火灾蔓延较快的场合中使用受限。

(4) 七氟丙烷灭火剂(FM200)

七氟丙烷(HFC-227ea)的化学分子式为$CF_3CHFCF_3$，商品名为FM200。七氟丙烷在常温下是无色无味气体，不导电，毒性较低，正常灭火情况下对人体不会产生不良影响。根据试验结果，美国EPA(环境保护局)允许有人的场所使用浓度不高于9%的七氟丙烷，它属高效低毒气体灭火剂。

FM200在一定的压强下呈液态储存，在火灾中具有一定抑制燃烧过程基本化学反应的能力，其分解物能够中断燃烧过程中化学连锁反应的链传递。此外，FM200的体积质量是空气的6倍，灭火时大量喷出七氟丙烷可稀释隔绝氧气，窒息燃烧，两种灭火作用相结合使七氟丙烷具有灭火能力强、灭火速度快的优点。由于FM200是属于全淹没灭火系统，因此防护区应该是有限封闭的空间。FM200灭火设计体积浓度根据灭火对象确定，一般为7%～10%。

FM200虽然在室温下比较稳定，但在高温下会分解，并产生氟化氢(HF)，还会产生CO和$CO_2$，即使其浓度很小，也会给人造成很大程度的不适和伤害。燃烧产物HF浓度的大小取决于火势和七氟丙烷接触到火或受热面的时间长短。为了有效控制HF的产生，要求七氟丙烷的输送距离不宜过长，灭火剂必须在10s之内释放完成，达到灭火浓度的要求。

FM200灭火剂的ODP值为0，GWP值为3220，对大气破坏的永久性程度为42，大气存留时间为31年，这是它的主要缺点。英美等国已将其列入受控使用计划之列，不宜作长期使用产品。另外，FM200气体灭火剂密度较空气轻，1min扑灭表面火灾后，很快就向上漂浮，对深位火灾灭火效果不好。

(5) 三氟甲烷灭火剂(FE-13)

三氟甲烷是一种人工合成的无色、几乎无味、不导电气体，密度大约是空气密度的2.4倍。它对大气臭氧层没有破坏作用，消耗大气臭氧层的潜能值为零，且灭火速度快，具有良好的环保性能和灭火性能。

三氟甲烷是以物理作用灭火，通过降低空气中氧气含量，使空气不能支持燃烧。由于三氟甲烷的灭火浓度并未使空气中氧气达到不足以支持燃烧的浓度以下，因此在其灭火过程中还伴有一定的化学作用。相同火场情况下，三氟甲烷的HF分解物少于七氟丙烷，电绝缘性能良好，对保护对象的安全程度较高，适于保护精密仪器设备和电器火灾，是目前所有气体灭火系统中对人员相对安全的一种灭火剂，最适合于保护经常有人的场所。三氟甲烷气体相对密度小于七氟丙烷，对扑救高位火灾效果较好。适用环境温度可达－20℃，适合寒冷地带使用。但是三氟甲烷是人工合成的药剂，在大气中存留的时间较七氟丙烷长。

## 2.4.4 性能指标及要求

### 2.4.4.1 性能指标

(1) 理化性能

气体灭火剂的理化性能指标主要有纯度、水含量、油含量、醇类含量、悬浮物或沉淀物、毒性等。

(2) 灭火性能

气体灭火剂的灭火性能指标主要有灭火浓度和惰化浓度。灭火浓度是指不考虑任何安全系数，在确定的实验条件下扑灭特定燃料火所需要的灭火剂最低浓度。惰化浓度是指使某一种可燃气体和空气的混合物在任何比例下都不能燃烧所需气体灭火剂的最低体积百分浓度。

### 2.4.4.2 性能要求

(1) 二氧化碳气体灭火剂

二氧化碳灭火剂的技术性能要求，见表 2-60。

**表 2-60 二氧化碳灭火剂的技术性能指标**

| 项目 | 指标 | 项目 | 指标 |
| --- | --- | --- | --- |
| 纯度(体积分数)/% | ≥99.5 | 醇类含量(以乙醇计)/(mg/L) | ≤30 |
| 水含量(质量分数)/% | ≤0.015 | 总硫化物含量/(mg/kg) | ≤5.0 |
| 油含量 | 无 | | |

注：以非醇法所得的二氧化碳，醇类含量不作规定。

(2) 惰性气体灭火剂

惰性气体灭火剂是指由氮气、氩气以及二氧化碳气按一定质量比混合而成的灭火剂。它们的技术性能要求，见表 2-61。

**表 2-61 惰性气体灭火剂的技术性能指标**

| 惰性气体灭火剂 | 主要成分 | 含量/% | 纯度/% | 水分含量(质量分数)/% | 氧含量(质量分数)/% |
| --- | --- | --- | --- | --- | --- |
| IG01 | 氩气 | ≥99.9 | — | ≤$50\times10^{-4}$ | — |
| IG55 | 氩气 | 45～55 | ≥99.6 | ≤$15\times10^{-4}$ | — |
| | 氮气 | 45～55 | ≥99.6 | ≤$10\times10^{-4}$ | — |
| IG100 | 氮气 | ≥99.6 | — | ≤$50\times10^{-4}$ | ≤0.1 |
| IG541 | 二氧化碳 | 7.6～8.4 | ≥99.5 | ≤$1\times10^{-4}$ | ≤$1\times10^{-3}$ |
| | 氩气 | 37.2～42.8 | ≥99.97 | ≤$4\times10^{-4}$ | ≤$3\times10^{-4}$ |
| | 氮气 | 48.8～55.2 | ≥99.99 | ≤$5\times10^{-4}$ | ≤$3\times10^{-4}$ |

(3) 卤代烃类灭火剂

卤代烃类气体灭火剂的主要代表物有六氟丙烷和七氟丙烷。这两种灭火剂的技术性能要求，见表 2-62。

**表 2-62 两种卤代烃灭火剂的技术性能指标**

| 项目 | | 六氟丙烷 | 七氟丙烷 | 不合格类型 |
| --- | --- | --- | --- | --- |
| 纯度(质量分数)/% | | ≥99.6 | ≥99.6 | A |
| 酸度(质量分数)/% | | ≤$3\times10^{-4}$ | ≤$1\times10^{-4}$ | A |
| 水分(质量分数)/% | | ≤$10\times10^{-4}$ | ≤$10\times10^{-4}$ | A |
| 蒸发残留物(质量分数)/% | | ≤0.01 | ≤0.01 | B |
| 悬浮物或沉淀物 | | 无混浊或沉淀物 | 无混浊或沉淀物 | B |
| 灭火浓度(杯式燃烧器法)(体积分数)/% | | 6.5±0.2 | 6.7±0.2 | A |
| 毒性 | 麻醉性 | 无麻醉症状和特征 | 无麻醉症状和特征 | A |
| | 刺激性 | 无刺激症状和特征 | 无刺激症状和特征 | A |

## 2.4.5 评估方法

### 2.4.5.1 纯度

气体灭火剂纯度及混合惰性气体含量的测定可采用气相色谱法或其他化学吸收法。以 HP6890 气相色谱仪为例，其测定条件见表 2-63。

表 2-63　HP6890 气相色谱法测定纯度条件

| 项目 | 条　　件 | 项目 | 条　　件 |
|---|---|---|---|
| 仪器 | HP6890 增强型气相色谱仪 | 色谱柱 | HP-PLOT 毛细管柱及 5A 分子筛毛细管柱 |
| 检测器 | 热导检测器 | 载气 | 氦气，纯度 99.999% |
| | 检测器温度：250℃ | 进样口压力 | 16psi |
| | 补偿气体流量：10mL/min | 进样品温度 | 150℃ |
| | 参比气体流量：20mL/min | 汽化室温度 | 50℃ |

注：1psi=6.895kPa。

测定方法：惰性气体灭火剂必须混合均匀后方可进行含量分析。

气相色谱仪启动后，按要求调节色谱仪，待仪器稳定并符合要求后，可直接测定二氧化碳的纯度。从液相中取样，用峰面积归一化法计算二氧化碳的纯度。对于惰性气体，应打开取样钢阀门，惰性气体冲洗管路 1～3s 后再接上气相色谱仪，通过自动进样阀进入色谱仪进行含量分析和纯度分析。

取 3 次测定结果的算数平均值为测定结果，每次测定的绝对偏差应小于 0.05%。

### 2.4.5.2　水含量

二氧化碳灭火剂的水含量一般采用五氧化二磷吸收重量法和气相色谱法。

(1) 五氧化二磷吸收重量法

本方法适用于不含有能被五氧化二磷吸收的有机杂质的样品。所需试剂及仪器，见表 2-64。

表 2-64　五氧化二磷吸收重量法测定二氧化碳灭火剂水含量所用试剂及仪器

| 试剂或仪器 | 要　　求 |
|---|---|
| 五氧化二磷 | 化学纯 |
| 玻璃棉 | 将玻璃棉用盐酸洗涤后并用蒸馏水洗至无酸性，在 105℃ 电热鼓风干燥箱中烘 2h，取出后保存于干燥器内备用 |
| 天平 | 准确度，1g；准确度，0.0001g |
| 具有磨口塞的 U 形吸收管 | 见图 2-29。在红外灯干燥下，均匀地装填等量的玻璃棉和五氧化二磷的混合物，装填量为吸收管体积的 80%左右。装填好的吸收管质量应在 40g 以内。吸收管及塞子需擦净。将 U 形吸收管存放于干燥器内备用 |
| 夹层缓冲瓶 | 见图 2-30 |
| 水含量测定装置 | 见图 2-31。各件之间均用清洁和干燥的橡胶管紧密连接 |

测定方法：先将预先经过干燥的二氧化碳以约 2.5g/min 的流量通过 U 形吸收管 20min，再用干燥的氮气以每秒一个气泡的流量通过吸收管 30min，关闭吸收管上的磨口塞，将吸收管置于干燥器中，15min 后称重（称准至 0.0001g）。

将二氧化碳样品钢瓶擦净后在天平上称重（称准至 1g），用干燥的橡胶管和整个水含量测定装置紧密连接，倒放钢瓶慢慢打开钢瓶阀门，使二氧化碳以约 2.5g/min 的流量通入 U 形吸收管中，总量约为 250g（取样量及通入速度可视二氧化碳的含水量而适当增减）。通气完毕后关闭钢瓶阀门，用干燥的氮气通入 U 形吸收管 30min，称量吸收管质量（称准至 0.0001g），并在天平上再次称取钢瓶质量（称准至 1g）。按式(2-16) 计算样品中的水含量 $X_1$：

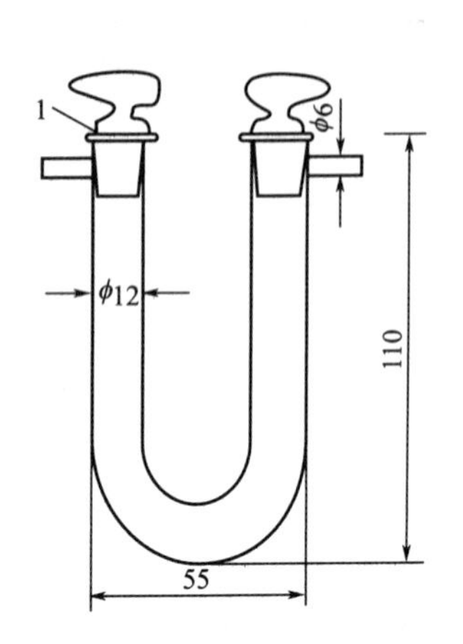


图 2-29　五氧化二磷吸收管（单位：mm）

1—磨口塞

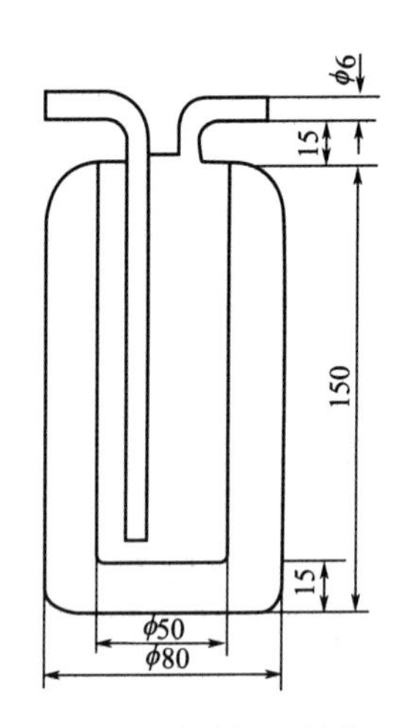


图 2-30　夹层缓冲瓶（单位：mm）

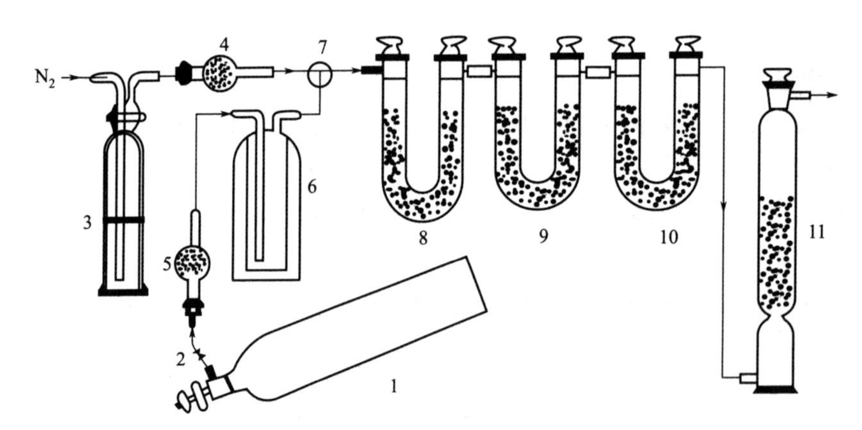


图 2-31　五氧化二磷吸收重量法水含量测定装置

1—取样钢瓶；2—减压稳压阀；3—浓硫酸计泡器；4—五氧化二磷吸收球管；5—内填玻璃棉的小球管；6—夹层缓冲瓶；7—三通活塞；8～10—五氧化二磷吸收管；11—氯化钙干燥瓶

$$X_1=\frac{(G_1'-G_1)+(G_2'-G_2)-2(G_3'-G_3)}{W_1-W_2}\times 100\% \qquad (2\text{-}16)$$

式中　$G_1$——第 1 个 U 形吸收管吸收水分前的质量，g；

$G_2$——第 2 个 U 形吸收管吸收水分前的质量，g；

$G_3$——第 3 个 U 形吸收管吸收水分前的质量，g；

$G_1'$——第 1 个 U 形吸收管吸收水分后的质量，g；

$G_2'$——第 2 个 U 形吸收管吸收水分后的质量，g；

$G_3'$——第 3 个 U 形吸收管吸收水分后的质量，g；

$W_1$——测定前取样钢瓶的质量，g；

$W_2$——测定后取样钢瓶的质量，g。

两次测定结果的偏差应小于 0.0005%。

(2) 气相色谱法

本方法适用于含有能被五氧化二磷吸收的乙醇等有机杂质的样品。其测定步骤与测定纯

度相同，用归一化法，按式(2-17) 计算样品中的水含量 $X_2$：

$$X_2=\frac{f_{水}A_{水}}{\sum_{i=1}^{n}A_i}\times 100\% \tag{2-17}$$

式中 $f_{水}$——水在热导检测器上的相对校正因子，$f_{水}=0.60$（$f_{二氧化碳}=1$）；

$A_{水}$——水的峰面积；

$A_i$——色谱图中某一组分的峰面积。

取三次测定结果的算术平均值 $X_2$ 为测定结果，每次测定的绝对偏差应小于0.001%。

(3) 露点法

对于惰性气体，可以通过测定气体露点来测定气体中水分的含量。该方法是指当一定体积的气体在恒定的压力下均匀降温时，气体和气体中水分的分压保持不变，直至气体中的水分达到饱和状态，该状态下的温度就是气体的露点。通常是在气体流经的测定室中安装镜面及其附件，通过测定在单位时间内离开和返回镜面的水分子数达到动态平衡时的镜面温度来确定气体的露点。

可使用专用的露点仪进行测量。其范围应用0～70℃，并应满足：当仪器温度高于气体中水分露点至少2℃时，可以控制气体进出仪器的流量；把流动的样品气冷却到足够低的温度，使得水蒸气凝结，冷却的速度可调；能观察露点的出现和准确地测量露点；气路系统死体积小且气密性好，露点室内气压应接近大气压力；测定方法如下所述。

① 采样　气态样品的采样原则及一般规定应符合《气体化工产品采样通则》(GB/T 6681—2003) 中的规定。瓶装气体的采样用耐压针形阀，至少采用三次升、降压法吹洗采样阀及其他气路系统。管道气体的采样应使用管道上的根部采样阀，并用尽可能短的连接管将样品气直接通入露点仪。

② 流量校正　用皂膜流量计或其他方法来确定适当的样品气体流速。

③ 测量　当整个气路系统充分置换后就可以开始测量，手动制冷的露点仪当镜面温度离露点约5℃时（对不知道露点范围的气体，可先进行一次粗测）应该缓慢地降低镜面温度，以尽量减小降温的惯性影响。到露点出现时，记录露点值。消露（霜）后重复测定一次，当两次平行测定的误差满足仪器规定的要求时即可停止测定。

④ 停机　待测定室温度恢复至室温后，卸下样品气，关闭仪器的气路进出口。

取两次平行测定结果的算术平均值作为测定结果，各次测定结果的绝对偏差应不大于 $0.5\times10^{-4}\%$。

#### 2.4.5.3 油含量

二氧化碳灭火剂需测量油含量。

测定方法：将一个干净的帆布口袋套入处于水平位置的二氧化碳钢瓶阀门的引出管接头上并扎紧，迅速从钢瓶中放出二氧化碳，使其在口袋内形成干冰。称取10g干冰堆放在滤纸上，堆放的直径为5cm，待干冰升华后，观察滤纸上有无油渍斑点。

#### 2.4.5.4 醇类含量（以乙醇计）

二氧化碳灭火剂需测量醇类含量。测定原理是在酸性溶液中，乙醇被重铬酸钾氧化成乙酸，相应少量的重铬酸钾被还原成绿色三价铬离子，由于重铬酸钾大大过量，绿色不明显，所以是根据溶液的混合色的深浅与标准管比较而定量的。测定二氧化碳醇类含量所需的试剂和仪器，见表2-65。

表 2-65 测定二氧化碳醇类含量所需的试剂和仪器

| 试剂或仪器 | 要求 | 试剂或仪器 | 要求 |
| --- | --- | --- | --- |
| 重铬酸钾 | 饱和溶液 | 浓硫酸 | 密度约 1.84 |
| 95%乙醇 | | 转子流量计 | 20～100mL/min |
| 100g/L 乙醇标准溶液 | | 比色管 | 25mL、50mL |
| 乙醇标准使用液 | | | |

测量步骤：

（1）样品制备

① 将减压阀出口接一橡胶管，开启总阀后，缓慢打开减压阀，连接转子流量计，调节气体流速为 50mL/min。

② 取一支洁净、干燥的 50mL 比色管，先加 20mL 冷水，然后将流量计出口的橡胶管插入比色管内的水中（距管底约 0.5cm）通气 20min，即取样 1000mL。

③ 先配备 100g/L 乙醇标准溶液：吸取 20℃的 95.0%（体积比）乙醇 13.34mL，加水稀释至 100mL。再配备乙醇标准使用液：吸取乙醇标准溶 1.50mL、5.00mL，分别置于甲、乙两个 100mL 容量瓶中，用水稀释至刻度，摇匀。甲瓶为 1500mg/L、乙瓶为 5000mg/L 乙醇标准使用液。

（2）测定

① 吸取甲、乙瓶标准使用液，水和制得的样品液（样品制备②），各 5mL，分别置于甲、乙、丙、丁四支 25mL 比色管中。

② 向上述各管各加 1.0mL 浓硫酸、0.8mL 饱和重铬酸钾溶液，迅速摇匀，静置 5min 后比色。

③ 若样品管颜色浅于甲管，即小于 30mg/L 乙醇，判为优等品；深于甲管，浅于乙管，即小于 100mg/L 乙醇，判为合格品。若深于乙管，即含乙醇超过 100mg/L，则判不合格。

#### 2.4.5.5 总硫化物含量

二氧化碳灭火剂需测量总硫化物含量。可在微库仑定硫仪中进行检测。该装置结构，如图 2-32 所示。

图 2-32 中，转化炉由温度能调节控制的三个不同加热区组成；预热区的温度应能保证试样完全汽化；燃烧区的温度应能保证试样燃烧完全并有利于二氧化硫的生成；出口区的温度应能保证试样燃烧生成产物无变化地进入滴定池。滴定池是由一个作为主池的柱形管及两侧支管组成，池中盛有电解液并插入一对电解电极和一对参比电极。微库仑计用以检测指示电极间电位差，提供可选择的电介电流及滴定过程中的控制和测定结果的计量和显示。匀速进样器是一套机电装置，用以保证样品能均匀稳定进入转化炉的预热区。电磁搅拌器的搅拌速度应可调节。

测定还需要冰醋酸、碘化钾、噻吩、异辛烷、氯化钾、氧气（99.9%）、氮气（99.9%）、重蒸馏水或去离子水等试剂。

配制电解液：由 0.05%碘化钾溶液和 0.04%冰醋酸溶液配制而成。

配制标准溶液：在 250mL 棕色容量瓶内，先加入异辛烷约 240mL，用 1μL 微量注射器准确抽取噻吩 1μL，用擦镜纸擦去针外余液，将针尖稍伸入异辛烷液面下，将噻吩注入异辛烷中，迅速盖上瓶盖，充分摇匀，然后用异辛烷稀释到刻度，再摇匀。此溶液内硫含量为

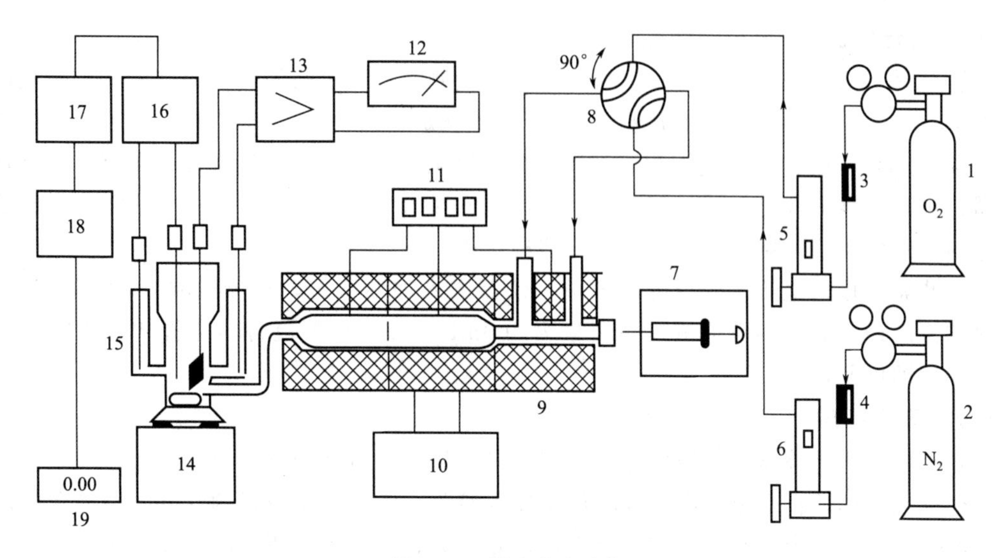


图 2-32 微库仑定硫仪

1—氧气钢瓶；2—氮气钢瓶；3,4—针形阀；5,6—转子流量计；7—匀速进样器；

8—四通阀；9—转化炉；10—温度控制器；11—温度指示计；12—高温毫伏计；13—电位指示计；

14—搅拌器；15—滴定池；16—恒流电源；17—电解控制器；18—计时器；19—数字显示器

1.53ng/μL。用移液管吸取上述标准溶液 5mL 于 100mL 容量瓶中，异辛烷稀释到刻度，所得溶液的硫含量为 0.076μg/μL。依次类推，可得到一系列不同硫含量的标准溶液。

测量步骤如下所述。

① 转化率的测定。在滴定池中加入新鲜电解液，液面高出电极 5～10mm。将滴定池四支电极连接导线分别与微库仑仪面板上相应接线柱相接。开动电磁搅拌器。

开通氮气及氧气钢瓶阀门，调节氮气流量 160L/min，氧气流量为 40L/min。接通转化炉温控电源，调节预热区温度为（420±500）℃，燃烧区温度为（720±500）℃，出口区温度为（620±500）℃。当转化炉出口温度达到 500℃时，将滴定池与转化炉出口连接上。调节微库仑计使终点电位稳定在一定位置上。

根据所测样品中总硫化物的含量范围选定标准溶液，用匀速进样器向转化炉注入标准溶液，进行滴定试验。按式(2-18) 计算转化率 $F$：

$$F=\frac{W}{AV}\times 100\% \tag{2-18}$$

式中 $W$——微库仑计滴定的硫含量，ng；

$V$——标准溶液的体积，μL；

$A$——标准溶液中硫含量，ng。

② 样品中硫含量的测定。从取样钢瓶中抽取 5mL 样品。按上述方法测定样品中总硫化物含量。按式(2-19) 计算样品中总硫化物含量 $L$（mg/kg）：

$$L=0.28\times 10^{-4}\frac{L_1}{F} \tag{2-19}$$

式中 $L_1$——微库仑计的显示值，ng；

$F$——转化率。

每个样品进行 3 次平行试验，取 3 次试验的平均值作为检验结果。

### 2.4.5.6 组分气体氧含量的测定

惰性气体灭火剂需测量氧含量。可应用氧含量测定仪器进行测定。该装置的测量范围应在 $0.5\times10^{-4}\%$～20.9%，测量偏差≤5%，并应满足：仪器的检测器是由稳定的氧化锆固体电解质、铂金电极、参比气体和待测气体组成的化学电池；当待测气体中含有和氧含量同一数量级的还原性气体氢气或一氧化碳，从而造成对氧含量测定的干扰时，应配有净化装置以消除对测量氧含量的影响；仪器前应安装稳压阀。

测定步骤：接通电源，开启电源开关。仪器进入加热状态，检测器温度设定为700℃。待检测器温度稳定后，调节待测气体流量为400mL/min，使气流将净化管和管道中残余气排除干净后即可开始测定。

### 2.4.5.7 灭火浓度

一般采用杯式燃烧器法测定气体灭火剂灭可燃气体和可燃液体火时的灭火浓度。该方法是使一个标准的火焰在一个标准的杯状燃烧器内燃烧，并以一定流量的空气供给燃烧器，使之维持燃烧，在空气中逐渐增加气体灭火剂，测定火焰被扑灭时所需的气体灭火剂在空气中的最低体积分数。

测定气体灭火剂灭火浓度所用的仪器及材料，见表2-66。

**表2-66 测定气体灭火剂灭火浓度所用的仪器及材料**

| 仪器及材料 | 要　求 |
| --- | --- |
| 杯式燃烧器 | 如图2-33所示 |
| 空气 | 应清洁、干燥、无油，其中氧的体积百分比浓度为(20.9±0.5)%。应记录所用空气的来源和氧的含量 |
| 燃料 | 所用燃料的类型和质量应是合格产品 |
| 灭火剂 | 多组分灭火剂应预混后提供。液体灭火剂应以纯净灭火剂提供，不要用氮气加压 |

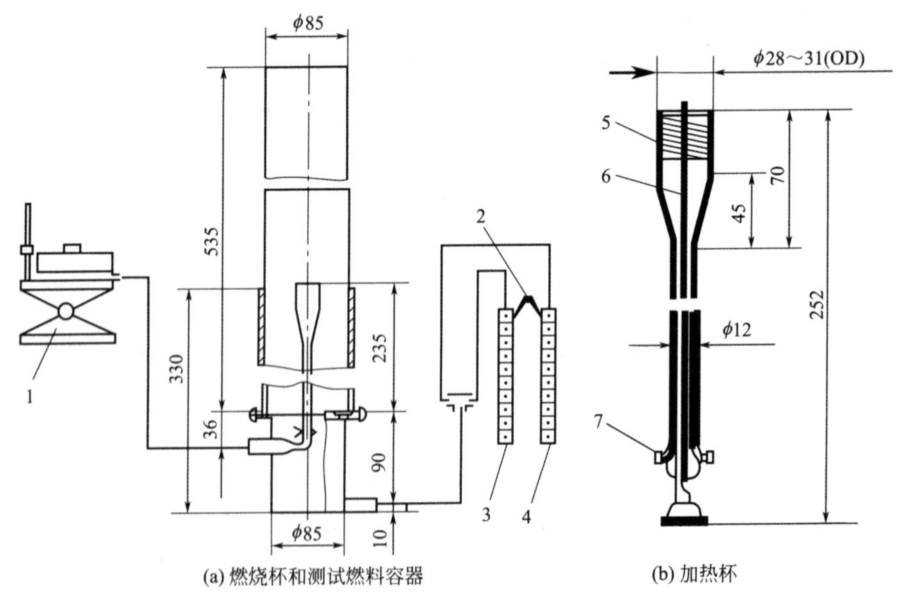


图2-33 杯式燃烧器示意（单位：mm）

1—液面调节架；2—转子流量计；3—空气；4—灭火剂；
5—内壁与外壁间电加热丝；6—热电偶管；7—加热器接头

图2-33中燃烧器的杯为圆形，由玻璃、石英或钢制成；外径为28～31mm；壁厚1～

2mm；杯顶部边缘倒角45°。杯的中央距顶部2～5mm处设有热电偶，可对杯内此处的燃料进行温度测量；杯的内外壁间有电加热丝，可对杯中的燃料加热。用于气体燃料的杯子应在其顶部装有可获得均匀气流的装置（如：杯子可以用耐火材料或沙填充）。

靠近燃烧器下部设有燃料入口，此入口与放在液面调节架上的燃料罐相连，调节液面调节架的高度，则燃烧器杯中燃料液面的高度也随着升降。燃烧器的烟囱是圆柱形，用玻璃或石英制成，内径（85±2）mm，壁厚2～5mm，高度（535±5)mm。空气和灭火剂各自通过流量计（流量计应校准）的调节进入集气管，汇集成为单一的混合流然后进入燃烧器底部的扩散器，此处堆满了直径7mm左右的玻璃球，这样可以在此处烟囱截面上均匀分配空气和灭火剂的流量。扩散器内空气和灭火剂温度应为（25±10)℃，使用校准的感温器测量。

供应液态燃料应是可调节的，以保证输送到杯内的液体燃料维持在固定的液位。供应气体燃料应可以控制，要以固定的流量输送到杯中。

(1) 以可燃液体为燃料测定气体灭火剂灭火浓度的方法

① 燃料预燃。将可燃液体放入燃料供应罐中。将燃料导入杯中，调节液面水平与杯顶部距离在5～10mm内。调整杯中燃料液位，使其在燃料测温装置的上方，并运行杯的加热装置，使燃料达到（25±3)℃或者开口杯式闪点以上（5±3)℃，选较高者。通入流量为10L/min的空气，点燃燃料。燃料预燃60～120s，并调解杯中燃料的液位至距杯顶在1mm内。

② 试验测定。通入气体灭火剂，用流量计调节并逐渐增加流量（灭火剂流量的增加不要超过先前浓度值的2%），直至火焰熄灭。记录灭火剂和空气流量。在每次灭火剂流量调整后，等待10s，使集气管中新比例的灭火剂和空气到达杯的位置，并保持杯中液位在距杯的顶部1mm内。然后，再分别测定空气流量为20L/min、30L/min、40L/min、50L/min的试验数值。

③ 根据试验数据，确定灭火剂的灭火浓度。确定方法有两种。

方法一：精确地确定空气灭火剂混合物中灭火剂的浓度。当火焰恰好熄灭时，使用具有连续采样功能的气体分析仪器（如连续氧分析仪），测量烟囱里杯下方空气/灭火剂混合物中氧的存留浓度，并根据式(2-20）计算灭火剂浓度 $c$（体积分数，%）：

$$c=100\times\left(1-\frac{[O_2]}{[O_{2(sup)}]}\right) \tag{2-20}$$

式中 $[O_2]$——烟筒空气/灭火剂混合物中氧浓度，体积分数，%；

$[O_{2(sup)}]$——空气源中的氧浓度，体积分数，%。

方法二：在灭火剂/空气混合物中的灭火剂浓度可以通过测量灭火剂和空气的流量计算得到。可按式(2-21）计算得到 $c$（体积分数，%）：

$$c=\frac{V_{ext}}{V_{ext}+V_{air}}\times 100 \tag{2-21}$$

式中 $V_{ext}$——空气的体积流量，L/min；

$V_{air}$——灭火剂的体积流量，L/min。

④ 绘制灭火浓度/空气流量曲线图，确定该曲线图上的稳定区（即灭火浓度最大且不受空气流量影响的空气流量范围）。如果图上没有稳定区，应按大于50L/min的空气流量进行进一步测量。

⑤ 在达到稳定区域上空气流量的条件下，按照①、②试验过程，进行5次试验。根据

试验平均值，计算在未加热燃料的条件下灭火剂的灭火浓度。

⑥ 使燃料温度保持在低于其沸点 5℃，或者 200℃，选择低者。按照①、②试验过程，进行 5 次试验。根据试验平均值，计算在加热燃料的条件下灭火剂的灭火浓度。

(2) 以可燃气体为燃料测定气体灭火剂灭火浓度的方法

用可燃气体为燃料测定气体灭火剂的灭火浓度的方法大致与用可燃液体不作为燃料的试验方法相同。不同之处，在于以下几点：

① 燃料预燃。通过压力调节装置将气体燃料通入杯中，并通入流量为 40L/min 的空气。点燃燃料，调节燃料流量，使火焰达到 8cm 的高度，并预燃 60s。

② 试验测定。通入气体灭火剂，逐渐增加灭火剂的流量（灭火剂流量的增加不要超过先前浓度值的 3%），直至火焰熄灭。记录灭火剂、空气和燃料的流量。火焰熄灭后停止可燃气体供应。确定灭火剂的灭火浓度。然后，再分别测定火焰高度在 4cm、6cm、10cm 和 12cm 条件下的试验数值。

③ 确定灭火浓度最大时燃料的高度，作为以下试验的基础。

④ 调节燃料流量，在灭火剂浓度最大时的燃料火焰高度的条件下，按照①、②试验过程，进行 5 次试验。根据试验平均值，计算在未加热燃料的条件下气体灭火剂的灭火浓度。

### 2.4.5.8 惰化浓度

该方法是在三元体系中（燃料、灭火剂、空气）基于燃烧性曲线数据，测定气体灭火剂的惰化浓度（或称抑爆浓度）。试验是在 1atm 下，用火花隙点燃燃料/灭火剂/空气混合物，测量压力的升高。

测定气体灭火剂惰化浓度所用的仪器是惰化设备，如图 2-34 所示。惰化设备是球形容器，容积为 (7.9±0.25)L，配有气体入口和出口、热电偶和压力传感器。内部设置的点火器是由四根石墨棒（“H”铅笔铅芯）组成，用两根电线系在其端处，两线间距离大约 3mm，通常电阻为 1Ω。内有两个 525μF、450V 的电容器串联，用导线与点火器连接。容器内部设有混合风扇，应能够承受爆炸时的温度和压力。

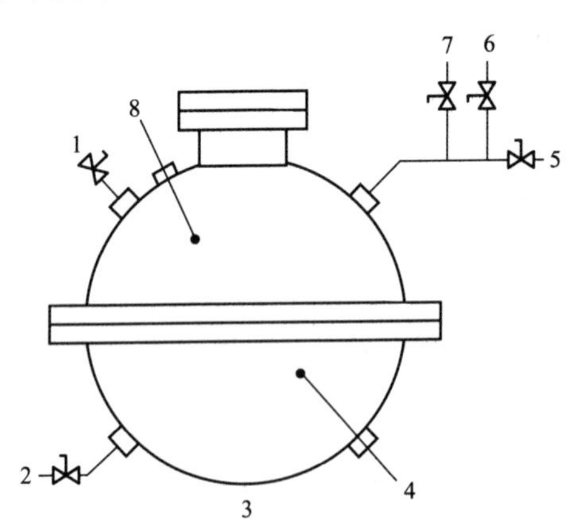


图 2-34 惰化设备

1—取样口；2—气体入口；3—7.9L 试验容器；4—点火器；5—通风口；6—真空表；7—压力表；8—测试罐

测试准备：球和组件应处于通常的室温下 [(22±3)℃]，应记录超出此范围有差别的温度。压力传感器与适宜的记录仪连接，以测量试验容器内的压力变化，此压力传感器的精度为 70Pa。并将试验容器抽成真空状态。

测试方法：

① 注入灭火剂，用分压的方法使其达到要求的浓度。如果是液体应有足够的时间等待其蒸发。加入燃料蒸气和空气［相对湿度为（50±5）%］，用分压的方法使其达到要求的浓度，直至容器内达到 1atm。开启风扇，混合 1min。关闭风扇，等待 1min，使混合物达到静止状态。

② 给电容器充电至 720～740V（DC）的电压，可产生 68～70J 的储存能量。合上开关，电容器放电。如果有压力升高，测量出数值并做记录。保持燃料/空气的比例，改变灭火剂的数量，重复试验，直至找到压力较最初压力升高 0.07 倍的条件。

③ 重复试验，改变燃料/空气的比例和灭火剂的浓度，测试惰化该混合物最高灭火剂蒸气浓度，即为气体灭火剂的惰化浓度。

# 第3章

# 洗消剂效能评估与应用

洗消剂是指凡是能与化学毒物作用，使其失去毒性或毒性降低的物质。它是随着持久性毒剂在战场上的出现而发展起来的，自从第一次世界大战德军首次使用持久性毒剂芥子气后，就出现了漂白粉和高锰酸钾消毒剂。目前常用的洗消剂有三合二、碳酸氢钠洗消剂等。从经济角度上讲，通风、水冲与掩埋都是非常经济的消毒方式。因此，空气、水和土壤也是洗消剂。

洗消剂的种类繁多，根据洗消机理不同，可分为氧化氯化型洗消剂、酸碱型洗消剂、吸附型洗消剂、络合型洗消剂等。不同类型洗消剂的洗消评价指标不同，如酸碱型洗消剂主要考察洗消剂酸碱中和性能，其具体指标为 pH 值。氧化氯化型洗消剂主要考察氧化还原性能，指标为氧化还原电对电势等。事故现场选用洗消剂进行洗消时，总体评价要素为洗消时间、洗消速率及洗消剂用量，本着“净、快、省、廉、易、稳、安”的原则来进行选择。“净”是指洗消的消毒效果要彻底；“快”是指洗消剂的消毒速度要快；“省”是指洗消剂的用量要少；“廉”是指洗消剂的价格要尽可能低廉；“易”是指洗消剂要易于得到；“稳”是指洗消剂在运输和储存过程中要具有较好的稳定性；“安”是指洗消剂本身不会对人员、器材装备构成不安全因素。

## 3.1 洗消剂概述

### 3.1.1 洗消的定义和作用

洗消是指通过物理或化学的方法对化学事故现场遭受化学污染物、放射性物质和生物毒剂污染的地面、设备、装备、人员、环境等进行消毒、清除沾染和灭菌而采取的技术过程，它是使危险物失去毒害作用，有效防止其蔓延扩散的一种有效方法，是消除染毒体和污染区毒性危害的重要措施。

参与危险化学品事故应急处置的人员应进行全面、系统、专业的洗消。为避免人员和设备受到污染，应根据事故现场危险化学品的类型，危害程度，应急人员、设备及周围环境受到污染的可能性等信息，针对洗消的各个阶段合理、准确地确定洗消程序和方法，并予以执行。尽可能将事故污染降至最低，控制污染物的扩散，妥善处置污染物，直至经确认完全洗消为止。

洗消工作的主要作用有：

① 降低事故现场毒性，减少事故现场人员伤亡。

② 降低染毒人员的染毒程度，为染毒人员的医疗救治提供宝贵时间。

 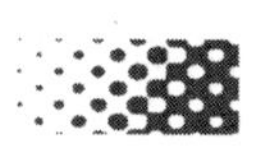

③ 提高事故现场的能见度，为事故的高效处置创造条件。如泄漏的危险化学品常以气态弥散在空气中，能见度较低，通过洗消，可以降低空气中化学毒物的浓度，提高能见度。

④ 降低事故现场的污染程度，降低处置人员的防护水平，简化化学事故的处置程序。

⑤ 缩小染毒区域，精简警戒人员，便于居民的防护和撤离。

⑥ 消除或降低毒物对环境的污染，最大限度地降低事故损失。

⑦ 使具有火灾爆炸危险的有毒物质失去燃爆性，消除事故现场发生燃烧或爆炸的威胁。

## 3.1.2 洗消原则

洗消是被迫采取的一种措施，不可能“积极主动”，做到面面俱到。洗消内容越多，所需的人力、物力、财力等资源也越多。所以，在洗消过程中既要做到快速有效地消毒和消除污染，保证救援人员的生命安全，维护救援力量的战斗能力，又要做到节约资源。因此，洗消工作应遵守以下原则。

(1) 尽快实施洗消

危险化学品事故突发性强、泄漏量大、毒性强、扩散范围广，任何受到污染的物体都可能引起人员的二次中毒。另外，有些毒物对人员造成的伤害很大，如沾染浓硫酸、毒剂(物)、放射性物质后能迅速致伤、致残、致死，这从客观上要求现场洗消工作应在现场侦检、人员疏散和救治、泄漏物控制和处置等工作的同时，必须及时、快速和高效地对现场染毒体实施消毒工作，将其危害程度降到最低。另外，尽快洗消还可限制和减少沾染的渗透和扩散，提高后期救援的可靠性。

(2) 实施必要洗消

洗消的目的是为了生存和保证救援任务的顺利完成，而不是制造一个没有沾染有毒物质的绝对安全环境。重大危险化学品事故现场的洗消任务重，时间性和技术性要求高。由于后勤保障、地理环境等的限制，对洗消的范围不能随意扩大，而且受到救援现场客观环境和资源的限制，只能对那些继续履行救援职责来说应为必要的器材装备、地面才进行洗消。

(3) 靠近前方洗消

洗消点的位置靠前设置，主要是为了控制沾染面积的扩散，如果洗消点设置位置靠后，受染器材装备、人员洗消时必然后撤，造成污染面积的扩散。同时洗消位置适当靠前，可以使救援装备和人员减少不必要的防护时间，有利于救援任务的执行。

(4) 按优先等级洗消

对受染极为严重、有重大威胁和有生命危险的优先洗消，而威胁小的则可以后洗消；针对执行救援任务中重要的、急需转移二次救援的器材装备优先洗消，对一般性的器材装备可押后洗消。

## 3.1.3 洗消方法

常用的洗消方法从原理上区分，主要有物理法和化学法两类。这两类方法各有优缺点和适用范围，可以顺次进行，也可以同时进行。除以此外，随着研究的不断深入和技术的发展，又出现了一些新型的洗消方法。在选择洗消方法时，应全面考虑危险化学品的种类、泄漏量、性质以及被污染的对象等因素，进行合理选择。

### 3.1.3.1 物理洗消法

物理洗消法是通过将毒物转移或将染毒的浓度稀释至其最高容许浓度以下或防止人体接

触来减弱或控制毒物危害的方法。其实质是毒物的转移或稀释，毒物的化学性质和数量在洗消处理前后并没有发生变化，只是临时性解决现场毒物的危害问题。其优点是处置便利、容易实施、腐蚀性小。其不足是清除下来的毒剂仍存在，有发生二次危害的可能性，如毒物随冲洗水流入下水道、河流或深埋的毒物随雨水渗入地下水源等，都会再次造成危害，需要进行二次消毒处理。

常用的物理洗消法主要有：吸附洗消法、通风洗消法、溶洗洗消法、机械转移洗消法、冲洗洗消法以及其他方法（如通过日晒、雨淋、风吹等自然条件消毒等）。

#### 3.1.3.2 化学洗消法

化学洗消法是通过洗消剂与毒源或染毒体发生化学反应，来改变毒物的分子结构和组成，使毒物转变成无毒或低毒物质，达到消除毒物危害的方法。该种方法消毒彻底。然而，要注意洗消剂与毒物的化学反应是否产生新的有毒物质，防止发生次生反应染毒事故。化学洗消实施中需借助器材装备，消耗大量的洗消药剂，成本较高，在实际洗消中一般是化学洗消法与物理洗消法同步展开，以提高洗消效率。

常用的化学洗消方法主要有：中和洗消法、氧化还原洗消法、催化洗消法、络合洗消法等。

#### 3.1.3.3 其他新型洗消方法

（1）等离子体洗消法

等离子体中含有大量的高能电子、激发态分子或原子、自由基等活性粒子，具有足够的能量破坏毒剂分子的化学键，引发化学反应，达到消毒目的。与传统洗消方法相比，等离子体洗消技术属于干法洗消，对敏感装备没有腐蚀性，因此受到国内外研究学者的关注。

等离子体通常可以分为高温等离子体和低温等离子体。其中，低温等离子体又分为热等离子体和冷等离子体。在热等离子体中，各种粒子的温度几乎相等，可达5000～20000K，在如此高的温度下，几乎可以将所有的有害固、液废弃物彻底分解或玻璃体化，因此成为军事化学品销毁的一种可替代技术。冷等离子体可以通过常压下气体放电产生，由于其电子的温度（$10^4$～$10^5$K）远远大于离子、中性原子的温度，使系统处于热力学非平衡状态，它在脱硫脱硝、挥发性有机物降解（VOCs）、有毒气体净化等废气治理及核生化洗消领域受到了广泛关注。

低温等离子体可用于消除放射性沾染，其机理是通过加入少量添加剂产生大量的高反应活性物质，该物质与放射性物质迅速发生化学反应，生成易于清除的固体粉末或挥发性强的物质，可将不易于转移的放射性元素实现快速、安全转移；低温等离子体还可用于消除化学污染，其机理是等离子体中存在大量的电子、离子、活性自由基和激发态原子等有极高化学活性的粒子，使很多需要很高活化能的化学反应能够发生，使常规方法难以去除的化学污染物得以转化或分解。数万度的高能电子轰击化学污染物分子，与化学污染物分子发生非弹性碰撞，将能量转换成基态原子的内能，发生激发、离解、电离等一系列过程，使有毒有害物质转变成无毒无害或低毒低害的物质，从而达到消除化学污染的目的。

目前，应用于化学毒剂洗消领域的等离子体发生装置主要有大气压等离子体喷射器（APPJ）和常压冷等离子体反应器。其中，APPJ主要利用高速气流将产生的等离子体喷射到受毒剂沾染的表面实施洗消，因其具有效果好、适用面广、操作简单的优点而受到国内外研究学者的广泛关注。冷等离子体反应器主要用来处理染毒气体。如：1998年，Heremann等研究发现，APPJ可以对表面沾染的HD、GD、VX等化学毒剂实施有效洗消，且在75℃

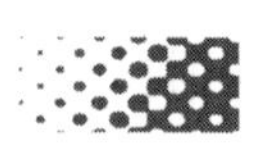

下仍能获得较好的洗消效果，从而使对敏感设备和人员洗消成为可能；美国 InnovaTek 公司利用非平衡电晕放电等离子体对铝表面的沙林模拟剂甲基膦酸二甲酯（DMMP）进行处理，发现降解产物中不含有毒物质，适于表面洗消；我国学者王守国采用 APPJ 技术，在输入功率为 50W、Ar 流量为 15L/min、$N_2$ 流量为 100mL/min 的条件下，可将等离子体束流直接喷射到人体皮肤上进行消毒；陈永铎、王晓晨等采用针-板曝气式高电压脉冲放电等离子体反应器，对 500mg/L 的 DMMP 水溶液进行了洗消实验。结果表明，在平均功率 12.5W、处理液体 200mL、氧化时间 100min 条件下，DMMP 的降解率可达 90%。

（2）高级氧化洗消法

高级氧化洗消法是基于自由基氧化机理，在氧化剂、光、电或催化剂等作用下，原位诱发多种形式的强氧化活性物质，引起一系列反应，与毒性物质中的有机物作用对其进行洗消处理。

① 超临界水氧化法　超临界水氧化法是利用超临界水的特性，使有机物和空气、氧气等氧化剂在超临界水中（反应温度和压力分别高于 374.3℃和 2.1MPa）发生均相氧化反应，使有机物分子链断裂，被完全氧化成 $CO_2$、$H_2O$、盐类等无毒的小分子化合物，达到彻底氧化降解有机毒物，产物无任何毒性的效果。国内外以毒剂模拟剂为反应物，研究其在超临界水中的氧化情况，结果表明，HD 模拟剂硫二甘醇（TDG）等、G 类模拟剂二甲基甲磷酸酯（DMMP）、甲磷酸（MPA）等和 VX 的水解产物在不同的超临界水氧化体系中都能得到比较彻底的降解。但由于超临界水氧化体系存在着严重的腐蚀性，尤其是当反应物分子中含有氯原子时，反应器的腐蚀会更加严重，这也是制约超临界水氧法得以大规模应用的一个重要因素。

② 超声波氧化法　常温常压下，水的氧化性不显著，但超声波（US）在水溶液中可以激发空化气泡的形成与破裂，空化气泡破裂过程中出现的瞬时高温高压（约 4000K 和 10MPa），可使水溶液产生·O、·OH 和 $H_2O_2$ 等，这些强氧化性的自由基和基团能直接氧化分解溶液中的有机毒物。研究表明，US 法可以处理废水中的难降解有机物，且无二次污染，反应条件也比较温和，但由于水本身的氧化性相对较弱，故降解效果并不理想。为提高降解效果，可引进氧化剂（$O_3$ 和 $H_2O_2$ 等）、催化剂（CuO、$MnO_2$ 等），以取得较好的效果。

（3）蒸气洗消法

过氧化氢和二氧化氯等具有非常优异的杀菌能力，是常用的消毒剂，对敏感设备也没有副作用。但它们一般为液态，不能用于大批量、大体积的敏感设备洗消。如果将过氧化氢或二氧化氯加热蒸发为气态，充满放置敏感设备的密闭空间，就可以实现洗消的目的。美国的蒸气洗消研究是随着联合物资洗消系统计划的进行而逐渐得到重视，其核心是把液体洗消剂转化为蒸气，充满沾染空间，能对敏感设备和平台内部化学和生物战剂进行洗消。

美国埃其伍德生化中心和 STERIS 公司共同开发了改进型气化过氧化氢洗消装置，使之能用于生化战剂的洗消，对其进行了一系列测试，发现其对 HD、VX 和炭疽病毒等的效果十分明显，并具有很好的广谱适用性，该装置对室内空间的消毒一般需要 4～24h，消毒后不会留下残余物，对室内设备也无危害性。

美国研制的小型洗消装备 5M15 型内表面洗消装置主要是利用热空气流加热内表面使毒剂蒸发，而后立即将有毒蒸气捕集起来或直接排出车外。一般当内表面温度达到 85℃，时间约 30min 时，可达到消毒效果，用于车辆驾驶室、战斗室内表面及仪器设备洗消。

（4）可剥离膜洗消法

可剥离膜洗消法专门用于敏感设备上放射性物质的清除。该技术是将成膜液喷涂到沾染表面，成膜液中聚合物官能团与放射性物质发生物理化学作用，使其从污染表面进入膜中。待有机膜固化后，将包含放射性物质的有机膜从敏感设备表面上剥离，从而达到洗消的目的。如美国劳伦斯国家实验室的 Sutton 等采用可剥离膜技术对受到 U238 沾染的密闭手套箱进行洗消处理，成膜液是 CBI 公司的 DeconGel1101 溶液。经过 $\alpha$ 检测仪测试表明，固化过程中 91%的放射性物质被吸收到膜中。

(5) 涡喷洗消法

① 涡喷物理消除法　涡喷发动机在大转速下工作时，喷射功率达 5000kW，在发动机喷口处的气流速度可达 500m/s，1min 可喷射出 $3000m^3$ 的高速气流。高速气流和周围空气形成很大的速度差，从而掺混和带动高速气流周围的空气流动，形成流量达每分钟上万立方米气流的强大的局部“人工风暴”。这种“人工风暴”能够起到驱散和稀释有毒气体的作用和减轻对人员和环境的毒害作用。

② 涡喷化学消除法　把漂白粉、次氯酸钠或者氢氧化钠、氢氧化钙、氨水、碳酸钠等消毒剂的水溶液雾化，再喷向有毒气体和染毒区域与有毒物质发生氧化、氯化反应或者中和反应来达到消毒目的，喷射距离可达到 100m，高度可达 20m。也可喷射大流量雾状水滴，喷射的水雾粒度细、覆盖面积大，能吸收、溶解空气中的有毒气体，降低毒气含量，达到降低空气中有毒气体的目的。

(6) 超临界流体洗消法

超临界流体具有与液体相似的溶解特性，具有类似气体的流动性。超临界流体洗消法利用这一特性，在高压条件下将生化毒剂溶于流体中，降低压力又从流体中分离出来，从而达到洗消的目的。GB 和 HD 等化学毒剂在超临界 $CO_2$ 中具有较高的溶解性，非常容易从不同结构和现有的材料表面脱除，富集之后再集中进行销毁。但是超临界流体的操作压力非常高，大部分敏感设备不能置于高压环境下，限制了该技术的应用。

## 3.1.4 洗消剂的分类及洗消机理

### 3.1.4.1 常用洗消剂的种类

常用洗消剂的种类主要有以下几种。

① 氧化氯化型洗消剂　如次氯酸钙、次氯酸钠、三合二、双氧水、氯胺、二氯异三聚氰酸钠等。这类洗消剂主要通过氧化、氯化作用来达到洗消目的。

② 酸性洗消剂　如稀盐酸、稀硝酸等。

③ 碱性洗消剂　如氢氧化钠、氨水、碳酸钠、碳酸氢钠等。

④ 络合型洗消剂　利用络合剂与有毒物质快速发生络合反应，使毒物丧失毒性。如硝酸银试剂、含氰化银的活性炭等。

⑤ 溶剂型洗消剂　包括常用的溶剂，如水、酒精、汽油或煤油等。

⑥ 洗涤型洗消剂　其主要成分是表面活性剂，可分为阳离子和阴离子活性剂，具有良好的湿润性、渗透性、乳化性和增溶性。如肥皂水、洗涤液、乳液消毒剂等。

⑦ 吸附型洗消剂　其主要利用吸附机理达到洗消目的，如活性炭、吸附垫、分子筛、反应型吸附消毒粉等。

⑧ 催化型洗消剂　某些化学污染物与洗消剂的反应需要在特定的温度、pH 值等环境因素下进行，需加入相应催化剂以提高其洗消反应速率，如氨水、醇氨溶液等催化剂，可加快毒物的水解、氧化、光化等反应速率。

⑨ 螯合剂 此类洗消剂能够与有毒物质发生快速的螯合，将有毒分子吸附在螯合体上使其丧失毒性。如敌腐特灵、六氟灵洗消剂，属酸碱两性的螯合剂，对强酸、强碱等各种化学品灼伤都适用。

上述各类洗消剂在洗消效果上基本都能满足毒物洗消的要求。在洗消剂的选择过程中，对于同一种污染物并不只有唯一类型的洗消剂。例如，对氰化钠泄漏事故处置中，除可选择络合型洗消剂外，亦可选择氧化氯化型洗消剂，如三合二。有时在实际洗消中仅依靠一种洗消剂并不能达到预期的洗消目的与要求，需要选择多种洗消剂进行联用，如选用洗涤吸附洗消剂＋中和剂、催化洗消剂＋氧化氯化洗消剂、催化洗消剂＋络合洗消剂等不同组合模式，从而达到最佳的洗消效果。由此可见，为了使洗消剂在化学事故处置中能有效地发挥作用，在洗消过程中应根据具体情况，如：污染物的理化性质、用量等具体情况，结合相关洗消剂的工作原理，对洗消剂进行灵活选择才是解决问题的关键。

#### 3.1.4.2 常见洗消剂的洗消机理

(1) 氧化氯化型洗消剂的洗消机理

氯化氧化型洗消剂主要是指含有活性氯和活性氧的物质，由于氯和氧都具有较强的氧化性，大多数的化学品都可与这类洗消剂发生氧化还原反应，实现对毒性基团的氧（氯）化过程，从而生成低毒或无毒产物，达到洗消处置的目的。

从氧化氯化反应的作用机理来分，洗消剂可分为氧化剂和氯制剂。其中氧化剂的作用机理是氧化反应，而氯制剂的作用机理是氧化反应或有机取代反应。

氧化氯化型洗消剂对大多数毒物具有洗消效果。如：HCN 中 C 的氧化数是＋2，它可被弱氧化剂（$H_2O_2$ 等）氧化成＋3 价 C 的氰（$(CN)_2$）；被强氧化剂（HClO、HBrO 等）氧化成的＋4 价 C 的氰酸（HOCN）；糜烂性毒剂和刺激剂 CS 可被漂白粉浆（液）、氯胺、过氧化氢、高锰酸钾等氧化剂氧化；含磷毒剂的磷（膦）酰基易于与亲核试剂发生 $SN_2$ 型双分子亲核取代反应。以沙林为例，沙林在碱性水解时与氢氧根离子之间发生的反应就属于这种反应。其他较为重要的与沙林发生反应的亲核试剂有醇（酚）的负离子、过氧化氢负离子、次氯酸根负离子、某些含肟基化合物的负离子等。

(2) 酸碱型洗消剂的洗消机理

当有大量强酸泄漏时，可用碱液来中和，如使用氢氧化钠水溶液、石灰水、氨水等进行洗消；反之当大量的碱性物质发生泄漏时，采用酸与之中和，如稀硫酸、稀盐酸等。另外，对于某些物质，如二氧化硫、硫化氢、光气等，本身虽不具有酸碱性，但溶于水或与水反应后的生成物为酸碱性，亦可使用此类洗消剂。值得一提的是，无论是酸性物质泄漏还是碱性物质泄漏，必须控制好中和洗消剂的中和剂量，防止中和药剂过量，造成二次污染，另外在洗消过程中注意适时通风，洗消完毕后对洗消场地、设施必须采用大量清水进行冲洗。

酸碱性物质是最常见的污染物种类之一，酸和碱都能强烈地腐蚀皮肤和设备。对于该类物质的洗消主要是利用酸和碱能发生中和反应的基本原理，通过酸和碱作用互相交换成分，生成盐和水的过程达到洗消的目的，这是处理现场泄漏的强酸（碱）或具有酸（碱）性毒物较为有效的方法。酸碱中和洗消的反应实质为：

$$H^+ + OH^- \longrightarrow H_2O$$

酸碱中和洗消是在溢出的危险化学品中加入酸或碱，形成中性盐的过程。中和洗消的产物是水和盐，有时是二氧化碳气体。如果使用固体物质用于中和处置，则会对泄漏物产生围堵的效果。进行中和洗消应使用适当的化学药剂，以防产生剧烈反应或局部过热，中和过程要严格控制洗消剂的用量，以防止发生二次污染事故。事故现场应用中和法处置要求最终pH值控制在6～9之间，因此洗消工作期间必须监测处置现场的pH值变化。具有酸性有害物和碱性有害物以及泄入水体的酸、碱或泄入水体后能生成酸、碱的物质，一般考虑应用中和法进行处理。对于陆地泄漏物，如果反应能控制，可选用适量的强酸、强碱进行中和洗消，这样比较经济；而对于水体泄漏物，建议使用弱酸、弱碱中和。表3-1所示为常见化学品的中和洗消剂。

**表3-1 常见危险化学品的中和洗消剂**

| 危险化学品名称 | 中和剂 |
| --- | --- |
| 氨气 | 水、弱酸性溶液 |
| 氯气 | 氢氧化钙及其水溶液、碳酸钠等碱性溶液、氨或氨水(10%) |
| 一氧化碳 | 碳酸钠等碱性溶液、氯化铜溶液 |
| 氯化氢 | 水、碳酸钠等碱性溶液 |
| 光气 | 氢氧化钙及其水溶液、碳酸钠、碳酸钙等碱性溶液 |
| 氯甲烷 | 氨水 |
| 液化石油气 | 大量的水 |
| 氰化氢 | 碳酸钠等碱性溶液、硫酸铁的苏打溶液 |
| 硫化氢 | 碳酸钠等碱性溶液、水 |
| 过氧乙酸 | 氢氧化钙及其水溶液、碳酸钠等碱性溶液、氨或氨水(10%) |
| 氟 | 水 |

(3) 吸附型洗消剂的洗消机理

吸附的目的就是利用洗消剂与危险化学品之间的作用力而使危险化学品吸附并浓缩于洗消剂上。吸附法洗消危险化学品的原理是：①洗消剂本身具有吸附性，如免疫吸附材料，仿生吸附材料等。②洗消剂和危险化学品之间由于范德华力（分子间力）、氢键、化学键力或静电引力作用的结果。范德华力主要包括定向力、诱导力和色散力。定向力是极性分子之间的静电力，由极性分子的永久偶极距产生。诱导力是极性与非极性之间的引力，极性分子产生的电场作用会诱导非极性分子极化，产生诱导偶极距。色散力是非极性分子之间的引力，由瞬时偶极距产生。③危险化学品对水的疏水特性和对固体颗粒的高度亲和力。洗消剂可为多孔性结构，具有分子筛的作用。

(4) 溶剂型洗消剂的洗消机理

溶剂型洗消剂常用于溶解固体表面的污染物。所谓溶解是一种物质（溶质）均匀地分散在另一种物质（溶剂）中的过程。溶解过程往往伴随有吸热或放热的现象。例如，烧碱溶解于水时放热，食盐溶解于水时吸热。因此，溶解过程是克服溶质分子和溶剂分子的内聚力，形成二者的均匀体系的过程。发生溶解过程的必要条件是被溶解的溶质的分子间力小于溶剂分子和溶质分子间的吸引力。溶洗洗消法主要是利用洗消剂将污染物溶解其中。对于洗消而言，应用溶剂型洗消剂洗消的必要条件是污染物分子间及污染物分子与所附着表面的分子间力，应小于污染物分子与溶剂型洗消剂分子间的吸引力。溶剂型洗消剂的分子量不同，溶解过程也不同。这里主要考虑低分子污染物的溶解过程与高分子聚合型污染物的溶解过程。

当把低分子的固体污染物加到溶剂型洗消剂中后，污染物表面上的分子或离子由于本身的热运动和受到溶剂型洗消剂分子更大的作用力的作用，克服了污染物内部分子或离子间的引力而离开污染物表面，通过扩散作用均匀分散到溶剂型洗消剂中去，形成均匀的溶液，达到洗消的目的。非结晶性聚合型污染物由于分子链比低分子大得多，洗消过程比低分子复杂得多。首先是聚合物表面上的分子链段被溶剂型洗消剂分子作用而溶剂化，但因为分子链很

长，还有一部分聚集在聚合物表面以内的链段未被溶剂化，不能溶出，需要较长时间整个分子链才能被溶剂化，完全溶解到溶剂型洗消剂中去。溶剂型洗消剂分子对非结晶性聚合型污染物分子起溶剂化作用的同时，其自身也由于高分子链段的运动而能扩散到非结晶性聚合型污染物的内部去，使内部的链段逐步被溶剂化，从而使高分子溶质产生溶胀现象。随着溶剂分子不断向内部扩散，更多的链段必然会松动，外面的高分子链会首先全部溶剂化而溶解，使得里面又出现了新的表面，溶剂型洗消剂又对新表面溶剂化而溶解，直至所有的高分子都转入洗消剂中，这时才算是高分子聚合型污染物被全部溶解，形成均匀的溶液，完成洗消过程。

（5）洗涤型洗消剂的洗消机理

洗涤型洗消剂是一种复杂的混合物，除了表面活性剂外，还添加有其他的洗消助剂，洗消体系是复杂的多项分散体系，分散介质种类繁多，体系中涉及的表（界）面和污染物的种类及性质各异，因此，洗涤过程相当复杂。按照污染物存在状态的不同，通常可以将污染物分为液体污染物和固体污染物两大类。

液体污染物的洗消是通过卷缩机理来实现的，即洗涤型洗消剂优先润湿固体表面，使污染物卷缩起来。具体过程是：首先是洗涤型洗消剂溶液润湿染毒对象表面，即使染毒对象表面已被液体污染物完全覆盖；第二步是已润湿的染毒对象表面的洗消剂溶液，把液体污染物置换下来，因为洗消剂中的表面活性剂的润湿，使液体污染物“卷缩”起来，油污等液体污染物由原来平铺于染毒对象表面，卷缩成小球状，并逐渐被冲洗离开表面。洗消中的机械作用越强烈，清除越快；第三步是脱离染毒对象表面的液体污染物进入洗消剂溶液中，在表面活性剂和机械力的作用下，分散于溶液中，被乳化成 O/W 型的乳液。由于染毒对象表面也吸附了洗消剂溶液，液体污染物一般不再返回黏附于表面。液体污染物随洗消废液的排放而清除。

液体油污是以一平铺的油膜存在于表面的，在洗消剂对染毒物体表面的优先润湿作用下，油膜逐渐卷缩成油珠，最后被冲洗而离开固体表面。液体油污卷缩去除过程如图 3-1 所示。

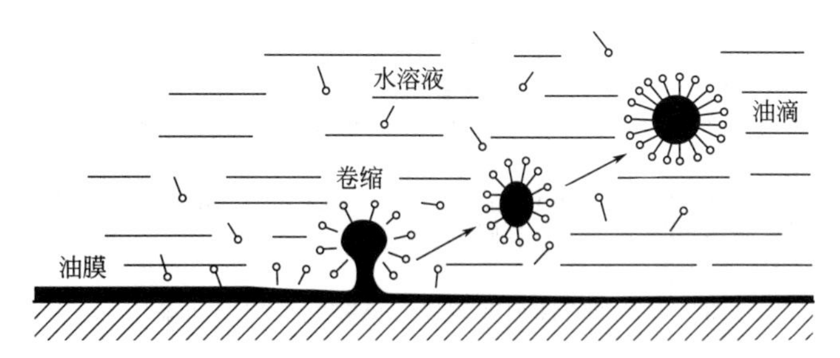


图 3-1　液体油污卷缩去除过程

对于固体污染物的洗消，洗消机理与液体污染物的洗消机理不同，其间的差异主要源于两种污染物与固体表面的黏附性质不同。对于液体污染物，黏附强度可以用固-液界面的黏附自由能来表示。固体污染物在固体表面的黏附情况要复杂得多，在固体表面上固体污染物的黏附很少像液体一样扩散成一片，通常在一些点上与染毒对象表面接触和黏附，黏附作用主要来自范德华引力，其他力（如静电力）则次要得多。静电引力可加速空气中灰尘在固体表面的黏附，但并不增加黏附强度。

对于固体污染物的洗消主要是表面活性剂在固体污染物及在染毒物品表面上的吸附。由于表面活性剂在界面的吸附作用，降低了固体污染物与染毒对象表面的黏附强度，从而使污染物易于去除。

固体污染物的洗消过程主要是以表面活性剂在各种界面上的非特异吸附为基础，并与在某些固体污染物颗粒上多价螯合物的特性吸附有关。表面活性剂和多价金属离子借助螯合物的吸附特性，导致污染物和被洗消表面负电荷的增加，污染物的质点和固体表面带相同电荷。相互排斥力增强，黏附强度下降。总之，洗消剂组分的吸附，导致污染物和被洗消表面的界面性质发生改变，使污染物质点容易脱落。

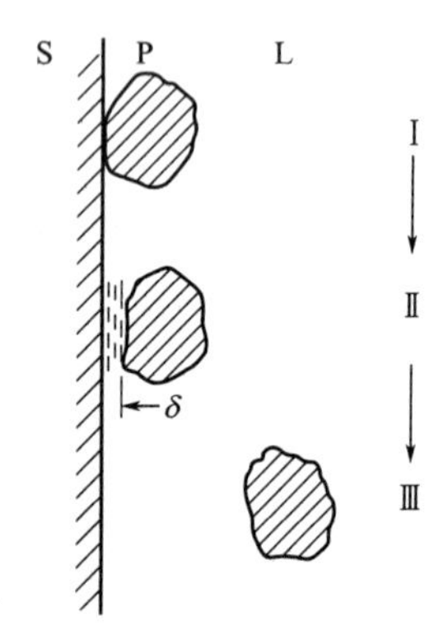

图 3-2　污垢粒子 P 从固体表面 S 到洗消剂 L 的分段去除

固体污染物的洗消机理可依据兰格（Lange）的分段洗消过程来表示，如图 3-2 所示。

Ⅰ段为固体污染物 P 直接黏附于固体表面 S 的状态。Ⅱ段为洗消液 L 在固体表面 S 与固体污染物 P 的固-固界面 SP 上的铺展，洗消液能否润湿质点或表面，可以从洗消液是否在固体表面上铺展或浸泡来考虑。表面活性剂作为洗消剂在固体污染物洗消过程中的作用主要体现在分段洗消过程中的Ⅱ段中，即洗消液 L 在固体表面 S 与固体污染物 P 间固-固界面上铺展过程中。这一过程是洗消液在固体表面 S 和固体污染物 P 间固-固界面中的微缝隙（即毛细管）中的渗透过程。若以普通的水作为洗消液，当水中加入水溶性表面活性剂后，由于表面活性剂在水-固界面上的定向吸附使表面张力大幅度降低，毛细管力增大，有利于洗消液在微缝隙中的渗透。当溶有表面活性剂的洗消液渗入微缝隙后，表面活性剂将以疏水基分别吸附于固体和固体污染物的表面上，其亲水基伸入洗消液中，形成单分子吸附膜。表面活性剂在固体污染物洗消中的润湿作用如图 3-3 所示。

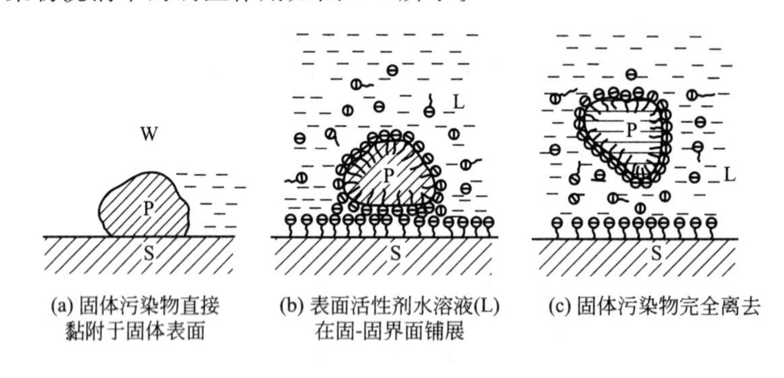

图 3-3　表面活性剂在固体污染物洗消中的润湿作用

把固体和污染物的表面变成亲水性强的表面，与洗消液有很好的相容性，导致洗消液在固体表面与固体污染物间的固-固界面上的铺展，最终洗消液铺展于固体污染物和固体表面间的固-固界面上，形成一层水膜使固体污染物与固体表面间的固-固界面变成了两个新的固-液界面。表面活性剂在固体污染物和固体的固-固界面上的吸附可有效地提高固体污染物完全去除。

（6）催化型洗消剂的洗消机理

催化洗消法是一种经济高效、有发展前景的化学洗消方法。在事故的处置过程中，应用催化型洗消剂可以加快反应的速度，提高洗消的效率，大大满足事故现场快速洗消的要求。

按催化洗消反应机理分类，可分为酸碱型催化洗消反应和氧化还原型催化洗消反应两种类型。

① 酸碱型催化洗消反应　酸碱型催化洗消反应的反应机理可认为是催化型洗消剂与污染物分子之间通过电子对的授受而配位，或者发生强烈极化，形成离子型活性中间物种进行的催化反应。这种机理可以看成质子转移的结果，所以又称为质子型反应或正碳离子型反应。

② 氧化还原型催化洗消反应　氧化还原型催化洗消反应机理可认为是催化型洗消剂与污染物分子间通过单个电子转移，形成活性中间物种进行催化反应。

这两种不同催化洗消反应机理归纳见表 3-2。该分类方法反映了催化型洗消剂与污染物分子作用的实质。但是，由于催化作用的复杂性，对有些反应难以将二者截然分开，有些反应又同时兼备两种机理。

**表 3-2　酸碱型及氧化还原型催化洗消反应比较**

| 比较项目 | 酸碱型催化洗消反应 | 氧化还原型催化洗消反应 |
| --- | --- | --- |
| 催化型洗消剂与污染物之间作用 | 电子对的授受或电荷密度的分布发生变化 | 单个电子转移 |
| 污染物化学键变化 | 非均裂或极化 | 均裂 |
| 生成活性中间物种 | 自旋饱和的物种(离子型物种) | 自旋不饱和的物种(自由基型物种) |
| 催化型洗消剂 | 自旋饱和分子或固体物质 | 自旋不饱和分子或固体物质 |
| 催化型洗消剂举例 | 酸,碱,盐,氧化物,分子筛 | 过渡金属、过渡金属氧(硫)化物、过渡金属盐、金属有机络合物 |
| 反应举例 | 裂解、水合、酯化、烷基化、歧化、异构化 | 加氢,脱氢,氧化,氨氧化 |

(7) 络合型洗消剂洗消机理

络合型洗消剂适用于具有较强络合能力的物质的洗消。络合洗消剂常用于氯化氢、氨、氢氰酸根等物质的消毒。此外，络合剂中具有螯合作用的螯合剂常用于重金属泄漏污染的洗消处理。络合型洗消剂有很强的给电子能力，当染毒对象中的污染物离子与电子给予体结合时，便生成了络合物。如果与染毒对象中的污染物离子结合的物质包含有两个或更多的给电子基团，以至于形成了一个或更多的环，则生成物为螯合物或内络物，而电子给予体则为螯合剂。由于螯合物通常比其他络合物稳定，一般来说，螯合作用在使金属离子“钝化”上比络合作用也更有效。通过这种络合或螯合作用，将有毒分子化学吸附在络合载体上使其丧失毒性，达到洗消的作用。络合作用和螯合作用的简单例子如图 3-4 所示。

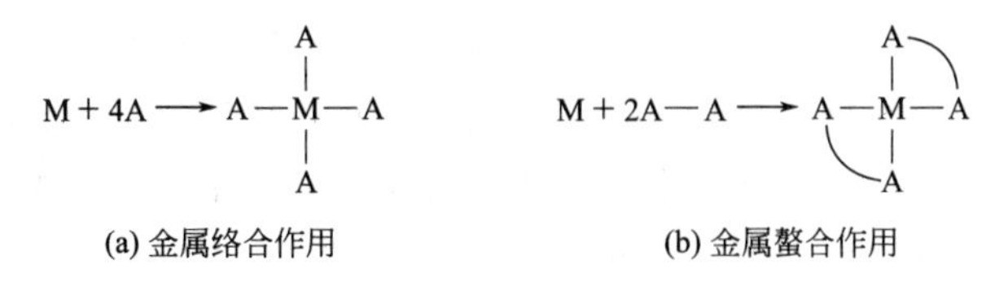


图 3-4　络合作用和螯合作用示意

M——一个金属离子；A—络合剂；A—A—螯合剂

## 3.1.5　洗消剂洗消评价主要要素

(1) 洗消时间 $t$

危险化学品洗消处置至安全接受水平的时间，用时间 $t$ 表示。

(2) 洗消率

洗消率计算公式：

$$K=\frac{c_0-c_t}{c_0}\times100\%$$

式中　$K$——洗消率，%；

$c_0$——危险化学品的初始浓度，mg/L；

$c_t$——洗消后的浓度，mg/L。

（3）洗消剂用量

洗消量计算公式：

$$Q=\frac{M_1-M_2-m}{m}$$

式中　$Q$——产品洗消量，g/g；

$M_1$——剩下的离心管、改性膨润土与其吸附的有机液体总质量，g；

$M_2$——液体质量及离心管的总质量，g；

$m$——洗消剂的用量，g。

## 3.2　洗消剂的主要性能指标

洗消是利用洗消剂与毒源或染毒体直接发生物理化学反应，生成无毒或低毒的产物，它具有消毒彻底对环境污染小、能有效防止二次污染等特点。洗消剂的主要性能指标如下。

### 3.2.1　酸碱中和性能

酸碱中和性能是酸碱型洗消剂的主要性能，衡量酸碱型洗消的主要指标是 pH 值、中和反应速率、吸放热等。酸碱性物质是最常见的污染物种类之一，对于该类物质的洗消主要利用酸碱中和的原理，它是酸和碱互相交换成分，生成稳定无毒盐和水的反应，是处理现场泄漏的强酸（碱）或具有酸（碱）性毒物较为有效的方法。酸碱理论的实质是：$H^+ + OH^- \longrightarrow H_2O$，反应后 pH 值接近于 7。

当有大量强酸（$H_2SO_4$、HCl、$HNO_3$）泄漏时，可用碱液来中和，如使用 5%～10% NaOH、$Na_2CO_3$、$Ca(OH)_2$ 等进行洗消，也可用氨水，但氨水本身具有刺激性，使用时要注意浓度的控制；反之当大量的碱性物质发生泄漏（如氨的泄漏）时，采用酸与之中和，如稀硫酸、稀盐酸等，另外，对于某些物质，如二氧化硫、硫化氢、光气等，本身虽不具有酸碱性，但溶于水或与水反应后的生成物为酸碱性，亦可使用此类洗消剂。值得一提的是，无论是酸性物质泄漏还是碱性物质泄漏，必须控制好中和洗消剂的中和剂量，防止中和药剂过量，造成二次污染，另外在洗消过程中注意适时通风，洗消完毕后对洗消场地、设施必须采用大量清水进行冲洗。常见毒物和中和剂见表 3-3。

表 3-3　常见毒物和中和剂

| 毒物名称 | 中和剂 | 毒物名称 | 中和剂 |
|---|---|---|---|
| 氨气 | 水、弱酸性溶液 | 氯甲烷 | 氨水 |
| 氯气 | 消石灰及其水溶液，苏打等碱性溶液或氨水(10%) | 液化石油气 | 大量的水 |
| 一氧化碳 | 苏打等碱性溶液 | 氰化氢 | 苏打等碱性溶液 |
| 氯化氢 | 水、苏打等碱性溶液 | 硫化氢 | 苏打等碱性溶液 |
| 光气 | 苏打、氨水、氢氧化钙等碱性溶液 | 氟 | 水 |

### 3.2.2　氧化还原性能

氧化还原性是指洗消剂能够与毒物发生氧化还原反应，主要针对毒性大且持久的油状液体毒物。通常条件下，氧化还原反应总是由较强的氧化剂与还原剂向着生成较弱的氧化剂和还原剂方向进行。从电极电势的数值来看，当氧化剂电对的电势大于还原剂电对的电势时，反应才可以进行。反应以“高电势的氧化型氧化低电势的还原型”的方向进行。在判断氧化还原反应能否自发进行时，通常指的是正向反应。

这类洗消剂有漂白粉（有效成分是次氯酸钙）、三合二（其性质与漂白粉相似，但漂白粉含次氯酸钙少、杂质多、有效氯低、消毒性能不如三合二，可漂白粉易制造，价格低廉）等。如氯气钢瓶泄漏，可将泄漏钢瓶置于石灰水槽中，氯气经反应生成氯化钙，可消除氯对人员的伤害和环境污染。也可利用燃烧来破坏毒物的毒性，对价值不大或火烧后仍能使用的设施、物品可采用此法，但可能因毒物挥发造成临近及下风方向空气污染，所以必须注意妥善采取个人防护。

### 3.2.3　吸附性能

表面活性剂具有吸附于物质表面，使其表面性质发生变化的特性。吸附型洗消剂的实质是将毒物的浓度稀释至最高容许浓度以下，或从危害作用区域转移，从而有效去除附在物体表面的污染物液滴或微小颗粒。实际操作中经常利用表面活性剂的吸附性来处理泄漏到水面上的油类，它可将泄漏出来的液体分解成若干细小的液滴，并稀释到可以接受的程度。

不同表面活性剂在不同表面的吸附能力是不同的。当表面活性剂在固-气和固-液界面上进行吸附时，在一定温度和压力（或浓度）下，一定量吸附剂吸附的吸附质的量称为吸附量。表面活性剂分子的结构以及温度、电解质等都会对吸附量产生一定的影响。非离子型表面活性剂的饱和吸附量大于离子型的。这是因为吸附的表面活性离子间存在同号相斥的库仑斥力，使其吸附层较为疏松。一般情况下温度升高，饱和吸附量减少。无机电解质对离子型表面活性剂的吸附有明显的增强作用，而对非离子型表面活性剂吸附的影响不明显。这是因为在离子型表面活性剂溶液中，增加电解质浓度可以导致进入吸附层的反离子数增多，从而削弱表面活性离子间的电性排斥，使吸附分子排列更紧密。而在非离子型表面活性剂中不存在这样的反离子现象。表面活性剂在油-水界面上的吸附也可以通过 Gibbs 吸附公式得到界面吸附量。

### 3.2.4　催化性能

某些化学污染物本身并不活泼，与洗消剂的反应需要在特定的温度、pH 值等环境因素下进行，导致毒物化学反应速率较慢，时间较长，不符合现场洗消的应急要求。因此可以加入相应催化剂如：氨水、醇氨溶液等催化剂，加快水解、氧化、光化等反应速率，但这并不是中和反应而是催化反应。例如：光气微溶于水，并缓慢发生水解：$COCl_2 + H_2O \longrightarrow CO_2 + 2HCl$，当加入氨气或氨水后可迅速反应生成无毒的产物脲和氯化铵从而达到消毒的目的：

$$4NH_3 + COCl_2 \longrightarrow CO(NH_2)_2 + 2NH_4Cl$$

$$CO(NH_2)_2 + NH_4Cl + H_2O \longrightarrow CO_2 + HCl + 3NH_3$$

值得一提的是，催化洗消剂在洗消过程中其实既可以作为辅助洗消剂使用也可单独作为洗消剂使用，例如 G 类军事毒剂中含有类似酰卤结构，可直接使用氨水作为洗消剂向空气中喷洒来进行洗消。催化剂具有较高的活性、选择性、稳定性，作为一种洗消剂优点是需要量很少，而且反应速率快，普遍成本比较低，是一种很有前景的洗消剂。

### 3.2.5 溶解性能

溶液中溶质微粒和溶剂微粒的相互作用会导致溶解。若溶质、溶剂都是非极性分子，如 $I_2$ 和 $CCl_4$，白磷和 $CS_2$，相互作用以色散力为主；若一种为极性分子，另一种为非极性分子，如 $I_2$ 和 $C_2H_5OH$，相互作用是分子间作用力；在强极性分子间以取向力为主；若一种溶剂微粒是离子，在水中形成水合离子，在液氨中则形成氨合离子，其他溶剂中就是溶剂合离子。也就是说，由于极性分子间的电性作用，由极性分子组成的溶质易溶于极性分子组成的溶剂，难溶于非极性分子组成的溶剂；非极性分子组成的溶质易溶于非极性分子组成的溶剂，难溶于极性分子组成的溶剂。

KB值也称贝壳松脂丁醇值，是表示烃类溶剂相对溶解能力的指标，常被用来衡量石油溶剂溶解涂料中树脂的能力。KB值越大说明溶剂溶解树脂的能力越强。贝壳松脂丁醇值高，表示该溶剂的相对溶解能力强，反之则弱。

### 3.2.6 络合性能

络合性是指利用硝酸银、含氰化银的活性炭等与有毒物质快速发生络合反应，将有毒分子化学吸附在络合载体上使其丧失毒性的性质。主要用于氰化氢、氰化盐等污染物的洗消，如：氰化钠能与亚铁盐发生化学反应，生成稳定的络合物：

$$6NaCN + FeSO_4 \longrightarrow Na_4[Fe(CN)_6]\downarrow + Na_2SO_4$$

在反应中，氢氰根与亚铁离子作用，生成亚铁氰根络离子，络合物亚铁氰化钠是无毒的。在碱性溶液中，亚铁氰根离子能与三价铁盐发生化学反应，生成深蓝色的普鲁士蓝沉淀：

$$3[Fe(CN)_6]^{4-} + 4Fe^{3+} \longrightarrow Fe_4[Fe(CN)_6]_3\downarrow$$

常用稳定常数来衡量配合物在溶液中的稳定性，其值越大越稳定。

目前消防洗消装备中敌腐特灵就是一种利用了络合反应等原理的高效、广谱、无腐蚀、无污染的洗消剂。

## 3.3 洗消剂洗消处置应用

### 3.3.1 氯的洗消

氯气是一种基础工业原料，可以用来制造漂白粉、农药、光气等多种物质，是烧碱工业的主要产品之一，广泛应用于化工工业。氯气是剧毒、强污染物质，一旦泄漏即可能造成人员伤亡、生产设备破坏、附近环境严重污染等恶性后果。

近年来液氯在生产、储存和运输过程中常发生泄漏，例如，2003年11月，吉林双辽造纸厂发生氯气泄漏事件，导致周边居民流泪、干咳、胸痛、四肢乏力很长时间。尤其一些氯气中毒的孩子视力下降，看不清黑板，面临着失学；2004年重庆天原化工总厂发生氯气泄漏，造成数人受伤，15万人大转移；2005年4月，京沪高速公路淮安段发生交通事故，一辆载有约35t液氯的槽罐车与货车相撞，造成液氯大面积泄漏，公路旁3个乡镇村民重大伤亡，中毒死亡28人，受伤285人，疏散村民群众近1万人，京沪高速公路宿迁至宝应段（约110km）关闭20h。由此可见，氯气泄漏事故的后果非常严重，加强对有关氯气的理化

性质、生产储运、救援洗消处置等问题的研究十分必要。

#### 3.3.1.1 氯气的性质

（1）液氯的成分

根据《工业用液氯》GB 5138—2006，不同等级的液氯的指标要求见表 3-4。

表 3-4 工业用液氯的指标

| 项目 | | 指标 | | |
|---|---|---|---|---|
| | | 优等品 | 一等品 | 合格品 |
| 氯的体积分数/% | ≥ | 99.8 | 99.6 | 99.6 |
| 水分的质量分数/% | ≤ | 0.01 | 0.03 | 0.04 |
| 三氯化氮的质量分数/% | ≤ | 0.002 | 0.004 | 0.004 |
| 蒸发残渣的质量分数/% | ≤ | 0.015 | 0.10 | — |

注：水分、三氯化氮指标强制。

可以看出，液氯的成分相对比较简单，氯气组分占到了 99.6%以上，在常规分析中其余组分可以忽略不计。

（2）氯气的理化性质

① 氯气的物理性质　氯气常温下为黄绿色有强刺激性气味的气体，常温下加压到 608～811kPa 或在大气压下冷至－40～－35℃可液化，液化后为黄绿色透明液体，相对密度 1.47（液体，0℃，369.8kPa），熔点－101℃，沸点－34.5℃，临界温度 144℃，临界压力为 $7.71\times10^{6}$Pa，爆炸极限为 11%～94.5%（在 $H_2$ 中）。气态氯气相对密度比空气重，不易扩散，一般没有风力作用，它会很长时间潜藏在低洼部位。氯气可溶于水和碱溶液，易溶于二硫化碳和四氯化碳等有机溶剂。氯气遇水后生成次氯酸和盐酸，再分解为新生态氧。在高压下氯气液化成液氯。液氯由液态变为气态体积扩大约 400 倍。氯气是强氧化剂，本身不燃，能助燃。在日光条件下与易燃气体混合时，会发生燃烧爆炸。氯气能与乙炔、乙醚等大多数有机物和松节油、氨、金属粉末等物质猛烈反应发生爆炸或生成爆炸性物质，具有强刺激性和腐蚀性，设备及容器极易被腐蚀而泄漏。

② 氯气的毒理作用　氯气有剧毒，吸入后与黏膜和呼吸道的水作用形成氯化氢和新生态氧。氯化氢可使上呼吸道黏膜炎性水肿、充血和坏死；新生态氧对组织具有强烈的氧化作用，氯浓度过高或接触时间较久，可致深部呼吸道病变，使细支气管及肺泡受损，发生细支气管炎、肺炎及中毒性肺水肿。由于刺激作用还可使局部平滑肌痉挛而加剧通气障碍，加重缺氧状态；高浓度氯吸入后，还可刺激迷走神经引起反射性的心跳停止。空气中的氯气最高容许浓度为 1mg/m$^3$。

③ 氯气的化学性质　氯气具有强氧化性，可以与水、碱溶液、多种金属和非金属进行反应，同时还可以与多种有机物和无机物进行取代和加成反应。干燥氯气稍不活泼，湿氯能直接和大多数元素结合。

#### 3.3.1.2 氯气的火灾危险性

（1）工业安全隐患

工业上接触氯的机会有：氯的制造或使用过程中若设备管道密闭不严或检修时均可接触到氯。液氯灌注、运输和储存时，若钢瓶密封不良或有故障，亦可发生大量氯气逸散。主要见于电解食盐，制造各种含氯化合物、造纸、印染及自来水消毒等工业。氯气作为一种化学危险品，其泄漏事故具有发生率高、危害性大的特点，氯气泄漏主要发生在氯气罐的泄漏、槽车泄漏、水消毒处理发生泄漏和生产装置泄漏。氯气本身不燃，但储罐在一定作用下可产生物理性爆炸，同时，氯气是一种强氧化剂，可与有机物发生强烈反应引发爆炸。

（2）事故特点

① 扩散迅速，危害范围大。液氯泄漏后体积迅速扩大，随风或向低洼处漂移，形成大面积染毒区。

② 易造成大量人员中毒伤亡。氯气可通过呼吸道、眼睛、皮肤等途径侵入人体，导致中毒，造成伤亡。

③ 污染环境，洗消困难。大量氯气泄漏，严重污染空气、地表及水体，并易滞留在下水道、沟渠、低洼地等处，不易扩散，全面、彻底洗消困难，如处理不当将在较长时间内危害生态环境。

#### 3.3.1.3 洗消方法的选择

氯气泄漏事故发生之后，污染范围大，影响严重，为了能尽快把事故危害降低到最低点，在现场实施洗消处理是十分必要的。实施洗消主要有以下作用：①洗消能降低事故现场的毒性，减少事故现场的人员伤亡，最大限度地降低事故损失；②洗消能降低染毒人员的染毒程度，为染毒人员的医疗救治提供宝贵的时间；③洗消能降低事故现场的污染程度，降低处置人员的防护水平，简化化学事故的处置程序；④洗消能缩小染毒区域，精简警戒人员，便于居民的防护和撤离。

对氯气引起的污染实施洗消时，原则上凡是能使氯气的毒性降低和消除的方法均可以使用。但在化学事故应急救援中，若有多种方法可供选择时，一般应遵循“净、快、省、易”的原则来实施，即：消毒效果要彻底，消毒速度要快，资源利用要尽量少，易于操作。

（1）物理洗消法

物理洗消法的实质是毒物的转移或稀释，毒物的化学性质和数量在消毒处理前后并没有发生变化。常用的氯气物理消毒方法有如下几种。

① 通风消毒法　通风消毒法适用于氯气为气体状态、少量的并且处于局部空间区域时使用，如车间内、库房内、污水井内、下水道内等。主要是通过大功率的空气机加大空气流动，减少空间中氯气的存在比率。采用强制通风消毒时，局部空间区域内排出的有毒气体或蒸气不得重新进入局部空间区域。若采用机械排毒通风的办法实施消毒，排毒口应根据有毒气体或有毒蒸气的密度与空气密度的相对大小，来确定排毒口的具体位置。

② 冲洗消毒法　应用冲洗消毒法时，主要是通过水枪对泄漏部位及其附近区域进行冲刷，并在警戒范围外设置水幕、做好处理设施，防止出现二次污染。在采用冲洗消毒法实施消毒时，若在水中加入某些洗涤剂，如洗衣粉、肥皂、洗涤液等，冲洗效果更好。冲洗消毒法的优点是操作简单，腐蚀性小，冲洗剂价廉易得；其缺点是水耗量大，处理不当会使毒剂扩散和渗透，扩大了染毒区域的范围，甚至会导致地下水污染。

③ 吸附消毒法　吸附消毒法是利用具有较强吸附能力的物质来吸附化学毒物，如吸附垫、活性白土、活性炭等。吸附消毒法的优点是操作简单，吸附剂没有刺激性和腐蚀性；其缺点是消毒效率较低，一般情况下只适于液氯泄漏时的局部消毒，作用面积小。

（2）化学洗消法

化学洗消法是利用洗消剂与毒源或染毒体发生化学反应，生成无毒或毒性很小的产物，它具有消毒彻底以及环保等特点，然而要注意洗消剂与毒物的化学反应是否产生新的有毒物质，防止再次发生反应染毒事故。化学洗消实施中需借助器材装备，消耗大量的洗消药剂，

成本较高。为了使洗消剂在化学突发事件中能有效地发挥作用，洗消剂的选择必须符合“洗消速度快、洗消效果彻底、洗消剂用量少、价格便宜、洗消剂本身不会对人员设备起腐蚀伤害作用的洗消原则”。氯气的化学洗消法主要有中和洗消法、催化消毒法等方法。

① 中和洗消法 中和洗消法是处理氯气泄漏事故最常用的化学洗消法，它是通过利用酸碱中和反应的原理来消除毒物。常用的碱性洗消剂包括消石灰及其水溶液、苏打等碱性溶液或氨水（10%）。主要方程式是：

$$Cl_2 + H_2O = HCl + HClO$$

$$NH_3 \cdot H_2O + HCl = NH_4Cl + H_2O$$

$$NH_3 \cdot H_2O + HClO = NH_4ClO + H_2O$$（同氨水的反应）

$$NaOH + HCl = NaCl + H_2O$$

$$NaOH + HClO = NaClO + H_2O$$（同烧碱的反应）

$$Ca(OH)_2 + 2HCl = CaCl_2 + 2H_2O$$

$$Ca(OH)_2 + 2HClO = Ca(ClO)_2 + 2H_2O$$（同石灰水的反应）

假设氯气泄漏量为常温下 224L（10mol，710g），分别用不同的洗消液进行反应，都是需要 20mol 的洗消剂，换算成质量分别为：700g、800g、1480g。这几种洗消液的浓度一般都在 5%～10%之间，若采用的浓度一样，氨的消耗量是最少的。在实际事故处置现场不但要根据化学计量方程式计算药品用量，避免浪费，同时还要考虑在中和过程中的药品损失，一般来说药品的使用量要比化学计量大 30%左右。中和消毒完毕，还要用大量的水对现场实施冲洗，防止二次污染。

② 催化消毒法 催化消毒法是利用催化原理在催化剂的作用下，使有毒化学物质加速生成无毒物的化学消毒方法。

氯气在常温、低浓度下需要数天的时间才能彻底消除，不能满足化学事故现场消毒的要求。但在常温的碱水或碱醇溶液中，即使在高浓度下它们也可在几分钟之内毒性大幅度降低，这不是酸碱中和反应，而是碱催化反应，这是利用催化剂存在下毒物加速变化成无毒物或低毒物的化学反应。此外，催化消毒法还有催化氧化消毒法、催化光化消毒法等。催化消毒法只需少量的催化剂溶入水中即可，是一种经济高效、很有发展前途的化学消毒方法。

在目前的氯气事故处置中，洗消方法应用最多的主要是物理洗消法和中和洗消法。气态的氯气泄漏主要通过通风消毒和冲洗消毒的方法联合进行处理，能比较快速地处理好空气环境中的氯气，操作简单方便，不需要专业的洗消知识就可以应用，设备使用少，药剂使用便宜，但是只适合小规模的气体泄漏，不能用于液氯泄漏的洗消，使用局限较大，操作不当易造成二次污染；当气态的氯气泄漏量非常大或者是液态氯气发生泄漏时，物理洗消法已经不再适用，中和洗消法成为比较好的选择方式。通过酸碱化学反应可以使氯气转化成毒性小或没有毒性的化学物质，能有效降低现场毒性，是目前消防部队处置氯气事故最常用的洗消方法，其优点是：能应付大面积染毒区域的洗消要求，原料来源方便，消毒效率较高；缺点是：洗消药剂和水消耗量大，处理不及时有可能造成二次污染。

#### 3.3.1.4 常见氯气洗消剂

（1）常见氯气洗消剂的用量比较

根据氯气与常见洗消剂的反应机理，以完全反应进行考虑，可以得出常见氯气洗消剂的理论用量，见表 3-5。

表 3-5 常见氯气洗消剂的理论用量比较

| 洗消剂 | 反应机理 | 摩尔比($Cl_2$:洗消剂) | 质量比($Cl_2$:洗消剂) |
|---|---|---|---|
| NaOH | $Cl_2+2NaOH = NaCl+NaClO+H_2O$ | 1:2 | 71:80≈1:1.1 |
| $Na_2CO_3$ | $Cl_2+Na_2CO_3 = NaCl+NaClO+CO_2$ | 1:1 | 71:106≈1:1.5 |
| $NaHCO_3$ | $Cl_2+2NaHCO_3 = NaCl+NaClO+H_2O+2CO_2$ | 1:2 | 71:168≈1:2.4 |
| $Ca(OH)_2$ | $2Cl_2+2Ca(OH)_2 = CaCl_2+Ca(ClO)_2+2H_2O$ | 1:1 | 71:74≈1:1.0 |
| 氨水(25%) | $Cl_2+2NH_3+H_2O = NH_4Cl+NH_4ClO$ | 1:2 | 71:34÷25%≈1:1.9 |

通过比较可以看出，洗消相同数量的氯气，采用不同氯气洗消剂所需的理论用量是不相同的，最少的是 $Ca(OH)_2$，与氯气泄漏量相等，最多的是 $NaHCO_3$，为氯气泄漏量的 2.4 倍。

(2) 常见氯气洗消剂的性价比较

根据常见氯气洗消剂的理论用量，参考中国化工产品网 2015 年 4 月 17 日发布的各类洗消剂的市场销售行情，可以得出常见氯气洗消剂的性价比较，见表 3-6。

表 3-6 常见氯气洗消剂的性价比较

| 洗消剂 | 质量比($Cl_2$:洗消剂) | 市场价格/(元/t) | 性价比(平均值)/(元/元) |
|---|---|---|---|
| NaOH | 1:1.1 | 1700~2800 | 2.8 |
| $Na_2CO_3$ | 1:1.5 | 1350~1550 | 2.4 |
| $NaHCO_3$ | 1:2.4 | 1250~1600 | 3.8 |
| $Ca(OH)_2$ | 1:1.0 | 500~800 | 0.7 |
| 氨水(25%) | 1:1.9 | 600~850 | 1.5 |
| $Cl_2$ | | 850~950 | 1 |

通过比较可以看出，洗消相同数量的氯气，采用不同氯气洗消剂所需付出的成本是不相同的，最低的是 $Ca(OH)_2$，仅为 0.7 元/元，最高的是 $NaHCO_3$，为 3.8 元/元。

(3) 常见氯气洗消剂的性能比较

氯气发生泄漏后，常需将洗消剂溶于水中，得到相应的碱液，再进行中和洗消。碱液浓度越大，洗消效果越好，且所需用水量也越少；碱液碱性越强，对器材装备及人员的腐蚀危害越大。根据常见氯气洗消剂水溶液在常温下的饱和浓度及其碱性强弱，可以得出常见氯气洗消剂的性能比较，见表 3-7。

表 3-7 常见氯气洗消剂的性能比较

| 洗消剂 | 质量比($Cl_2$:洗消剂) | 溶解度(20℃)/(g/100g) | 饱和浓度/% | 等效浓度/% | 碱性 | 危险性 |
|---|---|---|---|---|---|---|
| NaOH | 1:1.1 | 109 | 52.2 | 47.4 | 强碱性 | 强腐蚀性 |
| $Na_2CO_3$ | 1:1.5 | 21.5 | 17.7 | 11.8 | 弱碱性 | — |
| $NaHCO_3$ | 1:2.4 | 9.6 | 8.8 | 3.7 | 弱碱性 | — |
| $Ca(OH)_2$ | 1:1.0 | 0.166 | 0.17 | 0.17 | 碱性 | 腐蚀性 |
| 氨水(25%) | 1:1.9 | — | — | 13.2 | 碱性 | 刺激性、腐蚀性、毒害性 |

通过比较可以看出，不同氯气洗消剂的洗消性能是不相同的。洗消效果最好的是 NaOH，因为溶解度最高，能得到较高浓度的碱液，但其腐蚀危害性也最强；洗消效果最低的是 $Ca(OH)_2$，因为溶解度太低，得到的碱液浓度太低，难以快速消除氯气危害。

(4) 常见氯气洗消剂的选择

根据常见氯气洗消剂的用量、性价、性能三个方面的比较可以看出：

① 对于已经泄漏到空气中的大量氯气，可选择 NaOH 作为洗消剂，因为其洗消的效果

最好，能快速消除氯气危害，但必须防止对器材装备和人员的腐蚀危害。

② 对于发生泄漏的氯气钢瓶或储罐，在无法有效堵漏的情况下，可选择 $Ca(OH)_2$ 作为洗消剂，对持续泄漏的氯气进行洗消，因为其洗消的用量最少，成本最低。

③ 若考虑到洗消剂对器材装备和人员的腐蚀危害问题，$Na_2CO_3$ 是一个很好的选择，洗消的效果不错，用量也不多，成本也不高，且对器材装备和人员也基本没有危害。

④ 一般情况下不选择氨水（25%）作为洗消剂，主要是对人员有较大的危害，但在化工企业，若有较大储量的氨水，在做好人员严密防护的情况下，也可以使用。

⑤ 一般情况下也不选择 $NaHCO_3$ 作为洗消剂，因为其洗消的用量最大，成本最高，效果也不好，但对于人员吸入氯气的急救，可给予2%～4%的 $NaHCO_3$ 溶液雾化吸入。

#### 3.3.1.5 氯气洗消技术的运用

氯气发生泄漏，常用的洗消技术有两种：浸没洗消法和喷雾洗消法。

(1) 浸没洗消法

浸没洗消法常适用于液氯储罐或钢瓶发生泄漏且无法有效堵漏情况下的洗消。对于可移动的液氯钢瓶或储罐，可将其泄漏部位直接浸没在碱液池底部，利用碱液与持续泄漏的氯气不断中和洗消；对于不可移动的液氯钢瓶或储罐，也可利用导管将氯气导入碱液池底部进行中和洗消。碱液池可利用事故池、水池、水塘、沟渠等，也可利用低洼地势临时构筑。

采用浸没洗消法需要洗消的氯气往往数量较多，因此，需要准备大量的洗消剂，为确保洗消效果，所需洗消剂的用量应为理论用量的1.2倍。若使用 $Ca(OH)_2$ 或 $Na_2CO_3$ 作为洗消剂，碱液应保持过饱和状态。在浸没洗消的过程中，要防止因罐体上浮导致泄漏口上移甚至露出碱液。洗消结束后，必须对洗消碱液进行无害化处理，防止二次污染。

(2) 喷雾洗消法

喷雾洗消法常适用于对已经泄漏到空气中的氯气或对受氯气污染的器材装备、人员和环境进行洗消，对于无法堵漏的液氯钢瓶或储罐，当浸没洗消法无法实施时，也可采取喷雾洗消法对持续泄漏的氯气进行洗消。喷雾洗消法常采用消防车加压，利用喷雾水枪、水幕水枪或水幕水带产生喷雾射流进行洗消。喷雾洗消法不应使用 $Ca(OH)_2$ 作为洗消剂，因为其碱液浓度太低，洗消效果差。

① 利用消防车水罐配制碱液进行喷雾洗消　利用消防车水罐配制碱液进行喷雾洗消是最为常见的一种方法，但这种方法也有很多局限性。

a. 使用 NaOH 作为洗消剂时，配制浓度不宜超过20%，防止对水罐、水带、水枪造成腐蚀损坏。

b. 配制的碱液数量有限，不适宜长时间持续洗消作业。按常规消防车6t水罐计算，可支持2只喷雾水枪（6L/s）工作大约8min，若配制的为20%的 NaOH 碱液，按利用率100%考虑，可洗消氯气约1.1t，对于液氯钢瓶，尚可满足需要，对于液氯储罐，就难以保证长时间持续洗消作业的进行。

② 利用排吸器比例配制碱液进行喷雾洗消　排吸器是一种射流泵，常用于低洼地势的吸水排水，其排吸效率为0.3～0.35，因此，可将排吸器作为比例混合器，用于洗消剂碱液的配制。具体使用方法为：利用水池或消防水囊配制过饱和的洗消剂碱液，消防车占据水源铺设水带干线依次连接排吸器、分水器、喷雾水枪出水，排吸器置于水池或消防水囊中，水流经过排吸器时，按比例吸入饱和碱液，得到一定浓度的碱液，经喷雾水枪喷出。采用此方法，只需水源充足，并保证洗消剂的补充，就可以满足长时间持续洗消作业的需要，而且还

有许多优点。

a. 不需要利用消防车水罐配制碱液，防止了消防车被腐蚀损坏。

b. 使用 NaOH 作为洗消剂时，可得到 15%～18%的碱液，防止了水带、水枪被腐蚀损坏。

c. 使用 $Na_2CO_3$ 作为洗消剂时，可得到 5%～6%的碱液，可用于器材装备甚至人员的洗消。

## 3.3.2 氨的洗消

氨作为一种重要的化工原料，主要用作制冷剂及制取铵盐和氮肥。在生产、储存、运输、使用过程中发生泄漏，极易导致燃烧爆炸和中毒事故，造成人员伤亡和区域性污染。

### 3.3.2.1 理化性质

氨气，是一种有刺激臭味的无色有毒气体，易液化，易溶于水（呈碱性）、乙醇和乙醚，具有毒性、强刺激性和腐蚀性。气态相对密度（空气＝1）为 0.6（比空气轻），液态相对密度（水＝1）为 0.82/－79℃（比水轻）。氨与空气或氧气混合易形成爆炸性混合物，遇明火、高热会引起爆炸燃烧，爆炸极限为 15.7%～27.4%。若遇高热，存储容器内压力增大，有开裂和爆炸的危险。氨与氟、氯、溴、碘等接触会发生剧烈的化学反应。氨可通过呼吸道、消化道和皮肤引起人员中毒、灼伤，急性中毒轻度者出现流泪、咽痛、声音嘶哑、咳嗽、咯痰等；中度者症状加剧，出现呼吸困难、紫绀等；重度者可引发中毒性肺水肿，咳出粉红色泡沫痰、呼吸窘迫、昏迷、休克等，吸入一定的量能致人死亡。氨在空气中的最高允许浓度为 $30mg/m^3$。

氨气通过加压以液态形式进行储存和运输，即为液氨。液氨，又称为无水氨，是一种无色液体。液氨泄露后，由液相变成气相，体积迅速扩大，并随风漂移，易形成大面积的染毒区，同时因为其高挥发性的特点，也就是常温下会变成气态，而这一过程需要吸收大量的热，使周围温度急速降低，对人体极易造成冻伤。空气中氨气的浓度达到 11%～23%时即可点燃；达到 15.7%～27.4%时遇明火爆炸。虽然高浓度的氨在常温下不易燃烧，但加热至 530℃时，氨则分解为氮气和氢气，氢与空气中的氧混合遇明火也会发生爆炸。

### 3.3.2.2 事故特点

① 扩散迅速，危害范围大。液氨一般以喷射状泄漏，由液相变为气相，体积迅速扩大，形成大面积扩散区。

② 易发生爆炸燃烧。氨气泄漏后与空气混合形成爆炸性混合物，遇火源发生爆炸或燃烧。

③ 毒性强，处置难度大。液氨可致皮肤灼伤、眼灼伤，吸入浓度高、量大的氨气能致人死亡。发生泄漏的部位、压力等因素各不相同，灾情复杂、危险性大，处置专业技术要求高。

### 3.3.2.3 洗消处置

少量液氨泄漏情况下：应该立即撤退区域内所有人员。防止吸入氨气，防止接触液体或气体。工作处置人员应使用呼吸器。参加事故处置的车辆应停于上风方向，消防车应在保障供水的前提下，从上风方向喷射开花或喷雾水流对泄漏出的有毒有害气体进行稀释、驱散或改变有毒蒸气云的流向、扩散速度。对泄漏的液体有害物质，可用砂土、蛭石等惰性吸收材料收集和吸附泄漏物，防止流入水体，不得使用直流水扑救。收集的泄漏物应放在贴有相应

标签的密闭容器中，以便废弃处理。

如果发生大量泄漏，泄漏处置人员应穿上全封闭重型防化服，佩戴好空气呼吸器，在做好个人防护措施后，用喷雾水流对泄漏区域进行稀释，切勿直接对泄漏口或安全阀门喷水，防止产生冻结。通过水枪的稀释，使现场的氨气渐渐散去，利用无火花工具对泄漏点进行封堵。当大量泄漏并在泄漏处稳定燃烧时，在没有制止泄漏绝对把握的情况下，不能盲目灭火，一般应在制止泄漏成功后再灭火。完成了堵漏也就完成了灭火工作，如果一次堵漏失败，再次堵漏需一定时间，应立即用长点火棒将泄漏处点燃，使其恢复稳定燃烧。

在泄漏处置过程中禁止接触或跨越泄漏的液氨，防止泄漏物进入阴沟和排水道，增强通风。场所内禁止吸烟和明火。在保证安全的情况下，要堵漏或翻转泄漏的容器以避免液氨漏出。要喷雾状水，以抑制蒸气或改变蒸气云的流向，但禁止用水直接冲击泄漏的液氨或泄漏源。防止泄漏物进入水体、下水道、地下室或密闭性空间。禁止进入氨气可能汇集的受限空间。清洗以后，在储存和再使用前要将所有的保护性服装和设备洗消。

液氨泄漏与其他安全事故不同，有特殊的处置"战术"。需要注意的是，如果液氨泄漏引发火灾，只要是稳定燃烧，千万不能气没关，就灭火，这样容易引发二次灾难——爆炸。

## 3.3.3　水体中苯系物的洗消

苯系物是苯的同系物及其衍生物的总称，如甲苯、乙苯、二甲苯、硝基苯、苯胺等。由于苯系物在工业生产中被广泛使用，近年来，在苯系物的生产、储存、运输和使用过程中，苯系物泄漏引起的火灾事故时有发生。

苯系物都具有易燃有毒特性，一旦发生爆炸和火灾，导致容器和管道破裂，物料就会泄漏出来，消防部队在采用消防射流进行扑救和控制时，消防水的流动和汇集作用使泄漏出来的物料混杂其中形成消防污水，形成的污水流将构成对环境水体的污染，如果处置不当极易造成严重水污染事故。

### 3.3.3.1　苯系物的基本理化性质

苯系物主要包含8种物质，分别是苯、甲苯、邻二甲苯、间二甲苯、对二甲苯、乙苯、苯乙烯和异丙苯，其中苯、甲苯和二甲苯是粗苯的主要成分，含量分别为70%、14%、3%。此处简单介绍这几种常见苯系物的物理和化学性质。

(1) 苯的基本物化性质

苯（benzene）的分子式为 $C_6H_6$，分子量78.11，相对于水的密度为0.8765，熔点5.5℃，沸点80.1℃，燃点为562.22℃，折射率1.5016（29℃），在常温下，为无色至浅黄色透明油状液体，具有强烈芳香气味，易挥发、易燃，不溶于水，溶于乙醇、乙醚、丙酮、氯仿、汽油、二硫化碳等许多有机溶剂，常态下，苯的蒸气密度为2.77，蒸气压13.33kPa（26.1℃），苯蒸气能扩散很远，遇到火源就着燃，燃烧时发出光亮，苯蒸气与空气可形成爆炸性混合物，爆炸极限1.5%～8.0%（体积分数），此外，苯容易产生和积聚静电。

苯是一种不易分解的化合物，与氧化剂接触反应激烈，与其他化学物质发生反应时，其基本结构不变，仅仅是苯环中的氢原子被其他基团取代而已。在适当情况下，苯也能与氢和氯等起加成反应。但是苯不能被高锰酸钾氧化，一般情况下也不能与溴发生加成反应，说明苯的化学性质比烯烃、炔烃稳定。

(2) 甲苯的基本物化性质

甲苯（toluene）分子式为 $C_6H_5CH_3$，分子量92.14，相对于水的密度为0.866，熔点为－95℃，沸点为 110.8℃，燃点为 535℃，闪点 4℃，有苯样气味、易折射，在常温下，液体状，无色、易燃。极微溶于水，易溶于乙醇、乙醚、苯、氯仿、二硫化碳等许多有机溶剂，其蒸气比空气重，能在较低处扩散到相当远的地方，遇明火会引着回燃。其蒸气与空气可形成爆炸性混合物，爆炸极限 1.2%～7.0%（体积分数），此外，流速较快时，容易产生和积聚静电。

甲苯与氧化剂能发生强烈反应，容易发生氯化，生成一氯甲苯或三氯甲苯，它们都是工业上很好的溶剂；它还容易发生硝化，生成对硝基甲苯或邻硝基甲苯，它们都是染料的原料；它还容易被磺化，生成邻甲苯磺酸或对甲苯磺酸，它们是做染料或制糖精的原料。

（3）二甲苯的基本物化性质

二甲苯（xylene）分子式为 $C_6H_4(CH_3)_2$，是无色透明易挥发的液体，相对密度 0.88，熔点－25℃，沸点 144℃，有芳香气味，有毒，难溶于水，易溶于有机溶剂如：乙醇、乙醚和三氯化碳。由于甲基在苯环上的位置不同，二甲苯有三种同分异构体，分别为邻二甲苯、间二甲苯和对二甲苯。

二甲苯的化学性质与苯有相似之处，如在一定条件下，其苯环上易发生取代反应（卤化、硝化、磺化等）；但也有不同的一面，如对二甲苯在酸性 $KMnO_4$ 溶液中，可被氧化成对苯二甲酸。

（4）苯乙烯的基本物化性质

苯乙烯（styrene）又名乙烯基苯，分子式为 $C_8H_8$，分子量为 104.14，熔点－30.6℃，沸点 146℃，相对密度（水＝1）0.906，相对密度（空气＝1）3.6，无色至淡黄色透明油状液体，为短碳链结构，易燃，危险标记为 7。不溶于水，易溶于醇、醚等多数有机溶剂。苯乙烯蒸气与空气可形成爆炸性混合物。遇明火、高热或与氧化剂接触，有引起燃烧爆炸的危险。其蒸气比空气重，能在较低处扩散到相当远的地方，遇明火会引着回燃。燃烧分解产物一般为一氧化碳与二氧化碳。

苯乙烯化学性质较活泼，易发生聚合、加成反应，遇酸性催化剂如路易斯催化剂、齐格勒催化剂、硫酸、氯化铁、氯化铝等都能产生剧烈聚合，放出大量热量。苯乙烯是生产橡胶、塑料的主要原料。

#### 3.3.3.2 苯系物的危害

苯系物因其独特的化学特性，能够对自然环境和人产生巨大的危害作用。

① 破坏土壤　进入土壤系统的苯系污染物质积累到超出土壤系统原来的自净能力时，就会引起土壤系统结构变化和自然功能失调。由于苯类物质在常温下是油状液体，故土壤对其有良好的吸收作用，混入土壤中的苯类污染物质在短时间内很难分解，将对土壤造成长期污染，还会挥发到空气中，使空气受到污染。被苯类物质污染的土壤不能再使用，尤其是受到大面积高浓度污染的土壤，目前还没有有效的治理办法。

② 污染水源　苯系物进入水体后，会引起水体恶化，降低水体使用价值。由于苯系物属于难生物降解有机物，很难通过水体中一般微生物的代谢降解去除，进入水体的苯系物，使水和水体底泥的物理、化学、放射性和生物群落组发生变化，造成水质恶化，从而影响水的有效利用，危害人体健康和破坏生态环境。当水中排入大量苯系物时，水面会出现漂浮液体，并有刺激性气味，还会出现鱼类及其他水生生物死亡的现象，水系的生态平衡会被破坏并在短时间难以恢复。

③ 对人体的危害　苯系物主要通过呼吸系统以蒸气的形式进入人体，其液体可由皮肤

吸收和摄入。进入人体的苯系物对中枢神经系统、消化系统、泌尿系统、呼吸系统、循环系统、血液系统均产生不利影响；人在短时间内吸入大量苯蒸气后会出现兴奋或酒醉感，伴有黏膜刺激症状，出现眼痛、流泪、流涕、喷嚏、咽痛、咳嗽，继之有头晕、头痛、乏力、恶心、呕吐、腹痛、腹泻、步态不稳等症状，重症患者出现昏迷、抽搐、呼吸及循环衰竭，尿酚和血苯增高；实验表明，短期高浓度接触可使大鼠肾小管上皮细胞肿胀和坏死。长期低浓度接触苯系物可引起慢性苯中毒，肾功能损害，影响肾小球的功能，并且可引起慢性鼻炎、慢性咽炎等，有研究表明长期接触苯系物的女工中再生障碍性贫血罹患率较高。苯系物甚至可引起各种类型的白血病，国际癌症研究中心已确认苯为人类致癌物。苯系物中毒对身体的危害归结为三种：致癌、致残、致畸胎。

#### 3.3.3.3 苯系物废水的来源

① 苯系物主要从煤焦油、石油中提取出来，在其提炼和生产过程中，会产生大量的含苯系物废水，例如一座精炼油厂生产 1t 二甲苯，一般排出含二甲苯 300～1000mg/L 的废水 $2m^3$。

② 苯系物可以做燃料、香料，是有机合成的重要原料；可作为脂肪、油墨、涂料及橡胶溶剂，在印刷、皮革工业中作为溶剂；苯还可用于制造洗涤剂、杀虫剂、消毒剂，可用于精密光学仪器、电子工业的溶剂和清洗剂；此外，在建筑装饰材料及人造板家具、沙发中用做黏合剂、溶剂和添加剂。在上述物质的使用过程中都会产生含苯系物的废水、废气。

③ 苯系物是重要的化工原料，是有机合成、合成橡胶、塑料、油漆和染料、合成纤维、石油加工、制药、纤维素等生产工厂的主要原料，这些工厂排出的生产废水也是苯系物废水的主要来源之一。

④ 运输、储存过程中的翻车、泄漏事故也是苯系物废水的来源之一。

#### 3.3.3.4 含苯废水处理方法

去除水中苯及其同系物的方法有吸附法、光催化降解法、生物降解法、膜分离法、共沸蒸馏法等。

(1) 吸附法

① 活性炭吸附法　活性炭是一种具有巨大比表面、多孔结构的炭。活性炭的主要原料为煤、木材、果壳等富含碳元素的有机材料，通过活化而形成具有吸附能力的复杂的孔隙结构。活性炭的吸附作用主要发生在这些空隙和表面上，活性炭孔壁上大量的分子可以产生强大的引力将水和空气中的杂质吸引到孔隙中。

活性炭的吸附可分为物理吸附和化学吸附。物理吸附主要发生在活性炭丰富的微孔中，用于去除水和空气中的杂质，这些杂质的分子直径必须小于活性炭的孔径。不同的原材料和加工工艺造成活性炭不同的微孔结构、比表面积和孔径，适用于不同的需求。活性炭不仅含有碳元素，而且在其表面含有官能团，与被吸附的物质发生化学反应，从而与被吸附物质的反应常发生在活性炭的表面。介质中的杂质通过物理吸附和化学吸附不断进入活性炭的多孔结构中，使活性炭吸附饱和、吸附效果下降。吸附饱和后的活性炭需要进行活化再生，恢复其吸附能力，重复使用。活性炭可应用于空气净化和给水、废水处理，用来分离或收集空气和水介质中的杂质。颗粒活性炭和粉末活性炭作用相同，均可用于水处理。颗粒活性炭不易流失，可再生重复使用；粉末活性炭不易回收，一般为一次性使用。

活性炭在水处理运行中存在使用量大、价格高的问题。其费用往往占运行成本的30％～45％，且活性炭对污染物的吸附能力是有限的，如果活性炭饱和后不经处理即废弃必然引发资源浪费及环境污染等问题。

② 沸石吸附法　沸石是一种天然的多孔矿物，具有很大的比表面积，具有过滤作用，而且还具有去除水中有害的重金属离子和部分有机物的作用。经氯化钠在常温常压下活化处理后的缙云斜发沸石对苯具有很好的吸附性能。通过优选出的钠型白银块型斜发沸石和缙云斜发沸石对水中苯的动态过滤吸附试验，并与滤池中常用的石英砂滤料做对比，得出沸石对水中的微量苯的去除效果明显优于砂滤料。

缙云丝光沸石的骨架结构主要是由五元环构成，从总体来说，丝光沸石像一堆平行安装的管束，天然沸石的品格不十分整齐，孔道有扭曲，因此，一般的有效孔径都会小些。缙云丝光沸石属于斜方晶体，颜色为白色、淡黄色，呈纤维状、毛发状，结合体呈束状，放射环呈球粒状、扇状等。缙云丝光沸石具有丰富的内表面。由于缙云丝光沸石具有多孔大表面积，因此它具有良好的吸附性，能吸附一些有机物。

沸石是一种廉价的地方性材料，在我国具有丰富的储量，来源广泛，作为水处理的过滤材料，具有足够的强度，其价格低于活性炭的 1/20 以下，接近于砂滤料的价格。可以在不增设专门构筑物和不增加设备的前提下，改善出水水质，适用于现有工厂的处理工艺改造和新建水厂，沸石用于处理微污染水，具有简单、经济、安全等优点，便于推广。

（2）光催化降解法

芳香族化合物，例如甲苯，毒性结构稳定，用普通的物理化学方法不能彻底从水中去除。近年来，光催化降解技术逐渐受到重视，它具有高效、反应快、降解彻底的优点，而且无二次污染，可以在常温常压下进行，是一种很有应用前景的水净化方法。华东理工大学的李继洲等以高压汞灯为光源，采用浸涂-烧结法制备的负载型纳米 $TiO_2$ 作为光催化剂，通过对水中微量溶解性间二甲苯的光催化氧化过程的研究表明，初始浓度为 17.36mg/L 的原水，间二甲苯的光催化反应遵循表观一级反应动力学规律。反应的表观速率常数随溶液初始浓度的增大而减小，半衰期则随初始浓度的增大而增加，经 1.5h 反应后，溶液中间二甲苯的去除率由 54.44%增加到 75.90%。

目前，光催化研究主要集中在高效催化剂的制备和选择上。近 20 年来，$TiO_2$ 由于廉价、无毒等特点被广泛应用在光催化降解有机物方面。但是由于电子-空穴对复合导致光催化效率较低，并且在某些情况下，$TiO_2$ 在降解有机物的过程中会产生稳定的中间产物从而抑制其继续氧化使之不能完全矿化为 $CO_2$，所以需要寻找具有不同作用机理的光催化物质。而催化能力可以与 $TiO_2$ 相媲美的多金属氧酸盐（POMs）近年来备受关注。现在，有 $TiO_2$、$H_2O_2$ 和多金属氧酸盐等催化剂来降解有机物。他们的作用机理不完全相同。

① $TiO_2$ 与 $H_2O_2$ 组合光催化降解有机污染物　以 $TiO_2$ 为代表的半导体多相光催化技术被广泛研究，但是由于电子-空穴对的复合导致光解量子效率低，为了更有效地去除有机物，可以加入 $H_2O_2$ 等电子受体抑制电子-空穴对的复合。大量文献证明 $UV/TiO_2/H_2O_2$ 体系比单独的 $UV/TiO_2$ 和 $UV/H_2O_2$ 体系具有更高的催化活性。

② 多金属氧酸盐和二氧化钛组合光催化降解有机污染物　作为在光催化领域中广泛使用的两种绿色光催化剂，锐钛矿结构的 $TiO_2$ 和多金属氧酸盐具有相似的电子属性，它们均为宽禁带材料，锐钛矿结构 $TiO_2$ 的禁带宽度为 3.2eV，多金属氧酸盐的 HOMO-LUMO 能级间隔为 3.1～4.6eV。因此，二者在近紫外光的辐射下均表现出较强的光催化活性。

③ 多金属氧酸盐和 $H_2O_2$ 组合光催化降解有机污染物　POM 与 $H_2O_2$ 组合催化剂目前主要用于饱和烃的氧化转化，用于提高反应的选择性和转化效率。芳烃羟基化及室温下染料

的漂白。

前人研究表明 $TiO_2$、POMs 和 $H_2O_2$ 均能降解部分有机污染物，研究多种不同催化剂的组合，可充分利用催化剂的互补性，发挥其协同作用，克服单独体系所存在的不足。组合催化剂在利用可见光光催化降解有机污染物方面有着广泛的应用前景和研究价值。

（3）生物降解法

① 水生植物降解　水生植物对污染物的净化过程主要为吸附、吸收、降解以及根系微生物的作用等，其中吸附过程是其他净化过程的基础。

水葫芦根系的表面结构特征和表面主要物质特性在很大程度上决定其吸附性能。从水葫芦根系扫描电镜照片上可以明显看出，其根系纤维表面粗糙，且有一些空隙，这使得水葫芦根系具有较大的比表面积，试验测得水葫芦根系比表面积为 $2.06m^2/g$。同时，在植物生长过程中，根系也会向生长介质中分泌出大量的有机物，这类分泌物中包含有大量的有机酸和氨基酸等，而且根系表皮细胞由于进行新陈代谢，死亡后在微生物的作用下分解为腐殖质（胡敏酸、富里酸和胡敏素）等。这些分泌物和腐殖质中有一系列功能团，如羟基、羧基、酚羟基、烯醇羟基以及芳环结构等，它们对含各种基团的化合物均具有极强的吸附能力。当水葫芦的根系接触到苯溶液时，溶液中的苯分子先经过液相的外扩散，随后通过附着在根系表面的液膜扩散，甚至通过孔扩散进入到根系表面所形成的空隙中，最后吸附在根系内外表面的基团上，当这些基团位置均被苯分子所占领后，由于苯为非极性化合物，则溶液中的苯分子由于受到根系表面已吸附苯分子的排斥，便不能吸附于根系表面，这就形成了水葫芦根系对苯的单分子层吸附。

② 生物膜法　生物滤池近年来逐渐发展成为处理挥发性有机物的新型污染控制技术。同传统的燃烧法、化学洗涤法、催化氧化法和吸附法相比，它更加适用于低浓度污染物质的处理，且具有投资省、运行费用低、设备简单、维护管理方便、无二次污染等特点。

生物膜法降解有机废水的实质是在污水喷淋滤料的过程中，滤料上长满了生物膜，膜内栖息着大量的微生物，微生物在其生命活动中就可以将废水中的有机成分转化为简单的无机物或组成自身细胞。生物膜法净化有机废水一般经历以下步骤：a. 溶解于液膜中的有机成分在浓度差的推动下进一步扩散至生物膜，进而被其中的微生物捕捉并吸收；b. 进入微生物体内的有机污染物在其自身的代谢过程中作为能源和营养物质被分解，经生物化学反应最终转化为无害的化合物（如 $CO_2$ 和 $H_2O$）。赵同强，张凤娥等采用缓释曝气生物膜处理突发性河水中的苯、甲苯、乙苯和二甲苯（BTEX）取得较好效果，利用在填料单元上生长的丰富的各种微生物的协同作用，通过缓慢向水体补充微生物代谢所需的氧，降解含 BTEX 废水，对浓度为 100mg/L 的 BTEX 废水有较强的抗冲击能力，可有效地处理突发性河水中的 BTEX。Miller 和 Canter 等在用土壤滤床进行 BTEX 混合废气的生物过滤时，BTEX 的去除率为 8%～39%。Corsi 等用堆肥生物滤池处理苯、甲苯、二甲苯时，各成分去除率可达 95%。Leson 等认为作为唯一碳源难以生物降解，与其他有机废物混合，有助于苯的降解。Hasttan 等用土壤微生物加蒸气法，使 BTEX 的含量下降 96%。

（4）膜分离法

膜分离可有效脱除废水的色度、臭味、各种离子、消毒副产物前体、大分子（如腐殖酸和灰黄霉酸）等多种有机物和微生物。膜分离技术主要包括反渗透（RO）、纳滤（NF）、超滤（UF）及微滤（MF）。有实验表明，利用膜技术深度处理石化废水，出水水质优于地下水，可以作锅炉补给水或工艺用水。此外，还有生物膜、波纹膜、离子交换膜等膜应用于废水的深度处理。为了消除废水中某些污染物的影响，生物膜分离过程常常和以下三种系统形式之一联用：萃取系统；固定膜系统；过滤系统。在处理过程中，波纹膜可以强化膜分离过程。

离子交换膜用于电渗析处理废水，有的还可以从排放废液回收有用物质，回用再生水并实现闭路循环。

(5) 共沸蒸馏法

苯是难溶于水，且有一定挥发性的有机物质，它们与水均可近似看作为不互溶体系。苯与水能形成最低共沸物，共沸点 69.2℃，共沸混合物组成是苯 91.16%，水 8.84%。从理论上判断，采用共沸的方法可以把废水中的大部分苯除去。通过小型实验，孙振伟所在公司已经设计建设了一套含苯废水共沸蒸馏装置。对含苯废水有较好的处理效果，是一种投资少、运行费用低并具有经济效益的处理方法，具有良好的实用价值和推广前景。但是该工艺主要是以排放为目的，对低浓度含苯水的处理效果不理想。

(6) 其他处理方法

① 絮凝沉淀法　这类方法都是在一定 pH 值下加入无机混凝剂，然后加入一定的有机絮凝剂，其最大特点是可以获得最大颗粒的絮体，把高分子有机物（苯及苯系化合物）凝集或吸附去除。

② 吹脱或蒸馏法　含苯废水在 0～60℃温度范围内可在填料塔中用空气进行吹脱处理，吹出的含苯及甲苯的气体可用焚烧法处理。对于含苯系物的工业废水，经过蒸馏法处理，很容易使废水中苯系物含量降低到 5mg/L 以下。

③ 萃取法　用乙醚作萃取剂，也可有效地去除苯及其同系物。

④ 冷冻结晶法　将含有苯系物的饮用水冷冻结冰，待水结冰率达到 80%～90%时，将冰取出融化成水即可饮用。水中苯系物去除率达 90%以上。

⑤ 煮沸蒸发法　在室温环境下，将含有苯和硝基苯的饮用水煮沸 3～4min，并将蒸发的气体通过通风设施（排烟罩等）排出室外，苯系物去除率可高达 100%。

#### 3.3.3.5 苯酚的洗消

苯酚又名石炭酸、羟基苯，是最简单的酚类有机物，一种弱酸。常温下为一种无色晶体。有毒。有腐蚀性，常温下微溶于水，易溶于有机溶液；苯酚用途广泛，主要用于制造酚醛树脂、生产除草剂、木材防腐剂、肥料、炸药、橡胶、造纸、医药合成等行业的原料和中间体。苯酚能够凝固蛋白质，具有杀菌效力，来苏儿消毒药水就是苯酚和甲苯酚的肥皂液，用做消毒剂、杀虫剂等。

含苯酚的废水对自然环境的危害非常严重，中国严格控制这些废水进入环境。对于含有苯酚污水的一级排放标准是<0.3mg/L，三级排放标准是 1.0mg/L，生活饮用水的卫生标准为 0.002mg/L。如长期饮用苯酚污染的水，可引起慢性中毒反应，出现头晕、头痛、皮疹、食欲下降、呕吐、腹泻等消化道症状。苯酚除了对人类有毒性作用外，对水中的藻类、鱼虾等也有慢性毒性，可抑制这些水中生物的生长，甚至导致死亡。有研究显示，当水中苯酚浓度大于 5mg/L 时，会使鱼类中毒死亡。如果用含苯酚的废水灌溉农田，可使农作物减产或枯死。

当苯酚泄漏入水中，会沉入水中，并微量溶解，含酚废水对人类的危害非常严重。泄漏处置：隔离泄漏污染区，限制出入。切断火源，建议应急处理人员戴自给式呼吸器，穿防毒服。小量泄漏，用干石灰、苏打灰覆盖。大量泄漏，收集回收或运至废物处理场所处置。

#### 3.3.3.6 苯乙烯的洗消

苯乙烯，又名乙烯苯，为无色透明油状液体，易燃，有毒，难溶于水，能溶于醇类及醚类。苯乙烯属于二级易燃液体。在溢漏时，苯乙烯在水面形成光滑表面，并不断挥发。挥发的速度取决于溢油量、气温、水温和风速，大气湍流等。少量的苯乙烯会溶于水并产生泄漏影响范围内的生物致死，溶解的苯乙烯可在鱼蟹体内产生生物累积，产生遗传变异。苯乙烯蒸气比空气重，因此苯乙烯云容易停留在水面。

苯乙烯一旦泄漏，应迅速组织泄漏污染区内的人员撤离至安全区，对泄漏污染区进行隔离，严格限制人员出入。如果发生小量泄漏，可用活性炭或其他惰性材料吸收，也可以用不燃性分散剂制成的乳液刷洗，洗液稀释后封存并运送到可回收单位，远离水库，确保水库水质安全。如果发生大量泄漏，则需构筑围堤或挖坑收容用泡沫覆盖，降低蒸气灾害。用泵转移至应急收集池，回收货运至废物处理厂处置。

### 3.3.4 有机液体危化品的洗消

大多数有机液体都具有易燃、流动性强的特点。按照国家标准的规定，闭杯试验闪点≤60.5℃或开杯试验闪点≤65.6℃的液体、液体混合物或含有固体混合物的液体都属于易燃液体。根据易燃液体储运特点和火灾危险性的大小，《建筑设计防火规范》将易燃液体按照闪点分为甲、乙、丙三类，其中属于甲类火灾危险性的易燃液体主要有汽油、乙醚、甲醇、丙烯腈、苯、丙酮、石脑油等。

易（可）燃液体特性表现为易燃性、蒸气的爆炸性、受热膨胀性、流动性、带电性和毒害性。在生产、储存、运输、使用过程中发生泄漏，极易发生爆炸燃烧和中毒事故，造成人员伤亡和财产损失。

#### 3.3.4.1 有机液体泄漏事故特点

危险有机化学品泄漏物易引发重特大灾害，在于突发的危险化学品泄漏事故不同于一般的环境污染事故，具有以下特点。

① 突发性强　危险有机化学品泄漏事故往往突如其来，事先没有明显预兆，且发展迅猛。

② 危害性大　危险化学品扩散性强，影响面积广，直接危及人和动物的生存环境。且危险有机化学品储存的码头和仓库多处于城市工业区、人口稠密区、水上交通繁忙区段。

③ 应急处理难度大　危险化学品种类繁多，性质及毒害作用各异，因而其突发事故的情况复杂，应急处置困难。

#### 3.3.4.2 有机液体泄漏事故处置技术

有机液体泄漏事故的应急处置通常分为3个步骤：泄漏源控制、泄漏物处置和泄漏物收集。泄漏源控制，可通过修补裂缝和堵塞裂口等堵漏措施，制止有机液体的进一步泄漏；泄漏物收集，有效控制泄漏物后，将其封装、转运、再处理；而泄漏物处置，是作为整个有机液体泄漏事故处置过程中非常关键的环节，需通过就地锁定、高效截留等一系列应急处置，从而有效控制液态有机泄漏物。

泄漏源被控制后，要及时将现场泄漏的有机液体通过覆盖、中和、固化、截留等应急处理方式，使泄漏物得到安全可靠地处置，防止二次灾害性事故的发生。

(1) 覆盖法

覆盖法应急处置的对象主要是易挥发的有机液体，通常使用泡沫覆盖在泄漏物的表面，以抑制有机液体的挥发，降低泄漏物对大气的危害，防止易燃的有机泄漏物的燃烧。在使用过程中，泡沫覆盖必须和其他的收容措施，如围堤、沟槽等配合使用。通常泡沫覆盖只适用于陆地泄漏物。

采用覆盖法实际应急处置泄漏的有机液体时，要根据泄漏物的特性选择合适的泡沫，选用的泡沫必须与泄漏物相容。常规的泡沫只适用于无极性和基本上呈中性的有机物；对于低沸点，可与水发生反应，具有强腐蚀性、放射性或爆炸性的物质，必须使用专用泡沫；而对于极性的有机物，只能使用硅酸盐类的抗醇泡沫。目前，还没有一种泡沫可以适用所有类型的易挥发性的有机液体泄漏的应急处置；只有少数几种特殊泡沫可以有限地用于多数类型的有机液体，但它们也是对部分材料有效，而对其他几乎不起作用。

（2）中和法

中和是在泄漏的有机液体中加入酸或碱，形成中性盐的过程。中和的反应产物是水和盐，有时是二氧化碳气体。中和法使用固体物质进行应急处置，则会对有机泄漏物产生截留的效果。中和应急处置应使用专用的药剂，以防产生剧烈反应或局部过热。当发生小规模的酸或碱性的有机液体泄漏事故时，适合采用中和法，能够快速有效地对泄漏物进行应急处置，降低其危害。

现场应用中和法需控制 pH 值在 6～9 之间，应急处置期间必须时时监测 pH 值的变化。只有酸性和碱性有机泄漏物才能用中和法处理。对于泄入水体的酸、碱或泄入水体后能生成酸、碱的物质，也可考虑用中和法处理，建议使用弱酸、弱碱中和。对于陆地泄漏物，如果反应能控制，常用强酸、强碱中和，这样比较经济。常用的弱酸有乙酸、磷酸二氢钠，有时可用气态二氧化碳。常用的强碱有碳酸氢钠水溶液、碳酸钠水溶液、氢氧化钠水溶液。这些物质也可用来中和泄漏的液氯。有时也用石灰、固体碳酸钠中和酸性泄漏物。常用的弱碱有碳酸氢钠、碳酸钠和碳酸钙。

（3）固化法

固化法通过加入能与液态有机泄漏物发生物理、化学反应的固化剂或稳定剂使泄漏物转化成稳定形式，以便于收集、转运和最终处置。经固化法的应急处置，有些有机液体泄漏物转变成稳定形式后，由原来的有害变成了无害；有些泄漏物转变成稳定形式后，降低了本身毒性但仍有害，需转运后作进一步的最终处置。常用的固化剂有水泥、凝胶。

水泥固化法通常使用普通硅酸盐水泥固化泄漏物。对于含高浓度重金属的场合，使用水泥固化非常有效。许多化合物会干扰固化过程，如锰、锡、铜和铅等的可溶性盐类会延长凝固时间，并大大降低其物理强度，特别是高浓度硫酸盐对水泥有不利的影响，有高浓度硫酸盐存在的场合一般使用低铝水泥。酸性泄漏物固化前应先中和，避免浪费更多的水泥。相对不溶的金属氢氧化物，固化前必须防止溶性金属从固体产物中析出。凝胶是由亲液溶胶和某些增液溶胶通过胶凝作用而形成的冻状物，没有流动性。可以使泄漏物形成固体凝胶体。形成的凝胶体仍是有害物，需进一步处置。选择凝胶时，最重要的问题是凝胶必须与泄漏物相容。

（4）截留法

截留法就是使用固体截留剂围堵有机液体并将其吸附从而达到就地锁定泄漏物的过程。研究表明，在有机液体泄漏事故处置中，使用截留剂是一种可靠有效的应急处置手段。所有的陆地泄漏和某些有机物的水中泄漏都可采用截留法处理。截留法应急处置的关键是选择合适的截留剂。常用的截留剂有：黏土、炭材料等。

综上所述，不同的有机液体应急处置技术各有优缺点：覆盖法，主要针对易挥发的液态物，抑制泄漏物蒸汽扩散，需配合其他措施才能有效围堵有机液体；中和法只是针对酸性或碱性的有机液体而采取的一种应急处置技术，限制了其应急处置的应用范围；固化法适用的对象需能跟固化剂发生物理、化学作用，具有一定的特殊性；而截留法作为有机液体泄漏事故应急处置的技术而言，算是应用得最为普遍。

## 3.3.5 油品的洗消

油品，即石油产品。石油经过炼制等加工工艺生产出汽油、煤油、柴油和润滑油等多种石油产品。经过加工石油而获得的各类石油产品，在不同的领域内有着广泛的、不同的用途。石油产品（汽油、煤油、柴油）作为优质的动力燃料，已经不可替代地成为现今工业、农业、交通运输以及军事上使用的各种机械“发动机的粮食”。没有“油料”各种运载工具都会瘫痪。

### 3.3.5.1 石油类污染物质构成

油是由上千种化学特性不同的化合物组成的复杂混合体，石油的主要成分是烃类，占97%～99%；非烃类化合物通常只占石油成分的1%～2%。这两类物质的性质有一定差异，烃类化合物性质稳定，与水不互溶；非烃类化合物具有极性基因，对水有一定的亲和力，从对环境的危害来看，非烃类的毒性远比烃类明显。

石油中的烃类，可分为：

① 烷烃，属于饱和烃，通式为 $C_nH_{2n+2}$，烷烃可分为直链烷烃和支链烷烃；

② 环烷烃，也属于饱和烃，其链的末端结合成环，通式为 $C_nH_{2n}$；

③ 芳香烃，是不饱和环状烃，含有共轭双键苯环；

④ 烯烃，烯烃在原油中虽有发现，但含量极微，可以忽略不计，一般认为它是石油加工的裂解产品。

石油中的非烃化合物种类繁多，对环境造成污染的有以下几类：

① 含氧的烃类衍生物，其中包括环烷酸、酚类、脂肪酸等；

② 含硫的烃类衍生物，有硫醇（RSH）、硫醚（RSR′）、二硫化物（R—SS—R′）、噻吩等；

③ 含氮的烃类衍生物，有六氢吡啶、吡啶喹啉、吡咯、吲哚等；

④ 石油中的胶质、沥青质，它们既含有碳、氢，又含有氧、硫、氮，是黑色的固体，能溶与氯仿、石油醚等溶剂，约占石油总量的20%。

### 3.3.5.2 石油类污染过程及存在形式

（1）污染过程

石油类污染物主要是以两种形式迁移，即：原油和含油废水。两种形态的污染物性质不同，迁移转化的途径也不相同。

① 原油形态的污染物主要是生产、储运等工艺过程中的落地原油和事故漏油。其中油为主体相，水为杂质相，其产生后直接落于土壤表面。落地原油在重力作用下主要发生沿土壤深度方向的迁移。由于石油的黏度大，黏滞性强，在短时间内形成小范围的高浓度石油类污染。土壤中石油类污染物往往超过土壤颗粒的吸附容量，过量的石油类就积存于土壤孔隙中。这时，如果发生降雨并产生径流，则一部分石油类污染物在入渗水流的作用下大大加快入渗的速率；一部分随泥沙一起进入地表径流。在径流中，由于水流的剪切作用，土壤团粒

结构被破坏，分布在土壤颗粒孔隙中的石油类污染物释放出来。由于石油类污染物水溶性很差，很快又被其他泥沙颗粒吸附而重新分布。

在井场上，落地原油经过较长时段后，在水力、重力等作用下，经过扩散和混合，会逐渐形成稳定的吸附状态。

② 含油废水形态的污染物主要是石油生产过程中产生的原油脱水和洗井、修井用水。其主要特点是水为主体相，油为杂质相。含油废水可以直接污染土壤和地表甚至地下水。其污染途径主要有两条：a. 原油在井场就地脱水时把含油废水撒于井场地面，在很快下渗后形成对土壤的污染，加重了石油类的非点源污染；b. 在岸边分布的油井和原油集中站排放的含油废水直接进入河流，污染水体；随水流下渗还可能影响地下水水质，并对岸边主要靠河水补给的水井水质产生威胁。

（2）存在形式

水体中石油的分布和归宿取决于油类的挥发、扩散、分解、溶解、光解、乳化、沉降及微生物降解等复杂的物理、化学、生化、地质等过程。另外，水体本身和外界条件如风速、流速、光照、气温、酸碱度、含盐量及生物活动等因素也起着重要作用。石油类污染物在进入水体后经过一系列的迁移变化后主要由以下几种形式存在。

① 上浮油　进入水体的油分通常大部分以上浮油的形式存在，油珠颗粒较大，一般大于15μm，小于60～100μm，在一定时间的静置或缓慢流动条件下后能上浮，以连续相的油膜漂浮在水面。占总合油量的70%～80%。易于从水中分离出来。

② 细分散油　油珠粒径10～100μm的微小油珠以胶体分散系悬浮分散在水相中。细分散油不稳定，会聚并成较大的油珠而上浮到水面，也可能进一步变小，转化成乳化油。

③ 乳化油　油珠粒径10μm的极微细的油珠，以油包水或水包油的细颗粒形式悬浮分散在水中，由于表面常常覆盖一层带负电的双电层，长期保持稳定，难以分离。乳化油不可沉是由于乳化油表面上有一层乳化剂形成的稳定膜，阻碍油滴合并。

④ 溶解油　以分子状态或化学方式分散于水体中，油分和水体形成均相体系，溶解度为5～15mg/L，非常稳定，很难用一般方法去除。

⑤ 油-固体物　水体中的油吸附在水中固体悬浮颗粒物的表面而形成的附着油。它一部分悬浮在水相中，一部分沉积在底泥中，这两种存在状态相互影响，相互转化，并在一定条件下处于动态平衡状态，它是石油在水-沉积物界面迁移转化的主要载体物。

石油以上述几种方式存在于水体中时，各种方式所占的比例各异，并随着水体的各项条件的变化而变化。在一般天然径流条件下，乳化油占绝大部分。

#### 3.3.5.3　水体中石油类污染物的危害

石油类污染物的危害主要表现在以下几个方面。

（1）对水体的危害

石油对水色、水味和溶解氧均有较大影响。在饮用水中的阈值，轻质油为5μg/L，重质油为0.2～1.0μg/L，润滑油为25mg/L。不同国家对饮用水中油的允许界限在0.1～1.0μg/L之间。石油类污染物在排入水体后，会在水面上形成厚度不一的油膜。当油膜厚度大于1μm时，就可完全隔绝空气与水体间的气体交换。据测定，每滴石油在水面上能形成0.25$m^2$的油膜，每吨石油能覆盖$5\times10^6 m^2$的水面。油膜使水面与大气隔绝，使水中溶解氧减少，阻碍了空气与水体之间氧的交换，严重影响了水体的复氧功能，导致水中溶解氧浓度迅速降低，影响水体的自净作用，水中石油污染会破坏水体正常生态环境，还可使水底质

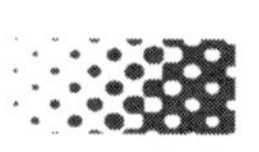

变黑发臭。另外石油类污染物中的三致物质（致癌、致畸、致突变物质）也会被水中鱼、贝类等生物富集，并通过食物链传递给人体。

（2）对土壤的危害

石油排入土壤后，会影响土壤的通透性。因为石油中除低分子组分中有少量微溶于水外，高分子组分几乎都不溶于水，而能积聚在土壤中的石油烃，绝大部分是高分子组分。它们黏着在植物根系上形成一层黏膜，阻碍根系的呼吸与水分吸收，甚至引起根系的腐烂。土壤油污染还会造成土壤中氧的大量消耗，形成影响生物生长的厌氧环境，造成苯并芘等有毒物质的积蓄。过量的石油类污染物还可以被作物吸收并沉积于果实，使受污染土壤上生产的粮食不易食用。

（3）对动植物的毒害

石油中的低沸点饱和烃易引起动植物麻醉、昏迷，高浓度时能破坏细胞，导致动物死亡，低分子烃对植物的危害比高分子烃严重。沸点在150～270℃以内的烃，如粗汽油和煤油对植物危害最大，它能穿透到植物的组织内，破坏正常的生活机能。高分子烃因分子较大，不能穿透到植物内部，但沸点高的高分子烃易在植物表面形成一层黏膜，阻碍植物气孔，影响植物的蒸腾、呼吸和光合作用。

（4）对人体的危害

石油及其产品属低毒物质，浓度高时对人体可引起不同程度的危害。主要损害人体的呼吸道、神经系统、皮肤等。石油中的苯、甲苯、二甲苯、酚类等物质，如果经较长时间的较高浓度接触，也会引起头疼、恶心、眩晕等症状。石油中的芳香烃类物质对人体的毒性较大，尤其是双环和三环为代表的多环芳烃毒性更大。在各国的有毒污染物控制黑名单中这一类物质均被列为优先控制污染物。通过呼吸、皮肤黏膜接触、食用含污染物的食物等途径都可能把这些物质引入人体。影响人体多种器官的正常功能，引发多种疾病。

石油污染物中含有的金属元素Cd、Pb、Hg、As等对人体和动植物都是有害有毒的元素。Cd会造成神经核肾功能异常，如在土壤或稻谷中Cd含量超过几毫克每升，进入人身，会使患者骨骼变细、变脆，引起骨折破碎，Cd还与癌症及心脏病有关。Pb对人体各器官的毒害，主要殃及神经、造血、消化、心血管等系统及肾脏，还会导致儿童智力明显地下降，同样可使人致癌。铅主要损害骨髓造血系统和神经系统，对男性的生殖腺有一定的损害。Hg、As虽然毒性低一些，但超过人体所能承受的临界阈，特别是甲基汞，长期积累可引起中枢神经疾患（水俣病）；As可引起“黑脚病”。

（5）对水处理的影响

原水中存在石油类污染物将会对常规的水处理工艺（混凝、沉淀、过滤、消毒）产生一系列不利的影响，进而影响出水水质。

① 水中的石油类物质不利于常规的混凝过程进行，会妨碍已经形成的絮体沉降。

② 石油类物质吸附在颗粒表面，会阻止沙滤过程的正常进行，降低反冲洗效率，因而常规水处理工艺很难将石油微污染饮用水源处理到符合饮用水水质标准。

③ 石油中的烷烃类物质在传统的加氯消毒过程中被氧化，会产生三卤甲烷类副产物，这类物质大多具有致癌、致突变性。

④ 出厂水中残留的微量石油类有机物会在输水管网中为细菌提供基质，导致管网水的生物不稳定性，继而对人体健康构成潜在威胁。

石油类污染物已列入我国危险物名录，在列入的48种危险废物中，石油类排第8位。

#### 3.3.5.4 水体中石油类污染物的去除方法

从油类存在状态论述去除方法，最后论述微量油类的存在状态，去除方法。对于水体油类污染，主要运用物理、化学和生物等方法。运用物理方法主要靠吸油船和高性能的油类吸附材料等手段，其动用设备庞大、耗费高；运用化学方法主要是使用人工合成的化学消油剂，实际上是向水体投入了化学污染物，一定程度上造成了新的污染；运用生物方法主要是利用细菌消除水体表面油膜和分解水中溶解的石油烃类。

对水中不同形态油的常用去除方法有如下几种。

(1) 上浮油的去除

① 物理隔油　物理隔油主要用于对水中上浮油的去除，常用的设备是隔油池，可去除粒径大于 60$\mu$m 的较大油滴。隔油池的形式主要有以下几种。

a. 平流式隔油池：构造简单，运行管理方便，除油效果稳定；但体积大，占地面积大，处理能力低，排泥难，出水中仍含有乳化油和吸附在悬浮物上的油分，一般难以达到排放要求。

b. 平板式隔油池：它已有很长的历史，池型最简单，操作方便，除油效率稳定，但占地面积大，受水流不均匀性影响，处理效率不好。

c. 斜板式隔油池：它是根据 1904 年汉逊等提出的“浅池原理”对平板式隔油池进行改进而成，在其中倾斜放置平行板组，角度在 30°～40°之间，可大大提高除油效率，但具有工程造价高、设备体积大等缺点。此外，还有多层倾斜双波纹板峰谷对置（MIJS）型油水分离装置、日本 NCP 系三菱油污水吸附装置及我国的平行式小波双波波纹油水分离装置、平放式小列管与大列管油水分离装置等。

该方法设备简单，运行稳定，适应性强，安装、管理、操作方便。但对粒径较小的油滴和固体物质去除效果较差。

② 过滤法　利用颗粒介质滤床的截留及惯性碰撞、筛分、表面黏附、聚并等机理，去除水中油分，一般用于二级处理或深度处理。常见的颗粒介质滤料有石英砂、无烟煤、玻璃纤维、核桃壳、高分子聚合物等。过滤法设备简单、操作方便，投资费用低。但需要经常进行反冲洗，以保证正常运行。该法也可用于乳化油的去除。

(2) 乳化油的去除

① 浮选法　又称气浮法，该法是将空气或其他气体以微小气泡的形式注入水中，利用浮力将污染物带出水面，达到分离目的的技术。因为微细气泡由非极性分子组成，能与疏水性的油粒结合在一起，带着油粒一起上升，上浮速度可提高近千倍，所以油水分离效率很高。含油废水中的油，按其表面性质是完全疏水的，且密度比水小，从理论上讲，应该能互相吸聚、兼并成较大的油粒，借其密度差自行上浮到水面，但由于水中含有由两亲分子组成的表面活性物质，它的非极性端吸附在油粒内，极性端则伸向水中，在水中的极性端进一步电离，导致油粒表面包围了一层负电荷，从而影响了油粒向气泡表面的扩散，使乳化油-水形成了稳定体系。因此，在气浮前必须先采取失稳措施，通常的方法是投加混凝剂。其作用一是中和或改变胶体粒子表面的电荷，以破坏使乳化油稳定的乳化剂，提高气浮效果；二是形成絮凝体，吸附油粒和悬浮物共同上浮，增强泡沫的稳定性。气浮法通常作为含油污水隔油后的补充处理，即为二级生化处理之前的预处理。隔油池出水一般含油 50～150mg/L，经过气浮处理，可将含油量降到 30mg/L，在经过二级气浮处理，出水含油可达到 10mg/L 以下。

目前使用的气浮技术包括加压气浮、变压气浮、叶轮气浮、扩散板气浮和电解气浮等，其中常用的是加压气浮技术。加压气浮工艺是用加压泵将加有混凝剂的含油废水打入加压溶气罐中，同时与注入溶气罐的压缩空气混合后上浮，其缺点是絮凝剂用量大、能耗高且占地面积大。变压气浮装置由气浮装置、浮选装置和溶气系统组成。它集凝聚、气浮、撇油、沉淀和刮泥为一体，是适宜于含油废水深度处理的水质吸附设备，但工艺还不成熟。

② 化学法　投加药剂将废水中的污染物成分转化为无害物质，使废水得到吸附的一种方法。对含油废水主要用混凝法，即向含油废水中加入絮凝剂，在水中水解后带正电荷的胶团与带负电荷的乳化油产生中和，油粒聚集，粒径变大，同时生成絮状物吸附细小油滴，然后通过沉降或气浮的方法实现油水分离。常见的絮凝剂有聚合氯化铝（PAC）、三氯化铁、硫酸铝、硫酸亚铁等无机絮凝剂和丙烯酰胺、聚丙烯酰胺（PAM）等有机高分子絮凝剂。此法适合于靠重力沉降而不能分离的乳化状态的油滴和其他细小悬浮物。

③ 物理除油法　利用高速离心机（转速高于12000r/min）可分离水中的乳化油。出水的含油浓度可降至20～30mg/L。由于该方法运行能耗较高，故限制了其应用。

④ 膜分离法　膜分离技术是20世纪开发成功的新型高效精密分离技术，它利用筛分机理，依据溶液的特性和分子的大小，进行过滤分离。水有强极性，油是单纯的碳氢化合物，是非极性疏水物质，它们常和表面活性剂等化学物质混合，成为难以处理的油水体系。其中典型的乳化油和溶解油，油滴小，表面性质复杂，而无机膜由于本身的物理、化学性质，如亲水性、荷电情况，使乳化油基于油滴尺寸被膜阻止。溶解油基于膜和溶质的分子相互作用被膜阻止，从而使油水体系实现分离吸附。膜法处理含乳化油废水，一般可不经过破乳过程，直接实现油水分离，并且在膜法分离油水过程中，不产生含油污泥，浓缩液可焚烧处理。透过流量和水质较稳定，不随进水中油浓度波动而变化。特别适用于高浓度乳化油废水的处理。膜分离技术具有操作简单，分离效果好，可回收油等优点。但所用膜污染严重，不易清洗，运行费用较高，需要进一步开发性能优良的膜材料和膜污染控制技术，以降低成本。其发展趋势是各种膜处理方法相互结合或与其他方法结合，如将超滤与微滤结合、膜分离法与电化学法相结合等，以达到最佳处理效果。

（3）溶解油的去除

① 生物法　生物法是利用微生物的生物化学作用，使水中的有机物转化为微生物体内的有机成分或增殖成新的微生物，剩余部分则被微生物氧化分解为简单的无机或有机物质，从而使废水得以吸附。生化法则用于去除含油质量浓度在30～50mg/L，含有其他可生物降解的有毒、有害物质的废水，特别适用于溶解油的去除。生化法较物理或化学法具有成本低、投资少、效率高、无二次污染等优点，但其占地面积大，运行费用高，因而在应用上受到一定限制。

② 吸附法　利用吸附剂的多孔性和大的比表面积，将水中的溶解油和其他溶解性有机物吸附在表面，从而达到油水分离的目的。由于吸附剂的密度低，即使饱和吸附状态下，也可持续地漂浮于水面，然后再以机械方式回收。吸附剂一般直接撒在油膜表面，吸附油后，再收集回收，回收的吸附剂经脱油后，还可以重复使用。该法出水水质好、设备占地小，但投资较高、吸附剂再生困难，故一般适用于深度处理。

吸附法的最新研究进展多体现在高效、经济的吸油剂开发与应用方面，据报道一种由质量分数为5%～80%的具有吸油性能的无机填充剂（如镁或铁的盐类、氧化物等）与20%～95%的交联聚合物（如聚乙烯）组成的吸油剂。这种吸油剂对油的吸附容量可达0.3～

0.6g/g，但一般需要很长的接触时间，如废水的油浓度为120mg/L时，需处理50h才能降至0.8mg/L。刘汉利等采用改性粉煤灰处理炼油厂高、低浓度含油废水，使之达到排放标准，获得了满意的效果。

## 3.3.6 重金属离子的洗消

### 3.3.6.1 含重金属废水来源及其危害

重金属指相对密度4.0以上的约60种元素或相对密度在5.0以上的45种元素。砷、硒是非金属，但它的毒性及某些性质与重金属相似，所以将其列入重金属污染物范围内。重金属在水源水体中具有多种化学形态，其环境行为十分复杂。重金属离子，是指重金属失去电子形成的离子状态。环境污染方面所指的重金属主要指生物毒性显著的汞、镉、铅、铬以及类金属砷，还包括具有毒性的重金属铜、钴、镍、锡、钒等污染物。由于人们的生产和生活活动造成的重金属对大气、水体、土壤、生物圈等的环境污染就是重金属污染。重金属污染包括大气中的重金属污染、水体重金属污染和土壤重金属污染。

在无人为污染的情况下，水体中重金属的含量取决于水与土壤、岩石的相互作用，其值一般很低，不会对人体健康造成危害。但工矿业废水、生活污水等未经适当处理即向外排放，污染了土壤；废弃物堆放场受流水作用以及富含重金属的大气沉降物输入，都使水体重金属含量急剧升高，导致水体受到重金属污染。

含重金属废水及其来源见表3-8。废水中重金属种类、含量及其存在形态随不同生产种类而异，变化很大。

表3-8 含重金属废水及其来源

| 废水种类 | 主要来源 |
|---|---|
| 含铜废水 | 有机合成、农药、染料、橡胶、电镀、化工、有色金属采选和冶炼等行业 |
| 含铅废水 | 电镀、蓄电池回收、制革、化工、有色金属采选和冶炼等行业 |
| 含镉废水 | 电镀、涂料、塑料、印刷、农药、陶瓷、摄影、有色金属采选和冶炼、镉化合物工业、电池制造业等行业 |
| 含锌废水 | 电镀、化工、制革、有色金属采选和冶炼等行业 |
| 含镍废水 | 电镀、电池制造业、镍合金生产、有色金属采选和冶炼等行业 |
| 含汞废水 | 汞催化剂、汞制仪表(温度计)、汞矿开采冶炼、煤和石油燃料燃烧和有机汞农药等行业 |
| 含砷废水 | 皮毛、玻璃、木材、颜料、涂料和农药等行业 |

重金属离子有两个显著的特性，一是化学性质稳定，不能被微生物降解，因而长期有害；二是极易通过生物链成千上万倍地富集，对生物和人体的健康造成严重威胁。重金属废水进入水体后，除部分为水生物、鱼类吸收外，其他大部分易被水中各种有机和无机胶体及微粒物质所吸附，再经聚集沉降沉积于水体底部。它在水中的浓度随水温、pH值等不同而发生变化，冬季水温低，重金属盐类在水中溶解度小，水体底部沉积量大，水中浓度小；夏季水温升高，重金属盐类溶解度大，水中浓度高。因此水体经重金属废水污染后，危害的持续时间很长。

重金属通过直接饮水、食用被污水灌溉过的蔬菜、粮食等途径，很容易进入人体内，威胁人体健康。进入人体的重金属不再以离子形式存在，而是与体内有机成分结合成金属络合物或金属螯合物，从而对人体产生危害；机体内的蛋白质、核糖能与重金属反应，维生素、激素等也能与重金属反应，由于产生化学反应使上述物质丧失或改变了原来的生理化学功能而产生病变；另外重金属还可能通过与酶的非活性部位结合而改变活性部位的构象，或与起辅酶作用的金属发生置换反应，致使酶的活性减弱甚至丧失，从而表现出毒性。重金属离子

及其化合物的毒害是积累性的，开始不易察觉，一旦出现症状就会带来严重后果。废水中比较常见的铜、铅、镉、锌、镍对人体的危害见表3-9。

**表3-9 铜、铅、镉、锌、镍对人体的危害**

| 重金属离子 | 中毒症状 |
| --- | --- |
| $Cu^{2+}$ | 引发皮炎和湿疹，在接触高浓度铜化合物时还可发生皮肤坏死；使血红蛋白变性，影响机体的正常代谢，导致心血管系统疾病 |
| $Pb^{2+}$ | 侵犯人的造血系统、神经组织和肾脏，从而引起神经衰弱、小红细胞性贫血和血红蛋白过少性贫血、脑病变和肾病变；对人神经系统、消化系统及心血管系统都有损害 |
| $Cd^{2+}$ | 能使肾功能受到破坏；糖，蛋白质代谢发生紊乱，引发尿蛋白症、糖尿病；进入呼吸道可引起肺炎、肺气肿；作用于消化系统则引起肠胃炎；镉中毒者常常伴有贫血，骨骼中有过量镉积累会使骨骼软化、变形、骨折、萎缩，镉中毒还会引起癌症 |
| $Zn^{2+}$ | 锌是人体必需元素，正常人每天从食物中摄入锌10～15mg，但过量的锌会引起急性胃肠炎症状，如恶心、呕吐、腹痛、腹泻，同时伴有头晕、周身乏力 |
| $Ni^{2+}$ | 引发各种皮炎，慢性超量摄取或超量暴露，可导致心肌、脑、肺、肝和肾退行性变 |

20世纪50年代初发生在日本的由汞污染引起的“水俣病”和由锡污染引起的“骨痛病”是名列世界上的八大公害事件之一。我国很多地区近年来都发生了各种重金属污染的恶性事件，如广东北江、湖南湘江流域发生的镉废水污染事故，淮河流域出现的癌症村等，都是重金属污染给人民的生命和健康带来严重威胁和危害的典型例子。重金属离子不仅会对人类的健康造成损害，同时会对自然界的生物造成危害。淡水或海洋中的水生生物对水体中的金属离子非常敏感，即使很低的浓度也会对其构成威胁；土壤或灌溉水中的金属离子会对植物生长产生不利的影响，并且将在植物的叶茎或根部富集，以至影响整个食物链。

重金属离子主要是通过含有大量污染金属的工业废水（主要来源于冶炼、电解、医药、油漆、合金、电镀、纺织印染、造纸、陶瓷与无机颜料制造等等），城市生活废水以及各种采矿废水向自然环境中释放，并进一步通过食物链的传递对动植物造成日益严重的影响。因此，如何有效地防范和治理重金属污染已成为全社会共同关注和迫切希望解决的问题。除了继续完善、健全相关环保法律法规的制定和监督执行的力度以及加强宣传防范外，开发出更有效、更便宜、更安全的治理重金属污染废水的新技术，将是今后该领域技术研发的战略方向。

#### 3.3.6.2 含重金属废水处理方法

(1) 化学沉淀法

① 中和凝聚沉淀法　中和凝聚沉淀法的原理是，在重金属废水中加入适量碱，进行中和反应，重金属转化为不溶于水的氢氧化物通过固液分离去除。对于不含络合物的电镀液用碱石灰（$CaO$）、消石灰［$Ca(OH)_2$］、白云石（$CaO$，$MgO$）等石灰类中和剂，就可以达到令人满意的效果，这种方法具有简单、安全、成本低、沉渣脱水性能好的优点，但反应速度较慢，沉渣量大，出水硬度高。如果用$NaOH$、$Na_2CO_3$作中和剂，则加料容易，反应速度快，沉渣量少，但价格较贵，且沉渣不易脱水。中和沉淀法虽能除去废水中大部分重金属离子，但反应速度较慢，且堆放的沉渣会造成二次污染，这些问题还有待进一步解决。

② 硫化物沉淀法　除了中和凝聚沉淀法外，无机硫沉淀法是另一类应用最广泛的传统沉淀法。与前者相比，硫化物沉淀法的优势在于，大多数重金属硫化物的溶解度都大大低于其氢氧化物。但是，硫化物沉淀在形成过程中容易形成胶体，给分离带来困难，不仅沉淀物分离需要合适的pH值条件，而且硫化钠、硫化氢钠等无机硫化物与$HCl$，$H_2SO_4$，$FeCl_3$，

$Al_2(SO_4)_3$ 等酸性物质接触时，会产生大量的硫化氢气体，在技术安全方面要求相当严格。从理论上讲，有机硫沉淀剂较之无机硫化剂的应用效果更好。在实际应用中，它们也显示了其独特的优越性。重金属的有机硫化物在水中溶解度更小，适应的 pH 值范围更大。

③ 铁氧体法　投加 $FeSO_4$ 可使各种重金属离子形成铁氧体晶体而沉淀析出。该法能一次脱除多种重金属离子，设备简单，操作方便。$FeSO_4$ 来源广，水质适用性强，沉淀易脱水。但由于处理后的溶液呈碱性，若直接向环境排放，会使土壤和水体碱性增强，故易对环境造成二次污染。

（2）蒸发浓缩法

该法是对废水在常压或减压状态下加温，使溶剂水分蒸发，而将废水浓缩的方法。浓缩的溶液可返回镀槽，蒸发后的水蒸气经冷凝回收后可作为清洗水或回收槽的补充水。该法成熟简单，不需化学试剂，无二次污染，可回用水或有价值的重金属，有良好的环境效益和经济效益。但是此工艺能耗大，操作费用高，杂质干扰重金属离子的回收，一般将其作为其他方法的辅助处理手段。

（3）膜分离法

该法采用一种特殊的半透膜，在外界压力的作用下，在不改变溶液中离子化学形态的基础上，将溶剂和溶质进行分离或浓缩的方法，主要包括反渗透、超滤、电渗析、液膜等。该方法存在的主要问题是膜组件昂贵，且在使用过程中膜容易受到污染而导致通量下降，影响去除效果。

（4）离子交换法

离子交换法的原理是，重金属离子与交换树脂上同种电性的离子发生离子交换反应，然后再进行树脂的解吸去除重金属。树脂性能对重金属去除效果有较大影响，常见的离子交换树脂有阳离子交换树脂、阴离子交换树脂、螯合树脂等。阳离子交换树脂由聚合体阴离子和可供交换的阳离子组成，树脂上的阳离子与废水中的金属离子进行交换。阴离子交换树脂是由高度聚合体阳离子和可供交换的阴离子组成，树脂上的阴离子与废水中酸根离子交换。螯合树脂具有螯合基团，可以与特定的重金属离子进行选择性离子交换反应。树脂饱和后，用合适的洗脱剂回收重金属。相对于前两种树脂，螯合树脂去除重金属的效果更好，拓宽了阴阳交换树脂的应用范围，近年来已在电镀废水离子交换法治理工艺革新方面做出了贡献。

离子交换树脂法是处理重金属污染废水的一种重要方法，具有处理容量大、出水水质好、可回收重金属的优点。但是树脂易受污染、容易氧化失效，回收重金属和树脂的再生费用高。尤其是用离子交换法处理高浓度废水时，操作麻烦，成本高、残留重金属离子浓度不稳定，所以该方法常用来处理低浓度废水。

（5）吸附法

吸附法是利用吸附剂对废水进行处理。固体表面有吸附水中溶解及胶体物质的能力，比表面积很大的活性炭等具有很高的吸附能力，可用作吸附剂。吸附可分为物理吸附和化学吸附。如果吸附剂与被吸附物质之间是通过分子间引力（即范德华力）而产生吸附，称为物理吸附；如果吸附剂与被吸附物质之间产生化学作用，生成化学键引起吸附，称为化学吸附。离子交换实际上也是一种吸附。物理吸附和化学吸附并非不相容的，而且随着条件的变化可以相伴发生，但在一个系统中，可能某一种吸附是主要的。在污水处理中，多数情况下，往往是几种吸附的综合结果。吸附剂的种类很多。常用是活性炭和腐殖酸类吸附剂。

① 活性炭　在生产中应用的活性炭的种类很多，一般都制成粉末状或颗粒状。活性炭

对于液相中溶液的吸附主要靠表面发达的空隙结构，吸附过程基本上属于物理吸附。粉末状的活性炭吸附能力强，制备容易，价格较低，但再生困难，一般不能重复使用。颗粒状的活性炭价格较贵，但可再生后重复使用，并且使用时的劳动条件较好，操作管理方便，因此在水处理中较多采用颗粒状活性炭。但在我国，目前活性炭的供应较紧张，再生的设备较少，再生费用较贵，限制了活性炭的广泛使用。

② 腐殖酸类吸附剂　用作吸附剂的腐殖酸类物质主要有：天然的富含腐殖酸的风化煤、泥煤、褐煤等，它们可以直接使用或经简单处理后使用，也可将富含腐殖酸的物质用适当的黏合剂制备成腐殖酸系树脂。腐殖酸类物质带有多种活性基团，其吸附性能主要与所含的羟基、羧基、甲氧基、醌基等活性基团以及其本身的表面积有关。

腐殖酸类物质能吸附工业废水中的许多金属离子，如汞、铬、锌、镉、铅、铜等。腐殖酸类物质在吸附重金属离子后，可以用 $H_2SO_4$、HCl、NaCl 等进行解吸。目前，这方面的应用还处于试验、研究阶段，还存在吸附（交换）容量不高，适用的 pH 值范围较窄，机械强度低等问题，需要进一步研究和解决。

③ 矿物吸附剂　沸石、薪土等是用于重金属污染治理的矿物材料。沸石的吸附特性源于它们离子交换的能力。沸石的三维结构使之具有很大的空隙，由于四面体中 $Al^{3+}$ 取代 $Si^{4+}$ 而使局部带负电荷，$Na^{+}$、$Ca^{2+}$、$K^{+}$ 和其他带正电荷的可交换离子占据了结构中的空隙，并可被其他金属离子替代。薪土对重金属的吸附能力归因于细粒的硅酸盐矿物的净负电荷结构：负电荷需吸附正电荷而被中和，这就使薪土具备了吸引并容纳阳离子的能力。黏土的表面积很大（达 $800m^2/g$），这也有利于增强其吸附能力。

④ 生物材料吸附剂　目前，处理含重金属废水方法的一个共同缺点就是当处理低于100mg/L 的含重金属废水时操作费用和原材料成本相对较高，且易产生污染转移，造成二次污染。生物废弃物和矿物材料以其低成本、处理效果好等优点受到人们的青睐。

生物材料可分为活体生物和非活体生物两大类，前者主要是指各种微生物，利用其本身新陈代谢过程中具有的对重金属离子的富集能力来实现水体的净化，而后者则主要是指各种植物（常见如农作物）收获后留下的废弃物，利用其本身具有的吸附功能来达到净化的目的。生物材料的天然性质使得生物吸附剂有发展前途，低成本运行，无二次污染，常见轻金属离子不影响吸附性能，有选择的吸附重金离子，为含重金属离子废水的处理提供了更大的空间。

生物吸附法作为近年来发展起来的一种新方法，具有价廉、节能及易于分离回收重金属的特点，可望在众多领域中得到应用。诸如为工业废水去除有毒金属；消除废水放射性；回收贵重金属；从海水中富集或提取有用金属等。

（6）电动力修复

电动力修复的基本原理是将含重金属离子废水置于直流电场中，在电场的作用下，重金属离子会逐步从水相中迁移出来。Ridha 等采用碳素毡状电极去除废水中的 $Cu^{2+}$、$Cr^{3+}$、$Ni^{2+}$，取得了良好的效果。此外，近年来电浮选和电渗析也不断被应用于含 Cu、Ni、Cr、Zn 等重金属工业废水的处理，并取得了一定的成效。然而，电动力修复存在能耗过大、费用过高、受场地条件限制、处理规模有限等劣势，难以得到广泛的推广和应用。

（7）微生物修复

微生物修复基本原理包括微生物固定和微生物转化。前者主要是利用微生物细胞带电性，通过带有一定负电荷的细胞与重金属离子发生表面吸附而去除重金属离子，或是在微生物摄取必需营养物质的过程中对重金属离子进行主动吸收，进而去除重金属离子；后者则是通过微生物新陈代谢过程产生的酶与重金属离子发生系列酶促反应，使重金属离子形态发生改变，降低其毒性与活性，从而减轻甚至消除重金属离子对环境所造成的污染。例如，当 Cr 由六价转变成三价时，毒性明显降低，而 Hg 和 As 则可以通过微生物还原作用转变成单质态而逸散，同时微生物新陈代谢过程产生的分泌物对重金属还存在纯化作用。大量研究表明，硫酸还原菌能够产生 $H_2S$，使得 $Zn^{2+}$、$Cd^{2+}$、$Cu^{2+}$ 等重金属离子生成硫化物沉淀而被去除，同时研究还发现藻类菌绒和氰细菌也存在此类作用，可用于水体重金属离子的去除。

（8）植物修复

植物修复主要是利用绿色植物吸收、转移、转化、富集重金属元素以减轻其对水体环境造成的污染，作用机制包括植物固定、植物吸收、植物挥发和根际过滤等。植物修复因经济成本低、环境风险小、景观价值高等优势在全世界范围内得到了广泛应用，目前已发现 700 余种重金属超富集植物，其中芦苇、水葱、灯芯草、香蒲、美人蕉、凤眼莲等水生植物对重金属离子的富集能力较强，在人工湿地工程中得到广泛应用。目前，应用水生植物处理含重金属离子工业废水的技术主要有生物塘技术、植物浮床技术和人工湿地技术。

## 3.4 洗消剂的发展现状与趋势

洗消剂是实施化学毒剂洗消的根本要素，以碱性水解、氧化及氯化为洗消机制的传统洗消剂虽能满足应急洗消的要求，但其存在腐蚀性强、污染大、后勤负担重等问题。随着科技的发展，纳米技术的应用及制备工艺的提高，金属氧化物及氧酸盐、肟类化合物、生物酶等不断显示出其优势。

### 3.4.1 碱性洗消剂

碱性消毒剂指 NaOH、KOH、$NH_3 \cdot H_2O$ 等无机碱及 RO—等有机碱，它们大多是与毒剂发生亲核取代反应而起到消毒作用。其中，弱碱性物质可用于服装和皮肤洗消，强碱性可用于环境洗消，例如：2% $Na_2CO_3$ 水溶液用于服装消毒，2% $NaHCO_3$ 用于皮肤消毒等，以及 5%～10% NaOH 溶液对地面消毒。

碱性洗消剂仍是美军常用制式装备之一，如碱-醇-胺洗消剂 DS2，该体系具有超强碱性和亲核取代性，能有效破坏所有已知化学战剂和生物战剂。其中碱的作用是使醇生成 RO—，胺起溶剂化的作用，束缚体系中的阳离子，使 RO－更加“裸露”，更易与毒剂发生取代反应而使其消毒，如 DS2 洗消 VX 时，与 VX 在苛性碱水溶液中不同，DS2 与 VX 反应异常迅速，毒剂半衰期只有十几秒钟。该类体系虽然消毒效果好，但腐蚀性强、环境友好性差，主要用于对兵器、车辆的局部消毒，实验室过期毒剂的销毁等。

### 3.4.2 氧化氯化型洗消剂

氧化氯化型洗消剂主要有 3 类：①次氯酸盐类，如次氯酸钙、次氯酸锂等；②氯胺类消毒剂，如一氯胺、二氯胺等；③过（超）氧化物消毒剂，如过氧化氢、过氧乙酸等。这些消毒剂主要是依靠氧化、氯化等反应起到消毒作用。同碱性洗消剂类似，此类洗消剂亦根据其化学性质的温和程度或浓度不同而适用于不同的场合，如性质温和的可用于皮肤、精密仪器，氧化性强的用于环境等。氧化氯化型洗消剂外军依然有较多装备，如美军 STB 消毒剂，

其主要成分是漂白粉和氧化钙，有效氯约为30%，因其制备简便，造价低廉，美军仍较多装备；美军MS防化软膏，是美军20世纪50年代研制装备的，装在塑料盒中，其活性成分为氯胺类化合物，擦拭在皮肤上对芥子气等糜烂性毒剂具有良好的防护和消毒作用，缺点是对G类毒剂没有作用，对人员皮肤有刺激；美军M258Al消毒盒是美国20世纪80年代初研制的产品，其主要消毒成分为苯酚钠溶液及氯胺B，分别用于G类毒剂及芥子气、VX消毒。曾大量装备于美军和北约部队。德军C-8属油包水乳浊液，主要由次氯酸盐、表面活性剂等组成，其黏度大，在被洗消物体上呈泡沫状存在，能较好附着于垂直表面，少量即可与毒剂充分反应，腐蚀性比次氯酸钙低。俄罗斯的IPP型个人消毒包也属于氧化氯化型洗消剂。中国装备最多的该类洗消剂为三合二，主要成分为$Ca(ClO)_2$和$Ca(OH)_2$，因其原料来源广、成本低，目前仍被广泛应用。此类装备的优点是能对已知毒剂和生物战剂快速彻底消毒，但对人员皮肤有一定的刺激。

### 3.4.3 吸附（降解）消毒剂

吸附消毒剂主要是通过物理吸附而起到消毒作用，其主要成分为活性白土及硅胶粉等。美军的代表性产品为M13个人消毒浸渍包，其中装填白土作为天然无机吸附材料，最早于20世纪60年代装备，主要针对人员皮肤及自携装备表面上的毒剂液滴的快速吸附消毒；类似装备还有英国的个人消毒包、法国的消毒手套、中国的“军用毒剂消毒包”等。该类产品可直接对毒剂沾染部位，如服装等进行洗消，若毒剂已透过衣服渗到皮肤，应尽快脱去染毒服装，直接在染毒皮肤上消毒。吸附消毒剂的优点是无毒无刺激，热区寒区都可对毒剂液滴进行快速消毒，缺点是被吸附的毒剂会解吸从而造成二次中毒。

为了克服M13个人消毒浸渍包等仅能吸附的缺点，美军后来研发了M291皮肤消毒包，并于20世纪90年代装备美国陆军部队。包中装有黑色的聚合物树脂超细粉，这种超细消毒粉由三种高比表面积的碱性、酸性和炭化聚酯粉末组成，不仅能迅速将液体毒剂吸附于微孔中，而且能促使被吸附的毒剂发生分解而消毒。整个体系通过解毒和物理去除相结合的方法对皮肤上的蒸馏芥子气、梭曼、维埃克斯和T-2毒素进行洗消。RSDL通过亲核反应将毒剂中原始的有毒物质转化为无毒物质，同时也有实验证实了其对非传统毒剂和有毒工业化学品的洗消效能。每个消毒包重45g，可以完成对手、脸和脖颈进行的消毒，消毒面积$1300cm^2$，使用温度$-46\sim49℃$，该装备主要用于沾染液体化学战剂的皮肤消毒，但稍有轻微的刺激性。美国陆军医学研究与发展部认为，M291皮肤消毒包在安全性、有效性和操作简易性等方面均比较理想，已广泛装备于美国陆军、海军、空军部队。目前，中国也正在研发无明显刺激感、皮肤友好的新一代的吸附（降解）洗消剂。

### 3.4.4 金属氧化物和氧酸盐

金属氧化物，如$Al_2O_3$、$TiO_2$等，是一种重要的消毒材料，能催化毒剂毒物发生氧化、歧化反应而致其降解。但鉴于金属氧化物一般只能把毒剂（如有机磷等）转化为低毒产物，无法将其彻底销毁的不足，近年来以金属氧化物为催化剂的光催化技术得到开发。已有研究表明，光催化反应能把多种有毒、有害化学物质降解至无毒，甚至能将其彻底氧化成为对环境无害的矿化物质。由于其环境友好等特点，欧美政府和军方对光催化降解毒剂的研究工作给予了大力支持。

随着纳米技术的发展，纳米金属氧化物如CuO等得到开发，其具有粒径小、比表面积大、表面离子数多、活性高等特点，对化学毒剂、细菌、病毒等均有较强的吸附和消毒能力。同时，纳米金属氧化物是一种固体形式，应用时只需要少量悬浮剂即可，携带方便。另外，如果在金属氧化物表面包覆过渡金属氧化物可制得核壳结构，如［$Fe_2O_3$］MgO，其吸附消毒效率将更高。因而，此类洗消剂具有较大的潜力，是洗消剂研究和开发的一个重要方向。TSP 护肤膏是 20 世纪 90 年代初，美国陆军化学防护医疗研究所研制，用于人员皮肤的防护和消毒。膏状底物材料和活性成分是配方关键，膏状材料由全氟聚醚和聚四氟乙烯组成，聚四氟乙烯起增稠剂的作用，使底物材料黏度增大，易于形成稳定且牢固的防护薄膜；反应活性成分采用了纳米金属氧化物等材料，用以降解渗透到膜层内的毒剂，延长防护时间。如果遭受芥子气袭击，0.15mm 厚的 TSP 可以延时 60min 再进行洗消，并对皮肤和眼睛没有刺激性。

2000 年美陆军阿布汀试验场爱基伍德化生研究中心报道，在常温条件下，VX、GD、HD 在纳米氧化镁、氧化钙和三氧化铝上可发生消毒反应，机理主要是表面水解反应，其动力学特征为初始的快反应和随后转变为受扩散限制的慢反应。纳米金属氧化物对细菌和芽孢也具有很好的杀菌效果。负载在介孔分子筛上的纳米氧化物显示出更高活性，对毒剂的反应性已显著超过现装备的 XE-555 树脂。2004 年爱基伍德化生研究中心已采用纳米氧化铝研制了 MlooSDS 吸附消毒手套，用于对人员皮肤和装备的局部消毒。

多金属氧酸盐材料（polyoxometalates，POM）是以 $MO_x$（M 可以是一种配原子或几种配原子的混合，$x$ 值一般为 6）为单元通过共角、共边（偶尔共面）氧连接缩聚成的多金属氧簇阴离子（metal-oxygen clusters）与抗衡阳离子形成的一类特殊的配合物。该种材料具备多种化学活性部位，如 Lewis 酸、Lewis 碱、强酸碱等，可在均相或非均相体系中作为酸催化剂、氧化催化或双功能催化剂使用，具有受控孔径，如大小、形状和化学性质；具有光吸收性质，利用环境空气进行光催化氧化；具有电磁辐射吸收、电化学特性，以进行传导和电子信息传输等。对化学毒剂具有高效广谱的消毒作用，同时消毒剂本身的腐蚀性也大大降低，在防化洗消防护领域是一种极具应用前景的材料。

### 3.4.5 肟类洗消剂

肟类洗消剂主要指化合物结构中含有肟基团，该洗消剂主要是通过与化学毒剂毒物发生取代反应而消毒。加拿大 O'Dell 公司于 20 世纪 90 年代末研发了 RSDL 皮肤消毒包，所用消毒剂主要反应活性成分为 2,3-丁二酮单肟钾盐以及聚乙二醇单甲醚，RSDL 对神经性毒剂、糜烂性毒剂等均有高效、快速的消毒效果，且其与毒剂作用后由黄变白，具有自侦检功能；RSDL 本身无毒，对皮肤无刺激，涂在皮肤上亦有防护功能和防晒功能。一套 RSDL 系统由 3 个小袋组成。每一个小袋中都有一个充满 RSDL 的纱布垫，洗消面积是 0.13$m^2$。RSDL 的工作温度是 1～54℃，储存期是 5 年（5～30℃）。发放后的保存温度不超过 49℃时，RSDL 的使用寿命可达 16 个月。该消毒包使用简单、携带方便、适用温度范围广（－10～50℃），在人员遭受化学毒剂沾染后，受染人员可以在很短时间内撕开包装袋，擦除沾染在皮肤表面的毒剂。美国对该消毒包进行了长达 8 年的安全和使用性能评估，已于 2008 年开始全面装备了 RSDL 皮肤消毒包。RSDL 是目前比较先进的皮肤洗消产品，对多种化学毒剂毒物具有破坏作用，即使毒剂穿透皮肤后，还可以“追逐”毒剂并将这些毒剂中和然后再用织物吸收它们，即具有追踪洗消的功能，是当前世界最理想的化学毒剂皮肤消毒剂。该体系的洗消液对危害物质进行中和而不是简单的物理去除。中国目前也正在研制含有

肟基团的洗消剂，并取得了较大的进展。

2003 年，美国德克萨斯州理工大学研制出了一种新型吸附织物材料，这种复合织物由三层组成，第一层和第三层均为无纺布材料，中间吸附层由直径小于 500nm 的活性炭纤维经静电纺丝技术制成。这三层材料经针-刺工艺结合在一起，美军用这种材料制成了人员皮肤消毒擦垫，将替代军方目前正在使用的固体粉类（loose particle）洗消剂。

此种织物材料特别适合于具有开放性创伤人员的皮肤消毒。美军将这种擦垫与 RSDL 皮肤消毒包组合使用，首先用擦垫将液滴状的毒剂吸附掉，再用反应型的 RSDL 消毒液进行消毒。这种消毒擦垫的消毒效率由美国科学鉴证中心评价，目标物为芥子气，并与活性炭粉和 M291 消毒包对比。三种消毒材料相比，发现无纺织物的吸附消毒效率显著优于活性炭和 M291。

刘红岩等在已有研究的基础上也研制了皮肤洗消剂 PF2009，通过检测皮肤洗消剂 PF2009 对化学毒剂的体外消毒效率，发现皮肤洗消剂 PF2009 对维埃克斯和梭曼具有快速、高效的消毒效果，在洗消剂与两毒剂分别按照体积比 50∶1 进行消毒时，相互作用 10min 后，其消毒效率均大于 99%；洗消剂对芥子气也具有较好的消毒效果，混匀后静置 10min，消毒率达到 80%以上，静置 60min，其消毒率达到 94%。

### 3.4.6 生物（酶）洗消剂

生物酶被认为是一类真正没有腐蚀和污染的温和、高效催化消毒剂，非常适合于人员皮肤特别是伤口的消毒处理。利用生物（酶）的催化水解作用而破坏毒剂使其失去毒性的洗消剂称为生物（酶）洗消剂。

可用于消毒的生物酶主要有两大类，一是 B 类酯酶，如胆碱酯酶，与含磷毒剂结合使之快速失去毒性；二是 A 类酯酶，如有机磷化合物水解酶，可催化沙林、梭曼、对氧磷、对硫磷等水解消毒。酶法消毒的主要难点和关键技术是酶的活性、大量制备和使用稳定性，近年来随着生物技术的高速发展，克隆技术和基因排序技术上的突破，这些关键技术正在逐步解决。

（1）A 类酯酶

目前已有三种 A 类酯酶的稳定性和活性取得突破，开始走出实验室进入了应用性发展阶段。一是鱿鱼电器官的二异丙基氟磷酸酯酶（DFP 酶），该酶可有效分解 P—F 键；二是缺陷假单胞杆菌中的有机磷水解酶（OPH 酶），该酶对 P—F 键和 P—S 键很敏感；三是鞘氨醇单胞菌的有机磷酸酯水解酶（OPAA），同样对 P—F 键有高效催化作用。美国已将 OPH 共价交联在聚氨酯泡沫上，其储存性和热稳定性比自由酶提高了几个数量级，固相化的 OPH 可做成解毒海绵以擦拭皮肤等染毒表面。

（2）胆碱酯酶

胆碱酯酶在人员皮肤消毒材料方面也取得重大进展，美陆军医疗研究所采用生物酶固相化技术，将胆碱酯酶和肟类化合物负载于聚氨酯泡沫海绵上，制成了有机磷毒剂皮肤消毒擦垫，可有效地进行人员皮肤消毒。实验表明，酶负载后大幅度提高了酶的耐温性、耐候性并且保持了活性，负载后的胆碱酯酶可以在 4℃下保持三年，25℃下保持八个月，45℃下保持七个月，且与溶解在水中的同种酶在活性上没有差别。美国军方对此项技术很重视，负责此项研究工作的 Dr. Doctor 被授予美国总统奖。

生物（酶）洗消剂的代表产品有美国的 All-Clear 化学生物洗消泡沫，以及希腊的 BLA-

NA 皮肤消毒膏，其中 All-Clear 化学生物洗消泡沫是美国国防部 2004 年批准的新型泡沫洗消剂，是缓冲蛋白中的一种水解酶与生物消杀剂的混合物，能够对遭受化学和生物袭击的军事、工业和农业大面积地域进行洗消，对沙林等毒剂及炭疽等生物战剂施用 1h 内即可见效，具有广谱、快速的特点；同时，该洗消剂无腐蚀性、氧化性及毒性，可自动生物降解，无有害残余及环境危害。BLANA 皮肤防毒消毒膏是 2000 年后由希腊研制的，含有的 8 种活性成分当中包括有机磷酸酯水解酶，能停滞、中和以及抑制皮肤吸收，如硫、氮芥子气以及沙林等化学毒剂，经皮肤试验无不良感觉或异味，目前已装备于希腊陆、海军。我们曾考察过有机磷降解酶（OPHC2）对神经性毒剂沙林、VX 的降解作用，并取得了一定的进展；目前，国内可用于有机磷毒剂洗消的生物（酶）主要有森根比亚公司的比亚酶等。

### 3.4.7 混合型洗消剂

为了提高洗消剂的广谱、速效性，国外还开发了许多混合型洗消剂，如北约装备的 BX 系列洗消剂，含水解和氧化等多重作用；其中 BX24 既可洗消芥子气、神经性毒剂等化学毒剂，又对亚型 A 类高致病性禽流感具有消杀功能；BX29 是一款人用医学洗消产品，而 BX40 则特别适合车辆、飞机、直升机等辐射洗消。北约装备的另一款核生化敏感器具洗消剂 SX34，是一种油漆性产品，含有纳米吸附剂、溶剂共溶剂、催化剂等成分，把 SX34 涂在被洗消物的表面，它不会像液体净化剂一样扩散污染物和在空隙中残留，而是将洗消物覆盖了一层白色的表层，主要用于精密仪器的洗消，对环境友好。

表 3-10 比较了目前用于个人消毒包中的主要消毒剂特性及器材的使用方式，可以发现加拿大皮肤消毒包和美国 M291 消毒包中的消毒剂都是优良的消毒材料。这两种包在设计上也具有轻便、使用简单、便于携带等特点。

**表 3-10 几种人员消毒材料及相应消毒包性能比较**

| 特性 | | 漂白土(用于消毒手套) | 荷兰粉(用于喷粉瓶中) | XE-555 消毒粉(用于美 M291 皮肤消毒包) | 氯胺 B(用于美国 M258AI 皮肤消毒包) | 苯酚钠(用于美国 M258AI 皮肤消毒包) | RSDL 消毒液(用于加拿大皮肤消毒包) |
|---|---|---|---|---|---|---|---|
| 破坏化学毒剂能力 | 糜烂剂-HL | 不能 | 能(可燃烧) | 能 | 能 | 不能 | 能 |
| | 神经性毒剂-C、V | 不能 | 能 | 能 | G,不能<br>V,不能 | C,能<br>V,不能 | 能 |
| 消毒材料＋毒剂的毒性 | | 有毒 | 无毒 | 完全消毒需数天 | 无毒 | 无毒 | 无毒<br>C、V 毒剂在 10s 内消毒<br>H、L 毒剂在 90s 内消毒 |
| 人员消毒兼容性 | 皮肤 | 适用 | 可用,有灼伤 | 适用 | 可用,有刺激 | 可用,有刺激 | 适用 |
| | 耳朵 | 不适用 | 不适用 | 不适用 | 不适用 | 不适用 | 适用 |
| | 眼睛 | 不适用 | 不适用 | 不适用 | 不适用 | 不适用 | 适用 |
| 不正当使用带来的伤害 | | 部分有毒粉洒落在镜片上影响视力或造成呼吸困难 | 有毒粉洒落在镜片上影响视力或造成呼吸困难,对皮肤有刺激 | 有毒粉洒落在镜片上影响视力或造成呼吸困难 | 对皮肤刺激性强 | 对皮肤刺激性强 | 没有伤害 |
| 化学反应指示 | | 没有变化 | 没有变化 | 没有变化 | 没有变化 | 没有变化 | 由黄变白 |
| 人员使用方式 | | 撕开消毒粉袋,在染毒部位拍打 | 用喷粉瓶洒在染毒部位 | 撕开包装袋,用消毒粉垫擦拭染毒部位 | 撕开消毒包,在染毒部位擦拭 | 撕开消毒包,在染毒部位擦拭 | 撕开包装袋,用泡沫垫擦拭染毒部位 |

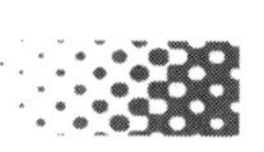

## 3.5　洗消装备的发展现状与趋势

人员应急洗消装备技术现状以美国、法国、加拿大为代表的西方国家对人员的应急消毒极为重视，自20世纪60年代起，先后研制出多种人员应急洗消装备，同时还在不断研制新产品，对已有装备进行更新换代，使之更加高效、轻便、实用。

### 3.5.1　便携式

对人员皮肤进行洗消的个人消毒包、消毒手套或消毒膏是一个重要的发展方向。代表性的装备有美国的MS油膏、M13个人消毒浸渍包、M258AI消毒盒、M291皮肤消毒包及TSP防护膏和加拿大RSDL皮肤消毒霜、希腊BIANA皮肤防毒消毒膏。

美国德克萨斯工业大学环境研究所的一个研究组利用国家资金研制出一种几乎可以对所有化学毒剂进行消毒的抹布，该抹布除了能对化学毒剂消毒，还能消毒其他与军事相关或无关的有毒工业化学品，该产品可从装备和皮肤表面，甚至从眼睛和伤口表面擦去毒剂。该消毒抹布是一种很薄的碳巾，它与一块吸足消毒液的海绵组成一体，发给应急美军人员和相应的应急人员。口袋大小的包装袋内有一块消毒抹布，一块吸足皮肤消毒液的海绵和一张使用说明卡。使用时打开包装，用消毒液抹布擦去大量沾染毒剂，然后用消毒液海绵擦洗，消毒各种表面。完成所有的步骤只需数分钟，用过的抹布和海绵可放回包装袋，密封处理，防止再污染。该抹布采用针刺技术制造，吸附纤维层包夹有碳层。中间的碳层能够吸附化学蒸气，两边的纤维层是用棉或其他高吸收材料制成，能吸收强腐蚀性化学剂。

便携式洗消设备主要是针对人员皮肤染毒的清洗处理，特点是轻便、使用简单、便于携带等。

### 3.5.2　集中型

个人洗消帐篷被广泛应用于时间紧迫或人力紧缺的救护场所。洗消系统组成主要由充气帐篷、暖风发生器、喷淋头、污水池、污水泵、污水收集袋、高压调温热水泵、匀混罐、排污泵组成。洗消帐篷分类为单人洗消、双人两通道洗消及公众多人大型洗消。主要用于接触污染水、环境、物品的现场的消防人员及公众人员的洗消，通过洗消系统加入相关的药液经高压喷淋装置洗消、消除毒物并集中处理。充气式洗消帐篷特点：携带运输方便、静水压≥50kPa、充气压力20kPa、篷布阻燃≤15。充气洗消帐篷主要材料为高强PVC复合气密布热合成型，具有耐高低温的性能，在高温＋50℃～低温－20℃环境可正常使用。

河北省衡水市消防支队官兵在原有洗消帐篷的基础上发明了一种简易洗消帐篷，可实现最简易的“100％洗消率”。这种洗消帐篷从远处看貌似一个“正方体钢管架”，顶部横放四根铁管，制作简易，耗材较少。实际上，该洗消帐篷的“玄机”就在这个钢架的钢管上。细看你会发现，钢管架顶部每根钢管的体内侧都有排列成内半螺旋状的12个出水口，整个钢管架上有48个这样的出水口。竖立的四个管稍粗，是洗消混合液的主输入通道。当洗消帐篷开关被打开的时候，所有的洗消混合液都会流经主输入通道、顶部横管，从48个出水口喷向正方体钢管架的中心位置。简易洗消帐篷制作成本低，材料易得；使用耗时短，易操作，防腐蚀，携带方便；洗消时，洗消剂液能均匀地对救援服装和参战官兵进行全方位冲洗，洗消率接近100％，成为最简易的“100％洗消率”。

李巍等研制的箱组式分体洗消系统具有简单易用、机动快捷、容错性高、安全舒适、高效率、耐久性好等特点。其中包括的洗消翻转床采用全不锈钢材料，床腿可折叠，可将伤员的头部、胸部、腰部、脚部固定。主要用于对重伤员洗消作业。先将伤员转移到翻转床上，然后对伤员的头部、胸部、腰部、脚部进行固定，再对伤员进行正面清洗。正面清洗完毕后，将翻转床的固定销拔出，将床身翻转 60°，对伤员的背面进行清洗。清洗完毕把翻转床床身恢复到水平位置，准备为下一受伤人员清洗。

牛福等研制了一套快速、安全、高效作业的“三防”伤病员洗消系统。整个系统采用挂车与帐篷的技术形式，通过系统功能特点与分析，运用系统化、模块化人机工效学设计原理，在有限的载荷和空间范围内，综合集成伤病员洗消先进手段，合理浓缩其作业功能，构建优良的作业与功效保障环境。该洗消挂车每小时可洗消伤病员不少于 50 人，能同时对 4 位伤病员进行洗消作业，洗消水温：0～70℃可调；工作温度：－25～46℃。

“三防”伤病员洗消挂车，如图 3-5 所示，可用于对受核化生沾染的伤病员进行清洗消毒。该挂车由运输车机动牵引至指定地域快速展开作业，具有以下主要功能特点：①洗消挂车牵引机动、安全；②全天候作业、展收快捷；③洗消作业高效、安全；④具有污水收集功能；⑤综合功效保障优良。

(a) 外形图

(b) 展开图

图 3-5 “三防”伤病员洗消挂车外形

整车结构设计上做到了系统化、模块化。制造上采用了新材料、新工艺，提高了装备的可靠性、先进性、适应性；同时采用成熟技术与标准零部件，提高了标准化程度。由于“三防”伤病员洗消挂车工作时可能受到沾染，车厢内、外做了喷漆处理，以提高防腐性能。车厢内部底板采用压花不锈钢地板，提高了防滑、防腐蚀性能。上装设备、设施及零部件、紧固件尽可能采用高等级不锈钢材料。“三防”伤病员洗消挂车展开如图 3-6 所示。

“三防”伤病员洗消挂车综合集成了功能全、质量轻、体积小、质量优的伤病员洗消设备，通过系统化、模块化、人机工效学设计，在有限的载荷和空间范围内，优化了洗消所需的各种技术和先进手段，合理浓缩了其勤务功能，构建了优良的作业与功效保障环境，可在现场或野外条件下进行伤病员洗消作业。

河南中光学神汽专用车有限公司独立研发的淋浴洗消车，如图 3-7 所示，采用二类汽车底盘，上置保温厢体，配备水质净化装置、水箱和燃油锅炉等洗浴设备，可提供野外的洗浴保障。

该车主要特点：

① 整车自行式设计，机动性能好，环境适应广泛；

② 工作时自身携带的发电机可独立完成保障任务，也可使用外界提供的电力完成保障任务；

③ 本车用水可直接使用市政管网供水，也可将河、库中的水抽出，经淋浴车的净水装

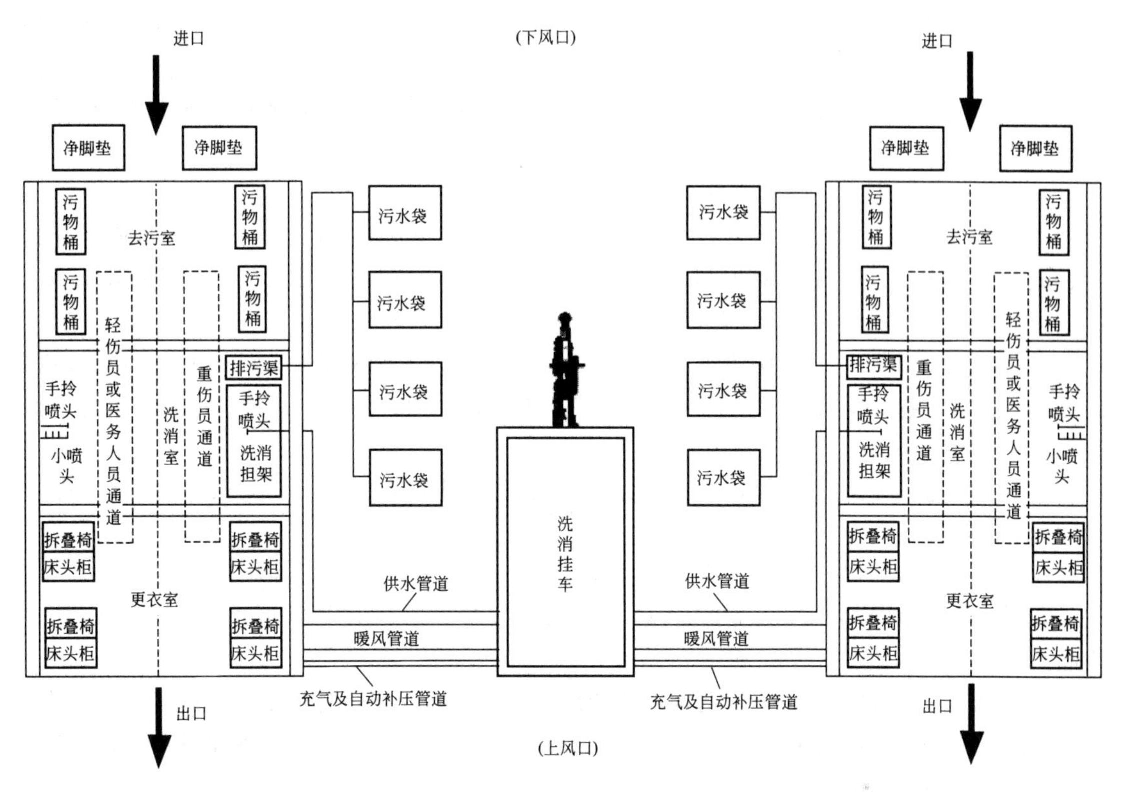


图 3-6 “三防”伤病员洗消挂车展开示意

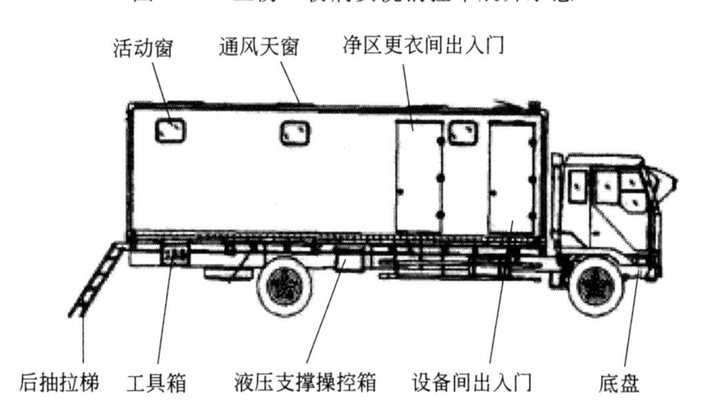


图 3-7 淋浴洗消车整车外形

置净化后，再经燃油锅炉加热并混合成淋浴热水；

④ 在撤离污染区时，洗浴人员可从厢体后部上车，先在脏区更衣间将污染的衣物脱下，直接进入淋浴间洗浴后再到另一个洁净区更衣间更换上新衣，达到洗消隔离的目的，保证污染区内的人员安全撤离；

⑤ 淋浴间设计淋浴喷头，多体位脉冲淋浴间设计脉冲淋浴喷头，配有洗浴用品架，淋浴污水可单独收集；

⑥ 配有暖风机，满足全车淋浴洗消时的供暖需要；

⑦ 车厢具有良好的密封性，车体无淋浴水漏泄。

贾德胜等研制的基于机动喷雾机的反生物恐怖袭击医学救援中人员洗消装置具有结构简单、操作方便、展开和撤收快的特点。洗消装置上有 20 个喷头，可同时对洗消对象从四周和顶部喷洒洗消液，达到快速洗消的目的。由于受重力影响，洗消对象身体下部接收到的洗消液会比上部要多，在洗消过程中洗消对象有举臂动作，选择在洗消对象的两前臂外侧中间作标记检测区能较好代表全身洗消情况。洗消对象的举臂动作是为了保证上臂内侧等区域的洗消效果。

反生物恐怖袭击救援中对大量人员洗消的主要方法为：

① 设置分类哨，对受害者进行分类。一般将受害者分成不能行走者、能行走但有症状者、能行走无症状但生物暴露的可能性大者和能行走无症状但生物暴露的可能性很小者共4组。前2组应最优先洗消，第4组可先在观察区观察，最后洗消。

② 指导受害者第一时间快速正确脱去外衣物。脱去外衣物能消除80%～90%的污染物。虽然脱去所有衣物是最有效的，但因不易为受害者所接受而影响洗消速度，一般要求将衣物脱至只剩内衣即可。

③ 尽快用低压足量清水冲洗受害者身体，冲洗时间视条件为30s～3min。条件允许时可用肥皂水或消毒剂冲洗，但不能因此而耽搁时间。

④ 冲洗时可用手或毛巾等物在体表温和揉擦，揉擦顺序应从头至脚。

⑤ 向洗消后的人员发放口罩和衣物。毛毯、被单和塑料袋等物可作为衣物的应急替代品。

⑥ 设置受害者观察区，观察迟发症状和残留沾染迹象，必要时用肥皂水进行二次洗消。

我国首座核应急洗消中心在连云港正式建成，标志着场外核应急管理建设迈上新台阶，核应急安全保障能力进一步提升。

一般来说，核辐射事件发生后，放射性物质释放将给人员、设备、环境造成污染。为了避免将相关的污染物带到其他地区，有关方面需要在人员、设备撤离过程中，通过洗消等方式清除相关人员、设备的外部污染物。连云港锦屏核应急洗消中心就是基于这样的需求而建设。该中心距离田湾核电站超过30km，依托连徐高速公路锦屏山服务区升级改造而成。中心占地100亩，2012年12月正式开工建设，主要包括车辆洗消和人员洗消两大系统工程，每小时可满足400人、20辆大型车辆去污洗消任务，保障3000人应急疏散中转、休息和就餐。

### 3.5.3 多功能一体化大型洗消装备

现代战争对后勤保障的要求不断提高，单一功能的洗消装备已不能适应未来作战的需要，因此无论是大型洗消装备还是小型洗消装置，多功能化的特点已经越来越明显。如德国和法国共同研制的DSSM敏感材料洗消系统。这是世界上第一套用于敏感材料的特殊洗消系统，其前端的雾化洗消系统能对坦克、装甲车、汽车等内部进行洗消；旁边的手套式操作箱可对光学和电子设备等进行洗消；后部的洗消室可对武器、面具和钢盔等进行洗消。

多功能一体化大型洗消装备主要指能够实现批量人员、装备或大面积区域洗消的装备。如美军联合军种洗消系统（JMDS），将联合服役灵敏装备洗消（JSSED）和联合平台内部洗消（JPID）相结合，使用蒸汽洗消技术对灵敏设备和平台内部的化学和生物战剂进行洗消，在移动或固定状态下均可使用。德国Karcher公司的大型门式热空气洗消装置Decont Jet21，可以实现对包括坦克在内的大型车辆的洗消。法国Giat公司的SDA洗消系统带有一种长臂式洗消操作平台，主要可以完成大型车辆的洗消，与Decont Jet21相比，其机动性更强。

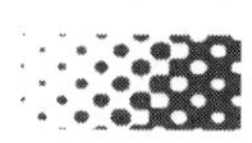

### 3.5.4 高机动性洗消装备

实践证明，体积庞大、机动性能差的洗消装备已不能完全满足未来后勤保障要求，具备高机动性和灵活性的洗消装备有着更广阔的发展空间。法国 Giat 公司生产的 Giat 全方位洗消系统（SAD）是移动洗消装备，可用于核生化洗消，龙门架中的操作员可以在目标设备和车辆的上下前后移动，该系统为越野底盘，具有高机动的特性。该公司推出的 SYMODA 洗消系统是一种小型移动式洗消系统，可用于洗消飞机和车辆，每小时可彻底洗消 $400m^2$，适用温度为$-20\sim71$℃，采用一种无腐蚀洗消剂，分为粉剂和液剂两个储罐进行运输，使用时再进行混合，对环境不造成污染。具有轻便、无腐蚀、无污染等优点，现已大量生产。

瑞典生产的 SEDAB 热气洗消系统可实现对服装和设备的快速、可靠的洗消，具有高灵活性和机动性，操作上的方便使得该设备容易运输、矗立、操作和拆卸，全部作业仅需 2 人。

德国 OWR 公司的全自动移动洗消系统 MPD-100 是一套整体洗消方案，分为泡沫洗消系统、溶液洗消系统、乳胶洗消系统、高温热水洗消系统、生化洗消系统、高压洗消系统、帐篷洗消系统等，全套系统可以安放在移动洗消集装箱里，如图 3-8 所示，应急情况下随时快速达到现场进行处理洗消。

图 3-8 MPD-100 洗消系统

德国“克歇尔”系列洗消装备中，“克歇尔”AEDA1 洗消系统由气溶胶喷洒器、热空气生成器、遥控单元和表面清洗系统 4 部分组成；“克歇尔”DECOCONTAIN3000 洗消系统是为营或更高级战斗部队设计的，同时也可以为建立洗消设施提供技术基础。它集成在标准的集装箱内，是新一代紧凑型高性能洗消系统。在受到核生化袭击后，该系统可以同时进行装备、人员、服装和设备的洗消。“克歇尔”DECOCONTAIN 洗消系统在标准的集装箱内集成了符合军用洗消要求的全部设备，该系统可以用来进行车辆、装甲车辆、飞机、服装和设备、人员以及内部的洗消，可以用于水循环、消防和供水系统。战地沐浴时，使用集成的高压蒸汽喷枪清洁，还可以进行一般的维护和清洁工作。

意大利 Cristanini 公司生产的 Sanijet 系列洗消装置可用于对车辆、地面、服装、轻便装备和人员的洗消，可满足多种洗消任务的需求。

如图 3-9 所示为 SanijetC. 921 洗消系统，框架为不锈钢材质，可以由直升机、卡车及轻型交通工具运输，单兵即可操作，使用简便，喷枪上部可加挂清洁剂，更换方便快捷。

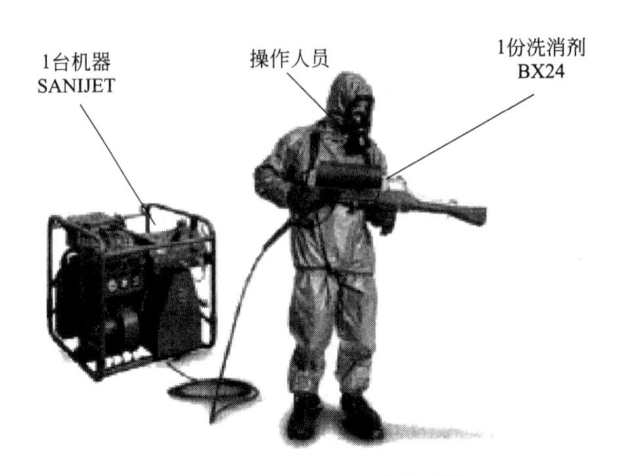


图 3-9 SanijetC. 921 洗消系统

### 3.5.5 快速、轻便的小型洗消装置

目前，小型的洗消装置主要向快速、轻便和高效的方向发展。例如意大利 Cristanini 公司的 PSDS1. 5MIL 微型洗消装置具有质轻、携带方便的特点，可以快速、利索地从便携包中拿进拿出，使用时可以装载在车上，也可绑在操作人员的腰上，对快速洗消车辆、设备、武器和人员都非常实用，不仅洗消功能多样化，操作也是相当方便。德国 OWR 公司生产的 TURBOFOG 和 DECOFOG 喷雾式可单兵携带生化洗消装置均是可单人操作的化学和生物洗消设备，采用 GD-6 洗消剂，设计轻巧，方便携带，使用非常简单快捷，如图 3-10 所示。

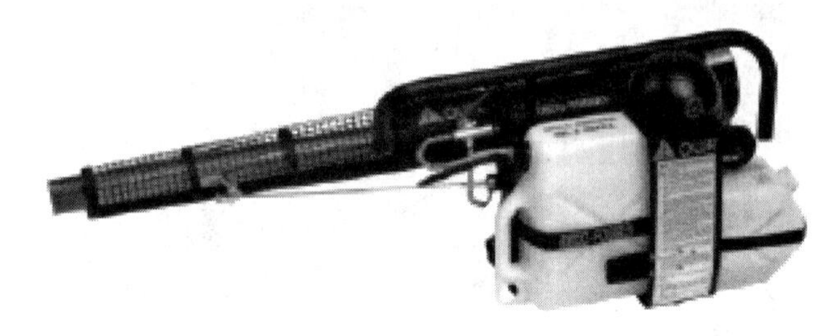

图 3-10 DECOFOG 喷雾式生化洗消装置

德国 OWR 公司研制了两种可供单兵携带的涡轮喷雾洗消器 TURBOFOGGER 和 DECOFOG。它使用 GD-5 消毒剂，能够对已知的各种化学毒剂、生物战剂和工业毒物进行消毒，该喷雾洗消器空重约 6kg，可装 6L 洗消液。可对难以接触洗消部位实施洗消，该装置使用的 GD-5 洗消剂与 DS-2 消毒效果类似，但没有腐蚀性和导电性，对环境也是安全的；仅需相当于 10% DS-2 消毒剂的液量即可达到同样的消毒效果。此外，GD-5 洗消液能对敏感器件、人员装备、重型装备、车辆内外部位、飞机等遭受生化沾染后实施洗消。

### 3.5.6 最小化后勤负担的洗消装备

先进的洗消剂和洗消技术的发展推动着洗消装备的发展。高效、绿色环保的概念在新型洗消剂中不断得到体现和深化，如意大利开发的敏感装备洗消剂 SX34，其成分中不含有任何被禁用或危害环境的物质，SX34 敏感设备洗消系统是目前市场上较为简单、有效而又经济的精密仪器洗消系统。德国开发的 TEP 大型洗消系统则完全摒弃了对水、化学试剂的依赖，采用无污染的真空技术，真正做到了“绿色洗消”，降低了后勤负担。

## 参考文献


[1] 刘军军. 材料燃烧烟气毒性综合评价 [D]. 重庆：重庆大学，2005.

[2] 汪存东，王久芬等. 新型无卤阻燃剂的研究进展 [J]. 应用化学，2003，32 (4)：1671-3206.

[3] 李响，钱立军，孙凌刚等. 阻燃剂的发展及其在阻燃塑料中的应用 [J]. 塑料，2003，32 (2)：1001-9456.

[4] 汪磊. 聚乙烯-醋酸乙烯酯铁氧化物复合材料制备及其火安全性研究 [D]. 合肥：中国科学技术大学，2014.

[5] 崔哲. 聚丙烯/三元乙丙橡胶/膨胀型阻燃剂/层状双氢氧化物纳米复合材料的制备和性能研究 [D]. 合肥：中国科学技术大学，2009.

[6] 李斌，张秀成，孙才英. 淀粉对聚乙烯膨胀阻燃体系热降解和阻燃的影响 [J]. 高分子材料科学与工程，2000，16 (2).

[7] 黄国波. 聚合物/膨胀型阻燃剂修饰蒙脱土纳米复合材料及其性能研究 [D]. 杭州：浙江工业大学，2011.

[8] Takashi Kashiwagi, Eric Grulke, Jenny Hilding et. al. Thermal Degradation and Flammability Properties of Poly (propylene) /Carbon Nanotube Composites [J]. Macromol. Rapid Commun, 2002, 23 (13): 761-765

[9] 聂士斌. 聚丙烯阻燃协效、成炭机理和新型膨胀阻燃体系的研究 [D]. 合肥：中国科学技术大学，2010.

[10] Mehmet Dogan, Aysen Yılmaz, Erdal Bayraml. Synergistic effect of boron containing substances on flame retardancy and thermal stability of intumescent polypropylene composites [J]. Polymer Degradation and Stability, 2010, 95 (12): 2584-2588.

[11] 宋平安. 膨胀型阻燃剂、纳米阻燃及其协同阻燃聚丙烯的研究 [D]. 杭州：浙江大学，2009.

[12] Li B, Xu M J. Effect of a novel charring-foaming agent on flame retardancy and thermal degradation of intumescent flame retardant polypropylene [J]. Polymer Degradation and Stability. 2006, 91, (6): 1380-1386.

[13] Lv Pin, Wang Zhengzhou, Hu Keliang, et al. Flammability and thermal degradation of flame retarded polypropylene composites containing melamine phosphate and pentaerythritol derivatives [J]. Polymer Degradation and Stability, 2005, 90, (3): 523-534.

[14] Cynthia A de Wit. An overview of brominated flame retardants in the environment [J]. Chemosphere, 2002, 46 (5): 583-624.

[15] Darnerud, P O. Toxic effects of brominated flame retardants in man and in wildlife [J]. Environment International, 2003. 29 (6): 841-853.

[16] Lu S Y, Ian Hamerton. Recent developments in the chemistry of halogen-free flame retardant polymers [J]. Progress in Polymer Science, 2002, 27 (8): 1661-1712.

[17] Levchik S V, Weil E D. A review of recent progress in phosphorus-based flame retardants [J]. Journal of Fire Sciences, 2006, 24, (5): 345-364.

[18] Chuan S W, Ying L L, Yie S C. Epoxy resins possessing flame retardant elements from silicon incorporated epoxy compounds cured with phosphorus or nitrogen containing curing agents [J]. Polymer, 2002, 43 (15): 4277-4284.

[19] Ma H Y, Tong L F, Xu Z B, et al. A novel intumescent flame retardant: Synthesis and application in ABS copolymer [J]. Polymer Degradation and Stability, 2007. 92 (4): 720-726

[20] Ulrike B, Bernhard S. Flame Retardant Mechanisms of Red Phosphorus and Magnesium Hydroxide in High Impact Polystyrene [J]. 2004, 205 (16): 2185-2196.

[21] Du L C, Qu B J, Xu Z J. Flammability characteristics and synergistic effect of hydrotalcite with microencapsulated red phosphorus in halogen-free flame retardant EVA composite [J]. Polymer Degradation and Stability, 2006, 91 (5): 995-1001.

[22] Qian L J, Ye L J, Xu Z G, et al. The non-halogen flame retardant epoxy resin based on a novel compound with phosphaphenanthrene and cyclotriphosphazene double functional groups [J]. Polymer Degradation and Stability, 2011, 96 (6): 1118-1124.

[23] Tao K, Li J, Xu L, et al. A novel phosphazene cyclomatrix network polymer: Design, synthesis and appli-

cation in flame retardant polylactide [J]. Polymer Degradation and Stability, 2011, 96 (7): 1248-1254.

[24] Wu C S, Liu Y L, Chiu Y S. Epoxy resins possessing flame retardant elements from silicon incorporated epoxy compounds cured with phosphorus or nitrogen containing curing agents [J]. Polymer, 2002, 43, (15): 4277-4284.

[25] Chen L, Wang Y Z. A review on flame retardant technology in China. Part 1: development of flame retardants [J]. Polymers for Advanced Technologies, 2010, 21 (1): 1-26.

[26] Leroux F, Besse J P. Polymer interleaved layered double hydroxide: A new emerging class of nanocomposites [J]. Chemistry of Materials, 2001, 13 (10): 3507-3515.

[27] Kiliaris P, Papaspyrides C D. Polymer/layered silicate (clay) nanocomposites: An overview of flame retardancy [J]. Progess In Polymer Science, 35 (7): 902-958.

[28] Wu C S, Liu Y L, Chiu Y S. Epoxy resins possessing flame retardant elements from silicon incorporated epoxy compounds cured with phosphorus or nitrogen containing curing agents [J]. Polymer, 2002, 43 (15): 4277-4284.

[29] Hsiue G H, Liu Y L, Tsiao J. Phosphorus-containing epoxy resins for flame retardancy V: Synergistic effect of phosphorus-silicon on flame retardancy [J]. Journal Of Applied Polymer Science, 2000, 78 (1): 1-7.

[30] 钱小东. 含 DOPO 磷硅杂化阻燃剂的设计及其阻燃环氧与聚脲树脂性能的研究 [D]. 合肥: 中国科学技术大学, 2014.

[31] 王鑫. 石墨烯的功能化及其环氧树脂复合材料的阻燃性能及机理研究 [D]. 合肥: 中国科学技术大学, 2013.

[32] 汪碧波. 核-壳协同微胶囊化膨胀型阻燃剂的制备及其交联阻燃乙烯-醋酸乙烯酯共聚物性能的研究 [D]. 合肥: 中国科学技术大学, 2012.

[33] 杨丹丹. 聚合物/α-磷酸锆纳米复合材料的制备及阻燃与炭化机理研究 [D]. 合肥: 中国科学技术大学, 2008.

[34] 张强俊. 火灾烟气毒性分析测试平台的组建及其用于聚丙烯复合材料燃烧烟气的研究 [D]. 合肥: 中国科学技术大学, 2015.

[35] 唐刚. 聚乳酸/次磷酸盐复合材料的制备、阻燃机理以及烟气毒性研究 [D]. 合肥: 中国科学技术大学, 2014.

[36] 王伟, 钱立军, 陈雅君. 磷腈化合物阻燃高分子材料研究进展 [J]. 中国科学: 化学, 2016, 8.

[37] 徐晓楠. 灭火剂与灭火器 [M]. 北京: 化学工业出版社, 2006.

[38] 徐晓楠. 水系灭火剂的灭火性能对比分析研究 [J]. 火灾科学, 2005, 14 (4): 228-232.

[39] GB 17835—2008 水系灭火剂.

[40] 张丹, 罗根祥. PAM-SA 新型水系灭火剂的制备及性能研究 [J]. 辽宁石油化工大学学报, 2009, (01).

[41] 边久荣, 程宝义, 金朴等. 多功能环保新型高效灭火剂——法安德 2000 [J]. 消防技术与产品信息, 2008, (9): 85-87.

[42] 韩郁翀, 秦俊. 泡沫灭火剂的发展与应用现状 [J]. 火灾科学, 2011, 20 (4): [illegible]-240.

[43] GB 15308—2006 泡沫灭火剂 [S].

[44] GB 27897—2011A 类灭火剂 [S].

[45] GB 4066. 1—2004 干粉灭火剂第 1 部分: BC 干粉灭火剂 [S].

[46] GB 4066. 2—2004 干粉灭火剂第 2 部分: ABC 干粉灭火剂 [S].

[47] GB 20702—2006 气体灭火剂灭火性能测试方法 [S].

[48] GB 1886. 228—2016 食品安全国家标准食品添加剂二氧化碳 [S].

[49] GB 20128—2006 惰性气体灭火剂 [S].

[50] GB 4396—2005 二氧化碳灭火剂 [S].

[51] GB/T 5832. 2—2008 气体中微量水分的测定—第 2 部分: 露点法 [S].

[52] 刘慧敏, 杜志明, 韩志跃等. 干粉灭火剂研究及应用进展 [J]. 安全与环境学报, 2014, 14 (6): 70-75.

[53] 刘慧敏, 庄爽, 张君娜等. 泡沫灭火剂流体类型分析及其粘度测试方法 [J]. 消防科学与技术, 2012, 31 (4): 401-404.

[54] 赵婷. 干粉灭火剂粒度检测方法 [J]. 消防技术与产品信息, 2012 (01): 45-47.

[55] 董欣欣, 吕鹏, 舒中俊. 干粉灭火剂发展趋势综述 [J]. 武警学院学报, 2012, 28 (02): 5-7.

[56] 朱健. 应用硅藻土处理含重金属离子废水相关理论基础及关键技术研究 [D]. 长沙: 中南林业科技大学, 2013.

[57] 王建龙，陈灿. 生物吸附法去除重金属离子的研究进展［J］. 环境科学学报，2010，30（4）：673-701.

[58] Ahluwalia S S，GoyalD. Microbial and plant-derived biomass for removal of heavy metals from wastewater［J］. Bioresource Technology，2007，98（12）：2243-2257.

[59] Aksu Z. Application of biosorption for the removal of organic pollutants：A review［J］. Process Biochemistry，2005，40（3-4）：997-1026.

[60] Brinza L，DringM J，Gavrilescu M. Marine micro and macroalgal species as biosorbents for heavy metals［J］. Environmental Engineering and Management Journa，2007，16（3）：237-251.

[61] Bakkaloglu I，ButterT J，Evison LM，et al. Screening of various types biomass for removal and recovery of heavy metals（Zn，Cu，Ni）by biosorption，sedimentation and desorption［J］. Water Science and Technology，1998，38（6）：269-277.

[62] 张 巍，丁伟杰，应维琪. 生物活性炭去除水中挥发性苯系物的基础研究［J］. 中国环境科学，2011，31（12）：1965-1971.

[63] Zhang W，Liu D，Lv Y，et al. Enhanced carbon adsorption treatment for removing cyanide from coking plant effluent［J］. Journal of Hazardous Materials，2010，184：135-140.

[64] 龙敏，熊飞. 苯类污染物的危害及其防护方法［J］. 中国人民防空，2006，1：47.

[65] 张放，邵华. 苯乙烯职业暴露危害研究进展［J］. 中国公共卫生，2006，22（9）：1145-1146.

[66] 郭焕晓，王彦斌，邱溶处. 沸石去除微污染水中的苯［J］. 硅铝化合物，2005，2：29-32.

[67] 李保. 氯苯生产中废水治理技术［J］. 河南化工，2002，8：45-46.

[68] 李万山，高斌等. TMA 改性粘土矿物对模拟地下水中苯系物的吸附［J］. 环境化学，1999，18（5）：404-407.

[69] Adachi Atsuko，Hamamoto Hiroko，et al. Use of Lees Materials as an Adsorbent For Removal of Organochlorine Compounds or Benzene From Wastewater［J］. Chemosphere,2005，58（6）：817-822.

[70] Chen T C et al. Adsorption Characteristics of Benzene on Biosolid Adsorbent［J］. Water Science and Technology,2003，47（1）：83-87.

[71] 王智慧，张小平. 黏胶基活性炭纤维对甲苯的吸附及再生［J］. 合成纤维工业，2005，28（4）：7-9.

[72] 赵谦，李春香，王晓红. 改性活性炭纤维及处理硝基苯废水的应用［J］. 江苏大学学报：自然科学版，2005，26（1）：76-79.

[73] 张爱丽，周集体，金若菲等. 新型大孔树脂处理对硝基苯酚生产废水的研究［J］. 化工进展，2005，24（7）：780-782.

[74] 张红梅，彭先佳，栾兆坤等. PDMDAAC-膨润土对对硝基苯酚吸附特性的研究［J］. 环境化学，2005，24（2）：205-208.

[75] 李宇. 改性膨润土应急截留液态有机物的研究［D］. 杭州：浙江大学，2011.

[76] 阙付有，曾抗美，李旭东. ACF 吸附法处理苯酚泄漏造成的河流突发污染事故模拟研究［J］. 环境科学学报，2008，28（12）：2554-2561.

[77] 杨斌彬. 海泡石的活化及其对苯乙烯的吸附性能的研究［D］. 石家庄：河北科技大学，2012.

[78] 任爱玲，符凤英，曲一凡. 改性污泥活性炭对苯乙烯的吸附［J］. 环境化学，2013，32（5）：833-838.

[79] 李鸿江，温致平，赵由才. 大孔吸附树脂处理工业废水研究进展［J］. 安全与环境工程，2010，17（3）：21-25.

[80] 唐朝纲. 氯气危险特性辨识及其洗消技术探析［J］. 广州化工，2014，42（18）：251-254.

[81] 范茂魁. 氯气洗消剂选择研究［J］. 广州化工，2013，41（16）：49-51.

[82] 张存位，王慧飞，陈远航. 化学事故中应急洗消方案的研究［J］. 中国安全生产科学技术，2012，8（1）：103-107.

[83] 刘智恒，张伟，王勇. 氯气泄漏事故的洗消及救援处置对策探究［J］. 安防科技，2009，10：60-63.

[84] 刘彬. 氯气泄漏洗消技术研究［J］. 广州化工，2016，44（5）：229-231.

[85] 肖逢仁. 氯气泄漏事故的处置对策［J］. 科技与生活，2012（2）：164-165.

[86] 倪小敏，肖修昆，蔡昕等. 一种三元复合型细水雾洗消氯气的性能及机理研究［J］. 环境保护科学，2009，35（4）：40-42.

[87] 刘滨. 氨泄漏、爆炸和中毒事故应急处置［J］. 石油化工安全环保技术，2011，27（6）：29-31.

[88] 刘钢，王昌荣. 浅谈液氨泄漏的应急处置［J］. 石油化工安全环保技术，2015，31（2）：50-53.

[89] 张宏哲，赵永华，姜春明等. 危险化学品泄漏事故应急处置技术［J］. 安全、健康和环境，2008，8（6）：2-4.
[90] 王完清. 常见危险化学品泄漏处置方法研究［J］. 山西焦煤科技，2005，（11）：35-36.
[91] 张引标. 液氨泄漏事故处置的探讨［J］. 安全、健康和环境，2010，10（5）：32-34.
[92] 王志霞. 苯酚水上泄漏应急处理技术［J］. 环境科学与管理，2012，37（12）：88-92.
[93] 阚文涛，罗顺忠，刘国平. 化学突发事件应急处置技术与产品的研究进展［J］. 材料导报，2014，28（23）：307-310.
[94] 宋芳源，丁勇，赵崇超. 多金属氧酸盐催化的水氧化研究进展［J］. 化学学报，2014，72（2）：133-144.
[95] Sun JH，Sun PP，Zheng W，et al. Skin decontamination efficacy of potassium ketoxime on rabbits exposed to sulfur mustard［J］. Cutan Ocul Toxicol，2015，34（1）：1-6.
[96] Bigley AN，Xu C，Henderson TJ，et al. Enzymatic neutralization of the chemical warfare agent VX：evolution of phosphotriesterase for phosphorothiolate hydrolysis［J］. J Am Chem Soc，2013，135（28）：10426-10432.
[97] 贾晓东，蒲立力，尹艳. 危险化学品泄漏事故现场洗消［J］. 职业、卫生与应急救援，2013，31（1）：21-24.
[98] 桂兵. 构筑核生化防御的“盾牌”——核生化洗消新技术与新装备［J］. 环球军事，2003，16（8）：52-53.
[99] 姚柯如，邵高耸，林炳勋. 消防部队洗消剂使用与储存现状及改进建议［J］. 消防技术与产品信息，2016，（2）：40-42.
[100] 孙宇，徐守军，魏晓青等. 核生化恐怖袭击现场救援中洗消技术研究进展［J］. 人民军医，2010，53（7）：740-741.
[101] 丁禄彬，牟桂芹. 危险化学品环境污染应急处置［J］. 安全、健康和环境，2010，10（5）：26-28.
[102] 索再萍，王运斗，郭立军等. 核生化洗消装备选型与评估［J］. 医疗卫生装备，2011，32（1）：69-71.
[103] 张文昌，吴文娟，任旭东等. 核化生医学救援装备现状与发展［J］. 医疗卫生装备，2012，33（9）：84-86.
[104] 贺赣，蔡忠林，胡睿等. 浅谈外军防化洗消技术与装备发展近况［J］. 防化研究，2008（4）：62-63.
[105] 郝丽梅，田涛，吴金辉等. 国内外洗消装备的研究现状与发展趋势［J］. 医疗卫生装备，2008，29（12）：31-34.
[106] 吴文娟，任旭东，张文昌等. “三防”伤员洗消技术与装备现状及发展趋势［J］. 医疗卫生装备，2013，34（1）：81-83.
[107] 李巍，唐剑飞，张鹏等. 多功能洗消车的研制［J］. 中国医疗设备，2014，29（10）：32-34.
[108] 吴文娟，牛福，任旭东等. 一种车载单人洗消间的设计研究［J］. 医疗卫生装备，2014，35（4）：94-96.
[109] 高树田，武瑞昌，王运斗. 国内外生防装备发展现状与对策［J］. 医疗卫生装备，2005，26（1）：26-28.
[110] 王政，王运斗. 核生化武器与“三防”卫生装备［M］. 北京：解放军出版社，2003.
[111] 汪志远，陈冀胜. 化学，生物武器与防化装备［M］. 保定：航空工业出版社，2003.
[112] 符天保，史波波，王永红. 坚实的防化盾牌——我军防化装备扫描［J］. 现代军事，2006（6）：7-9.
[113] 杨振洲，王永烈，高振海等. 多功能卫生防疫车的研制［J］. 中华卫生杀虫药械，2001，7（4）：28-29.
[114] 黄金印. 抢险救援技术［M］. 廊坊：中国人民武装警察部队学院，2013.

[57] 王建龙，陈灿. 生物吸附法去除重金属离子的研究进展 [J]. 环境科学学报，2010，30(4)：673-701.

[58] Ahluwalia S S, GoyalD. Microbial and plant-derived biomass for removal of heavy metals from wastewater [J]. Bioresource Technology, 2007, 98(12): 2243-2257.

[59] Aksu Z. Application of biosorption for the removal of organic pollutants: A review [J]. Process Biochemistry, 2005, 40(3-4): 997-1026.

[60] Brinza L, DringM J, Gavrilescu M. Marine micro and macroalgal species as biosorbents for heavy metals [J]. Environmental Engineering and Management Journa, 2007, 16(3): 237-251.

[61] Bakkaloglu I, ButterT J, Evison LM, et al. Screening of various types biomass for removal and recovery of heavy metals (Zn, Cu, Ni) by biosorption, sedimentation and desorption [J]. Water Science and Technology, 1998, 38(6): 269-277.

[62] 张巍，丁伟杰，应维琪. 生物活性炭去除水中挥发性苯系物的基础研究 [J]. 中国环境科学，2011，31(12)：1965-1971.

[63] Zhang W, Liu D, Lv Y, et al. Enhanced carbon adsorption treatment for removing cyanide from coking plant effluent [J]. Journal of Hazardous Materials, 2010, 184: 135-140.

[64] 龙敏，熊飞. 苯类污染物的危害及其防护方法 [J]. 中国人民防空，2006，1：47.

[65] 张放，邵华. 苯乙烯职业暴露危害研究进展 [J]. 中国公共卫生，2006，22(9)：1145-1146.

[66] 郭焕晓，王彦斌，邱溶处. 沸石去除微污染水中的苯 [J]. 硅铝化合物，2005，2：29-32.

[67] 李保. 氯苯生产中废水治理技术 [J]. 河南化工，2002，8：45-46.

[68] 李万山，高斌等. TMA 改性粘土矿物对模拟地下水中苯系物的吸附 [J]. 环境化学，1999，18(5)：404-407.

[69] Adachi Atsuko, Hamamoto Hiroko, et al. Use of Lees Materials as an Adsorbent For Removal of Organochlorine Compounds or Benzene From Wastewater [J]. Chemosphere,2005, 58(6): 817-822.

[70] Chen T C et al. Adsorption Characteristics of Benzene on Biosolid Adsorbent [J]. Water Science and Technology,2003, 47(1): 83-87.

[71] 王智慧，张小平. 黏胶基活性炭纤维对甲苯的吸附及再生 [J]. 合成纤维工业，2005，28(4)：7-9.

[72] 赵谦，李春香，王晓红. 改性活性炭纤维及处理硝基苯废水的应用 [J]. 江苏大学学报：自然科学版，2005，26(1)：76-79.

[73] 张爱丽，周集体，金若菲等. 新型大孔树脂处理对硝基苯酚生产废水的研究 [J]. 化工进展，2005，24(7)：780-782.

[74] 张红梅，彭先佳，栾兆坤等. PDMDAAC-膨润土对对硝基苯酚吸附特性的研究 [J]. 环境化学，2005，24(2)：205-208.

[75] 李宇. 改性膨润土应急截留液态有机物的研究 [D]. 杭州：浙江大学，2011.

[76] 阙付有，曾抗美，李旭东. ACF 吸附法处理苯酚泄漏造成的河流突发污染事故模拟研究 [J]. 环境科学学报，2008，28(12)：2554-2561.

[77] 杨斌彬. 海泡石的活化及其对苯乙烯的吸附性能的研究 [D]. 石家庄：河北科技大学，2012.

[78] 任爱玲，符凤英，曲一凡. 改性污泥活性炭对苯乙烯的吸附 [J]. 环境化学，2013，32(5)：833-838.

[79] 李鸿江，温致平，赵由才. 大孔吸附树脂处理工业废水研究进展 [J]. 安全与环境工程，2010，17(3)：21-25.

[80] 唐朝纲. 氯气危险特性辨识及其洗消技术探析 [J]. 广州化工，2014，42(18)：251-254.

[81] 范茂魁. 氯气洗消剂选择研究 [J]. 广州化工，2013，41(16)：49-51.

[82] 张存位，王慧飞，陈远航. 化学事故中应急洗消方案的研究 [J]. 中国安全生产科学技术，2012，8(1)：103-107.

[83] 刘智恒，张伟，王勇. 氯气泄漏事故的洗消及救援处置对策探究 [J]. 安防科技，2009，10：60-63.

[84] 刘彬. 氯气泄漏洗消技术研究 [J]. 广州化工，2016，44(5)：229-231.

[85] 肖逢仁. 氯气泄漏事故的处置对策 [J]. 科技与生活，2012(2)：164-165.

[86] 倪小敏，肖修昆，蔡昕等. 一种三元复合型细水雾洗消氯气的性能及机理研究 [J]. 环境保护科学，2009，35(4)：40-42.

[87] 刘滨. 氨泄漏、爆炸和中毒事故应急处置 [J]. 石油化工安全环保技术，2011，27(6)：29-31.

[88] 刘钢，王昌荣. 浅谈液氨泄漏的应急处置 [J]. 石油化工安全环保技术，2015，31(2)：50-53.

[89] 张宏哲，赵永华，姜春明等. 危险化学品泄漏事故应急处置技术 [J]. 安全、健康和环境，2008，8(6)：2-4.
[90] 王完清. 常见危险化学品泄漏处置方法研究 [J]. 山西焦煤科技，2005，(11)：35-36.
[91] 张引标. 液氨泄漏事故处置的探讨 [J]. 安全、健康和环境，2010，10(5)：32-34.
[92] 王志霞. 苯酚水上泄漏应急处理技术 [J]. 环境科学与管理，2012，37(12)：88-92.
[93] 阚文涛，罗顺忠，刘国平. 化学突发事件应急处置技术与产品的研究进展 [J]. 材料导报，2014，28(23)：307-310.
[94] 宋芳源，丁勇，赵崇超. 多金属氧酸盐催化的水氧化研究进展 [J]. 化学学报，2014，72(2)：133-144.
[95] Sun JH, Sun PP, Zheng W, et al. Skin decontamination efficacy of potassium ketoxime on rabbits exposed to sulfur mustard [J]. Cutan Ocul Toxicol, 2015, 34(1): 1-6.
[96] Bigley AN, Xu C, Henderson TJ, et al. Enzymatic neutralization of the chemical warfare agent VX: evolution of phosphotriesterase for phosphorothiolate hydrolysis [J]. J Am Chem Soc, 2013, 135(28): 10426-10432.
[97] 贾晓东，蒲立力，尹艳. 危险化学品泄漏事故现场洗消 [J]. 职业、卫生与应急救援，2013，31(1)：21-24.
[98] 桂兵. 构筑核生化防御的"盾牌"——核生化洗消新技术与新装备 [J]. 环球军事，2003，16(8)：52-53.
[99] 姚柯如，邵高耸，林炳勋. 消防部队洗消剂使用与储存现状及改进建议 [J]. 消防技术与产品信息，2016，(2)：40-42.
[100] 孙宇，徐守军，魏晓青等. 核生化恐怖袭击现场救援中洗消技术研究进展 [J]. 人民军医，2010，53(7)：740-741.
[101] 丁禄彬，牟桂芹. 危险化学品环境污染应急处置 [J]. 安全、健康和环境，2010，10(5)：26-28.
[102] 索再萍，王运斗，郭立军等. 核生化洗消装备选型与评估 [J]. 医疗卫生装备，2011，32(1)：69-71.
[103] 张文昌，吴文娟，任旭东等. 核化生医学救援装备现状与发展 [J]. 医疗卫生装备，2012，33(9)：84-86.
[104] 贺赣，蔡忠林，胡睿等. 浅谈外军防化洗消技术与装备发展近况 [J]. 防化研究，2008(4)：62-63.
[105] 郝丽梅，田涛，吴金辉等. 国内外洗消装备的研究现状与发展趋势 [J]. 医疗卫生装备，2008，29(12)：31-34.
[106] 吴文娟，任旭东，张文昌等. "三防"伤员洗消技术与装备现状及发展趋势 [J]. 医疗卫生装备，2013，34(1)：81-83.
[107] 李巍，唐剑飞，张鹏等. 多功能洗消车的研制 [J]. 中国医疗设备，2014，29(10)：32-34.
[108] 吴文娟，牛福，任旭东等. 一种车载单人洗消间的设计研究 [J]. 医疗卫生装备，2014，35(4)：94-96.
[109] 高树田，武瑞昌，王运斗. 国内外生防装备发展现状与对策 [J]. 医疗卫生装备，2005，26(1)：26-28.
[110] 王政，王运斗. 核生化武器与"三防"卫生装备 [M]. 北京：解放军出版社，2003.
[111] 汪志远，陈冀胜. 化学，生物武器与防化装备 [M]. 保定：航空工业出版社，2003.
[112] 符天保，史波波，王永红. 坚实的防化盾牌——我军防化装备扫描 [J]. 现代军事，2006(6)：7-9.
[113] 杨振洲，王永烈，高振海等. 多功能卫生防疫车的研制 [J]. 中华卫生杀虫药械，2001，7(4)：28-29.
[114] 黄金印. 抢险救援技术 [M]. 廊坊：中国人民武装警察部队学院，2013.